U0957718

建筑装饰节点图集

顶面、墙顶、地面收口工艺

刘 正 主编

江苏凤凰科学技术出版社 · 南京

图书在版编目（CIP）数据

建筑装饰节点图集 . 顶面、墙顶、地面收口工艺 / 刘正主编 . -- 南京 : 江苏凤凰科学技术出版社 , 2024. 10. -- ISBN 978-7-5713-4722-2

Ⅰ . TU22-64

中国国家版本馆 CIP 数据核字第 20244PE236 号

建筑装饰节点图集
顶面、墙顶、地面收口工艺

主　　编	刘　正
项目策划	熊兆宽
责任编辑	赵　研
责任设计编辑	蒋佳佳
特约编辑	高雅婷　王晓静
出版发行	江苏凤凰科学技术出版社
出版社地址	南京市湖南路 1 号 A 楼，邮编：210009
出版社网址	http://www.pspress.cn
总 经 销	天津凤凰空间文化传媒有限公司
总经销网址	http://www.ifengspace.cn
印　　刷	北京博海升彩色印刷有限公司
开　　本	889 mm×1 194 mm　1 / 16
印　　张	13.5
字　　数	108 000
版　　次	2024 年 10 月第 1 版
印　　次	2024 年 10 月第 1 次印刷
标准书号	ISBN 978-7-5713-4722-2
定　　价	98.00 元

图书如有印装质量问题，可随时向销售部调换（电话：022-87893668）。

“建筑装饰工程设计专业教学参考资料”编委会

本书编委

策　　划　中国建筑装饰协会公共建筑装饰工程分会

教育部职业院校艺术设计类专业教学指导委员会

主　　编　刘　正

副 主 编　李　坚　张世堂　李伯森　陈文韬

编审组成员　罗　胜　许　超　董克健　朱钱华　何静姿　徐支农　潘国锋　许炳峰　卢志宏

陈　飞　穆恩典

参 编 人 员　徐国宏　丁金权　郑　伟　陈立栋　刘　彬　罗　津　闫怀刚　韩明伸　卢峻平

李　博　王小柱　王　雷　王东富　于大为　卫旭东

名誉主编　季春华　姜　峰　闫志刚

参编单位

浙江亚厦装饰股份有限公司

中国建筑装饰协会公共建筑装饰工程分会

中国建筑装饰协会学术与教育专业委员会

教育部职业院校艺术设计类专业教学指导委员会

中国建筑设计研究院有限公司

中国建筑标准设计研究院有限公司

深圳市杰恩创意设计股份有限公司

华阳国际设计集团

北京清尚建筑设计研究院有限公司

中国建设科技有限公司人才培训中心

北京市建筑教育协会

上海市建筑装饰工程集团

中国装饰股份有限公司

苏州金螳螂文化发展股份有限公司

北京建院装饰工程设计有限公司

北京筑邦建筑装饰工程有限公司

上海大朴室内设计有限公司

深圳市奥视装饰科技有限公司

苏州青木年艺术设计事务所

苏州新筑时代网络科技有限公司

苏州正和伍空间设计有限公司

目录

S

顶面收口工艺

S1~S3

S1 顶面线条及工艺槽收口工艺

S1.1 吊顶涂料断面工艺（伸缩缝）

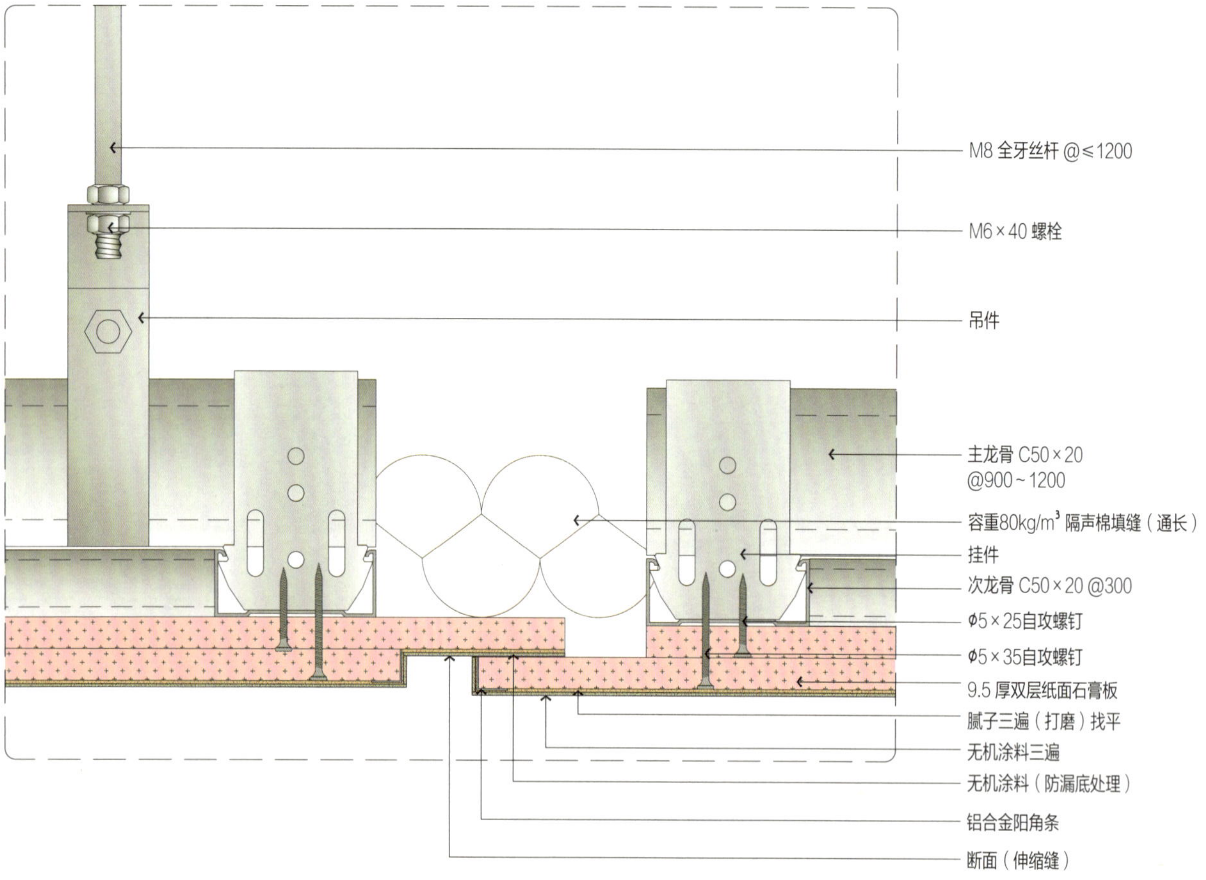

Ⓢ 吊顶涂料断面工艺（伸缩缝）

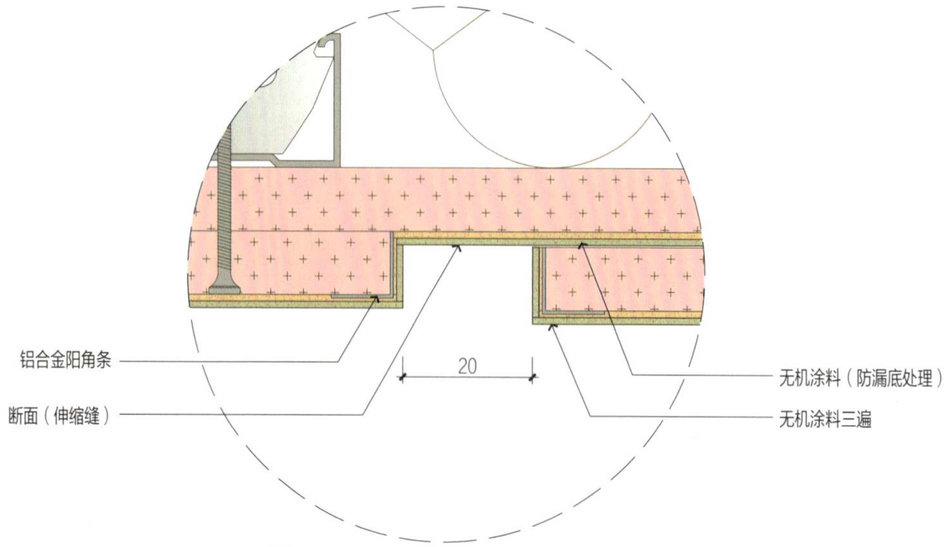

Ⓓ 吊顶涂料断面工艺（伸缩缝）大样图

注：本书图内所注尺寸单位除有特殊说明外均为毫米（mm）。

适用范围

吊顶涂料伸缩缝断面工艺，适用于酒店、办公楼、医院、商场等场所的公区空间走廊，以及吊顶单边长度超过12 m或独立吊顶面积大于100 m^{2}的轻钢龙骨石膏板吊顶区域。

材料类别

面层材料：无机涂料、铝合金阳角条。

基层材料：9.5 mm厚纸面石膏板、主龙骨 C50 × 20 mm、次龙骨 C50 × 20 mm、隔声棉、吊件、挂件、M8全牙丝杆、$\varPhi$5 mm × 25 mm自攻螺钉、$\varPhi$5 mm × 35 mm自攻螺钉。

材料图片

无机涂料

纸面石膏板

铝合金阳角条

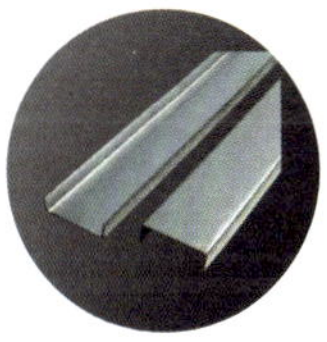
主龙骨

次龙骨

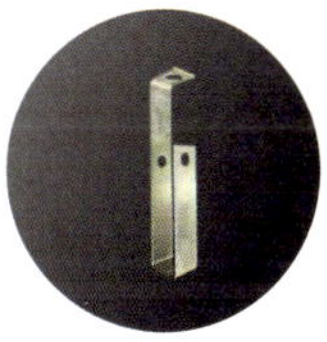
吊件

模拟构造

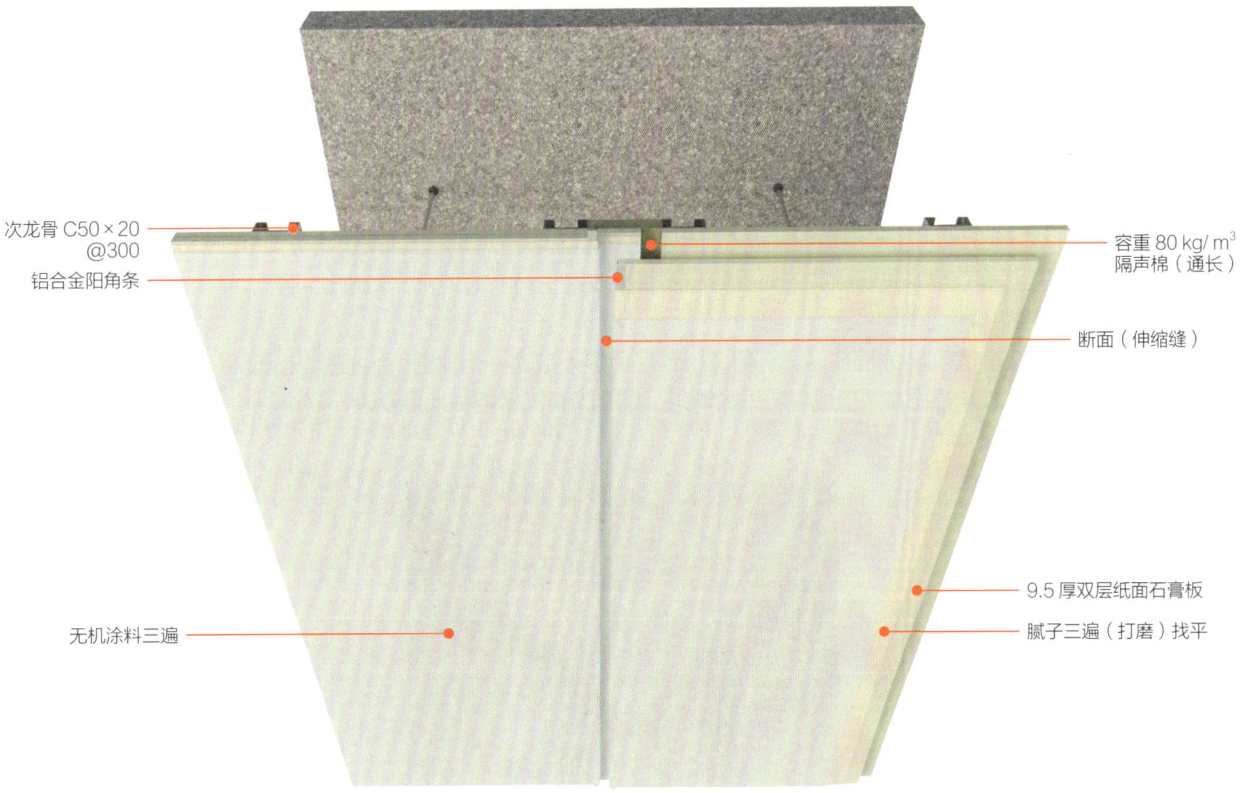

三维构造模型

深化与施工要点

深化收口六字诀

撞 → 压 → 嵌 → 收 → 断 → 插

收口“断”字诀：断缝工艺有个性，以虚当实讲意境；真断似断筋骨连，高大空间较适用。

1. 图纸深化：根据材料特性进行面层收口节点优化，依据设计要求及现场情况对天花造型图进行深化设计，按照规范要求对综合机电点位进行排布优化。伸缩缝断面两侧主龙骨必须断开，沿长边各设置一根次龙骨加固石膏板断边，注意各主龙骨之间用隔声棉填充。

2. 技术交底：核对现场尺寸与机电标高，并进一步深化综合天花图。吊顶安装单边距离超过12 m或轻钢龙骨石膏板吊顶面积大于或等于100 m^{2}时应设置伸缩缝。双层石膏板天花需留10 ~ 20 mm宽的伸缩缝，交接处石膏板长度为30 ~ 50 mm，伸缩缝边沿至吊筋间距不大于300 mm。

深化管控要点

1. 排板策划：同一沿线伸缩缝应设置在同一平面上。若为跌级造型方案，伸缩缝需调整方位，遵循短边视觉弱化、对边对缝的原则。

2. 综合点位：根据各专业点位图及装饰专业天花造型图纸，在符合相关标准和规范的基础上，深化排板综合点位，确保符合点位横平竖直、斜成线、对称均分等原则。相关专业的图纸包含消防、暖通、空调、强电、弱电、灯光等，组织各专业单位对综合天花深化图会签。

3. 现场交底：根据综合天花深化图（签字版）完成对天花标高线与机电控制线的放线。顶面轻钢龙骨校平时应进行起拱，起拱高度通常为房间净跨度的1/1000 ~ 3/1000，其中净跨度指的是房间的短向距离。检修口、风口、吊灯等处应做加固处理，所有天花机电末端点位在天花基层封板前均应做好强制定位工作，且机电末端点位应完成安装。

施工管控要点

1. 安装工序：定位放线 → 隐蔽施工 → 基层封板 → 面层涂料

2. 施工管控：材料进场时应严格把控基层材料验收，按规范要求抽样复查。在主龙骨安装前，机电、消防主管道应施工完成，并按相关规范要求进行验收。对龙骨与石膏板安装进行实时监测，若出现偏差，应及时调整，确保成品效果“平、直、顺、齐、精、准”。

3. 品控质检：天花饰面材料表面应洁净、色泽一致且平整无破损、无裂缝，伸缩缝应保证平直、宽度一致。严格检查点位排布情况，确保点位排布笔直成线，排布均匀，排布间距满足相关规范及设计要求。

实景照片

吊顶涂料断面工艺（伸缩缝）

S1.2 吊顶涂料收口工艺（铝合金内嵌条）

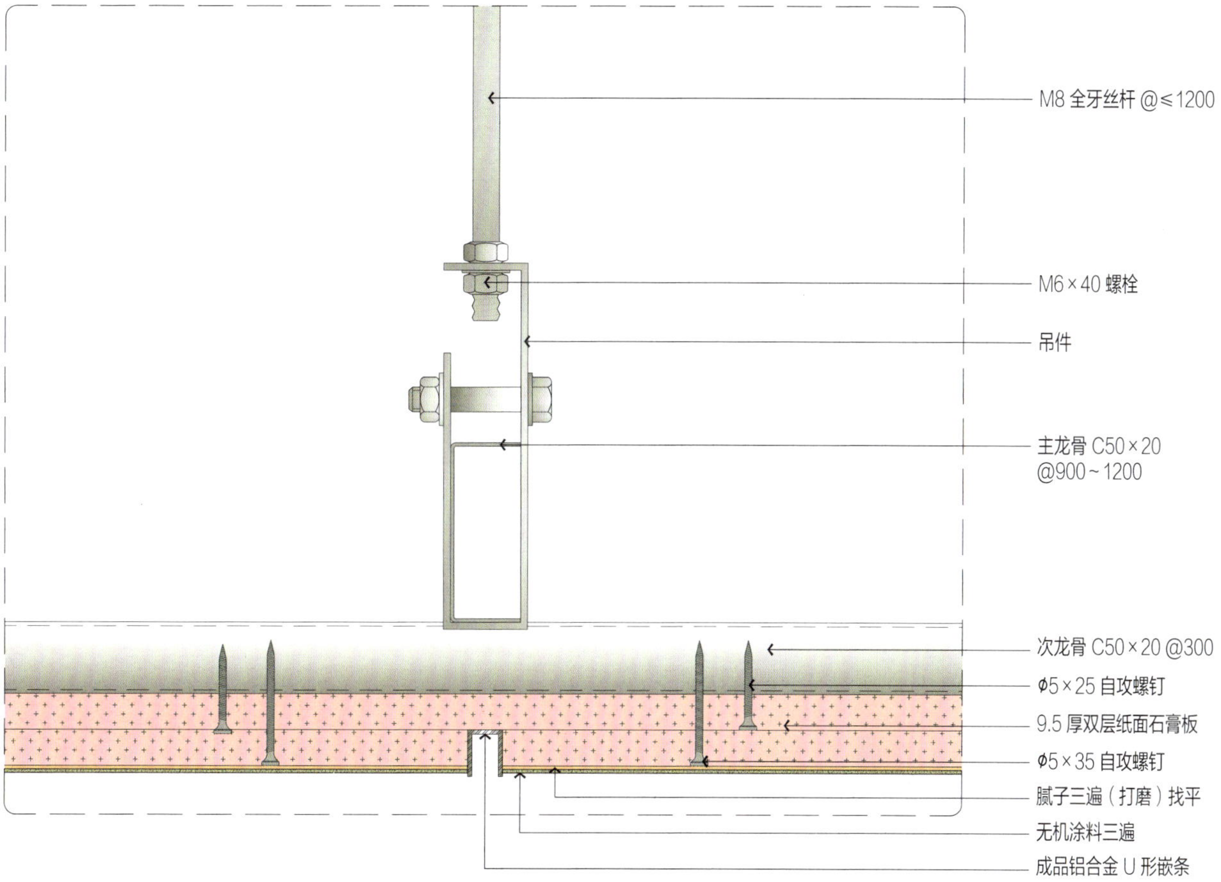

S 吊顶涂料收口工艺（铝合金内嵌条）

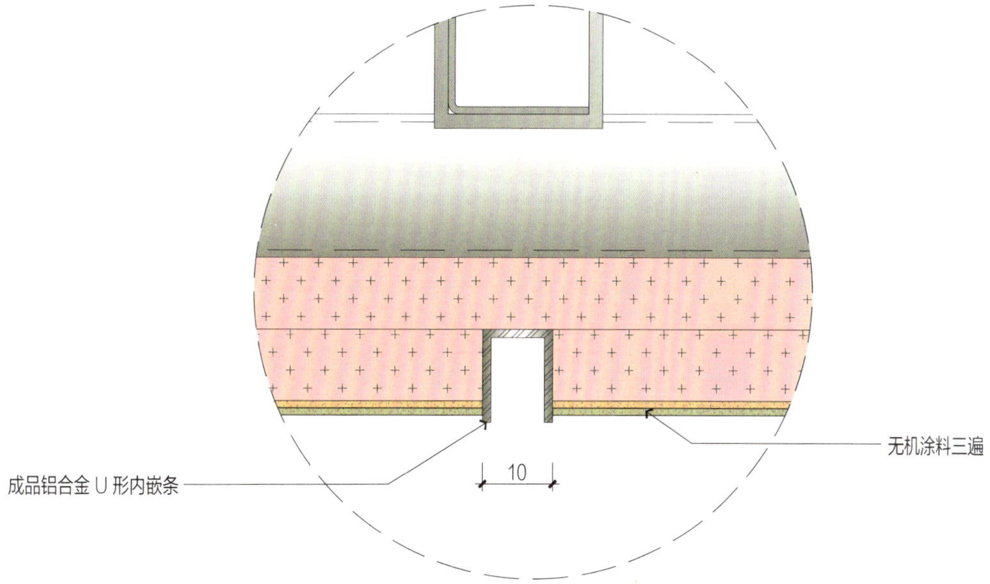

D 吊顶涂料收口工艺（铝合金内嵌条）大样图

适用范围

吊顶涂料的铝合金内嵌条收口工艺，适用范围包括酒店、办公楼、医院、商场、住宅等场所的室内装饰空间。具体的收口方式应根据项目的装饰需求和设计要求来确定。

材料类别

面层材料：无机涂料、铝合金U形嵌条。

基层材料：9.5 mm厚纸面石膏板、主龙骨C50×20 mm、次龙骨C50×20 mm、吊件、M8全牙丝杆、$\varnothing$5 mm×25 mm自攻螺钉、$\varnothing$5 mm×35 mm自攻螺钉。

材料图片

无机涂料

纸面石膏板

铝合金 U 形嵌条

主龙骨

次龙骨

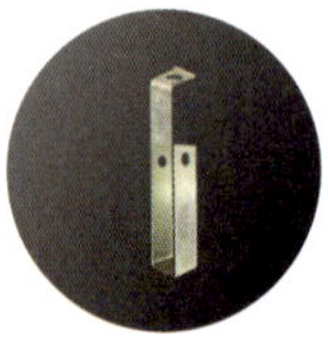

吊件

模拟构造

三维构造模型

深化与施工要点

深化收口六字诀

撞 〉 压 〉 嵌 〉 收 〉 断 〉 插

收口“嵌”字诀：嵌式收口应用广，宽窄造型品质讲；合理美化分隔缝，凹凸平顺任君想。

1. 图纸深化：根据材料特性进行面层收口节点优化，依据设计要求及现场情况对天花造型图进行深化设计，按照规范要求对综合机电点位进行排布优化。铝合金U形嵌条壁厚不应小于2 mm，嵌条转角处应斜切对拼处理，确保连贯、整齐、美观。

2. 技术交底：核对现场尺寸与机电标高，并进一步深化综合天花图。应在底层石膏板封板完成后，第二层石膏板封板时预留深10 ~ 20 mm的凹槽，内嵌铝合金U形嵌条后，嵌条表面要做好成品保护，以嵌条边缘高度为基准进行腻子找平打磨，并喷涂饰面无机涂料。

深化管控要点

1. 排板策划：深化天花造型收口节点时，同一沿线铝合金U形嵌条应设置在同一平面上。若为跌级造型方案，铝合金U形嵌条需调整方位，遵循短边视觉弱化、对边对缝的原则。

2. 综合点位：根据各专业点位图及装饰专业天花造型图纸，在符合相关标准和规范的基础上，深化排板综合点位，确保符合点位横平竖直、斜成线、对称均分等原则。相关专业的图纸包含消防、暖通、空调、强电、弱电、灯光等，组织各专业单位对综合天花深化图会签。

3. 现场交底：根据综合天花深化图（签字版）完成对天花标高线与机电控制线的放线。顶面轻钢龙骨校平时应进行起拱，起拱高度通常为房间净跨度的1/1000 ~ 3/1000，其中净跨度指的是房间的短向距离。检修口、风口、吊灯等处应做加固处理，所有天花机电末端点位在天花基层封板前均应做好强制定位工作，且机电末端点位应完成安装。

施工管控要点

1. 安装工序：定位放线 → 隐蔽施工 → 基层封板 → 金属嵌条 → 面层涂料

2. 施工管控：材料进场时应严格把控基层、材料铝合金嵌条验收，按规范要求抽样复查。在主龙骨安装前，机电、消防主管道应施工完成，并按相关规范要求进行验收。对龙骨与石膏板安装进行实时监测，若出现偏差，应及时调整，确保成品效果“平、直、顺、齐、精、准”。

3. 品控质检：天花饰面材料表面应洁净、色泽一致且平整无破损、无裂缝，收口条应保证平直、宽度一致。严格检查点位排布情况，确保点位排布笔直成线，排布均匀，排布间距满足相关规范及设计要求。

实景照片

吊顶涂料收口工艺（铝合金内嵌条）

S1.3 吊顶涂料收口工艺（铝合金内嵌工艺槽）

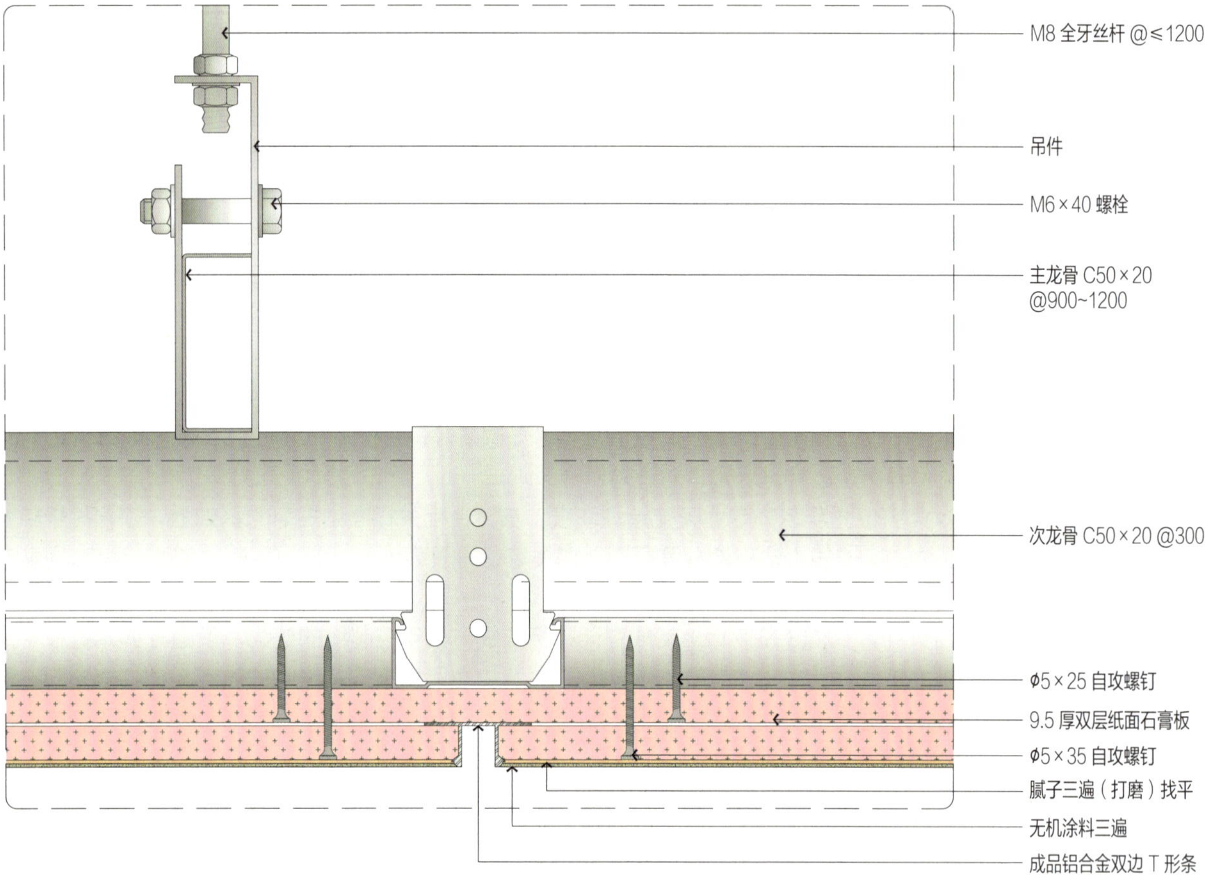

S 吊顶涂料收口工艺（铝合金内嵌工艺槽）

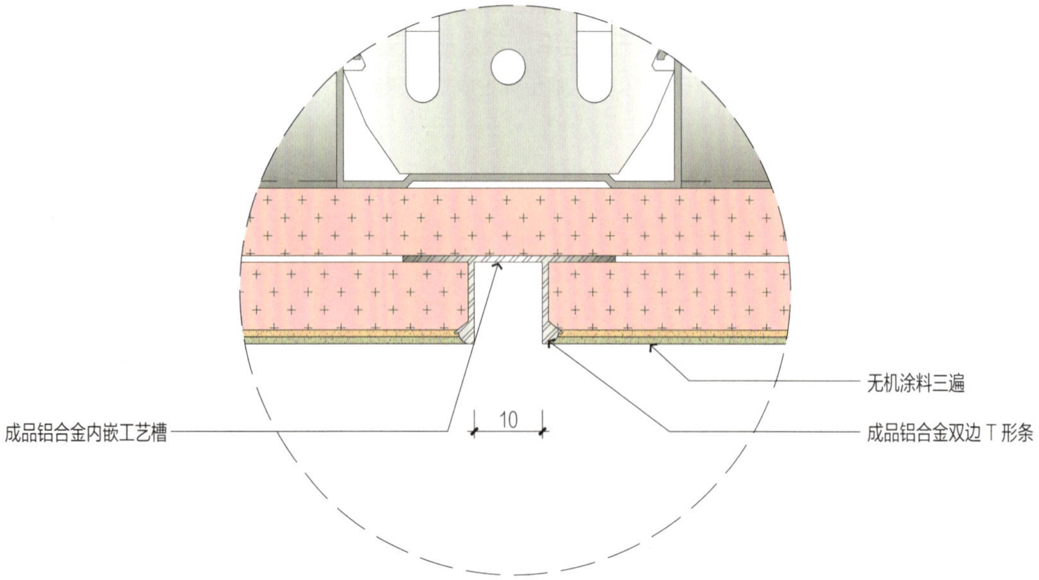

D 吊顶涂料收口工艺（铝合金内嵌工艺槽）大样图

适用范围

吊顶涂料的铝合金内嵌工艺槽收口，适用范围包括酒店、办公楼、医院等场所的室内装饰空间。具体的收口方式应根据项目的装饰需求和设计要求来确定。

材料类别

面层材料：无机涂料、铝合金双边 T 形条。

基层材料：9.5 mm 厚纸面石膏板、主龙骨 C50×20 mm、次龙骨 C50×20 mm、吊件、M8全牙丝杆、Ø5 mm×25 mm 自攻螺钉、Ø5 mm×35 mm 自攻螺钉。

材料图片

无机涂料

纸面石膏板

主龙骨

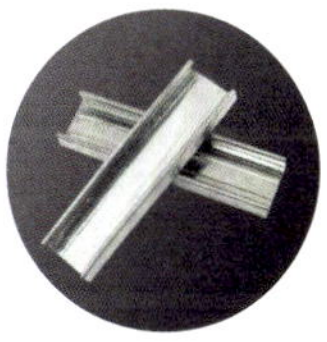
次龙骨

铝合金双边 T 形条

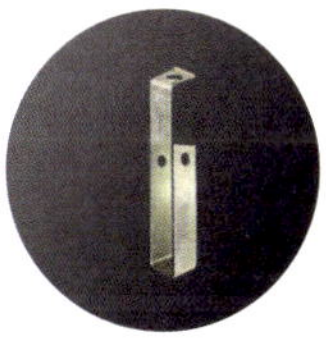
吊件

模拟构造

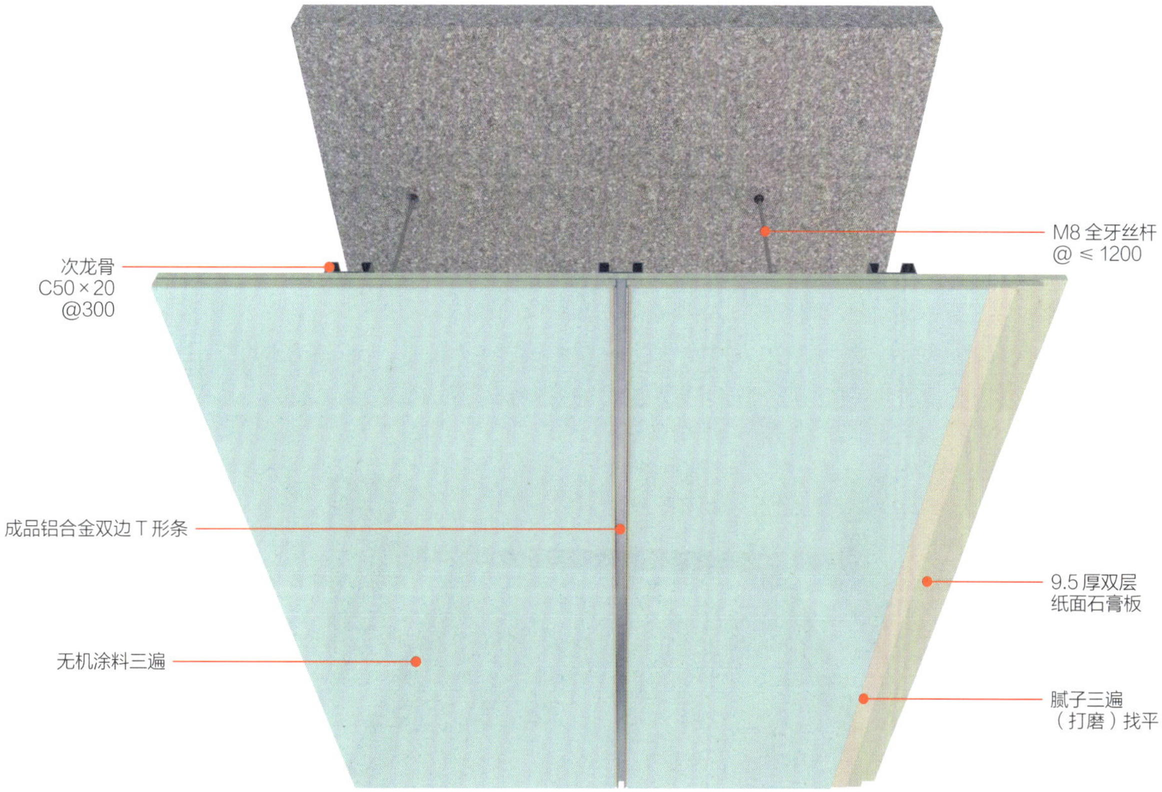

三维构造模型

深化与施工要点

深化收口六字诀

撞 〉 压 〉 嵌 〉 收 〉 断 〉 插

收口“嵌”字诀：嵌式收口应用广，宽窄造型品质讲；合理美化分隔缝，凹凸平顺任君想。

1.图纸深化：根据材料特性进行面层收口节点优化，依据设计要求及现场情况对天花造型图进行深化设计，按照规范要求对综合机电点位进行排布优化。铝合金双边T形嵌条壁厚不应小于1.2 mm，嵌条转角处应斜切对拼处理，确保连贯、整齐、美观。

2.技术交底：核对现场尺寸与机电标高，并进一步深化综合天花图。铝合金双边T形嵌槽工艺，应在底层石膏板封板完成后，进行嵌条弹线定位，沿定位线胶粘固定铝合金双边T形嵌条，第二层石膏板顶住嵌条两侧向周边开始封板。封板完成后，嵌条表面做好成品保护，以嵌条边缘高度为基准进行腻子找平打磨，并喷涂饰面无机涂料。

深化管控要点

1.排板策划：深化天花造型收口节点时，同一沿线的铝合金双边T形嵌条应设置在同一平面上。若为跌级造型方案，铝合金双边T形嵌条需调整方位，遵循短边视觉弱化、对边对缝的原则。

2.综合点位：根据各专业点位图及装饰专业天花造型图纸，在符合相关标准和规范的基础上，深化排板综合点位，确保符合点位横平竖直、斜成线、对称均分等原则。相关专业的图纸包含消防、暖通、空调、强电、弱电、灯光等，组织各专业单位对综合天花深化图会签。

3.现场交底：根据综合天花深化图（签字版）完成对天花标高线与机电控制线的放线。顶面轻钢龙骨校平时应进行起拱，起拱高度通常为房间净跨度的1/1000 ~ 3/1000，其中净跨度指的是房间的短向距离。检修口、风口、吊灯等处应做加固处理，所有天花机电末端点位在天花基层封板前均应做好强制定位工作，且机电末端点位应完成安装。

施工管控要点

1.安装工序：定位放线 → 隐蔽施工 → 底层封板 → 金属嵌条 → 二层封板 → 面层涂料

2.施工管控：材料进场时应严格把控基层材料、铝合金嵌条验收，按规范要求抽样复查。在主龙骨安装前，机电、消防主管道施工完成，并按相关规范要求进行验收。对龙骨与石膏板安装进行实时监测，若出现偏差，应及时调整，确保成品效果“平、直、顺、齐、精、准”。

3.品控质检：天花饰面材料表面应洁净、色泽一致且平整无破损、无裂缝，收口条应保证平直、宽度一致。严格检查点位排布情况，确保点位排布笔直成线，排布均匀，排布间距满足相关规范及设计要求。

实景照片

吊顶涂料收口工艺（铝合金内嵌工艺槽）

S1.4 吊顶涂料收口工艺（折边不锈钢内嵌）

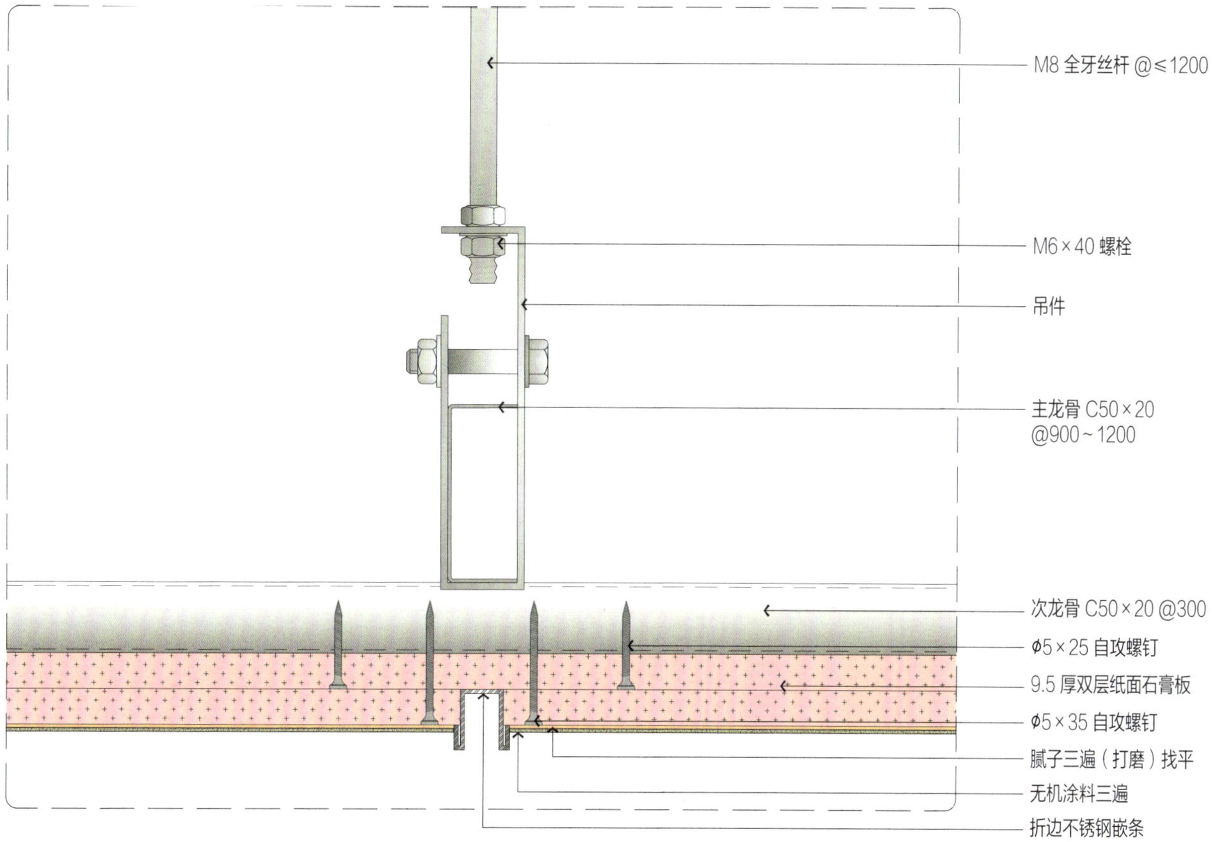

S 吊顶涂料收口工艺（折边不锈钢内嵌）

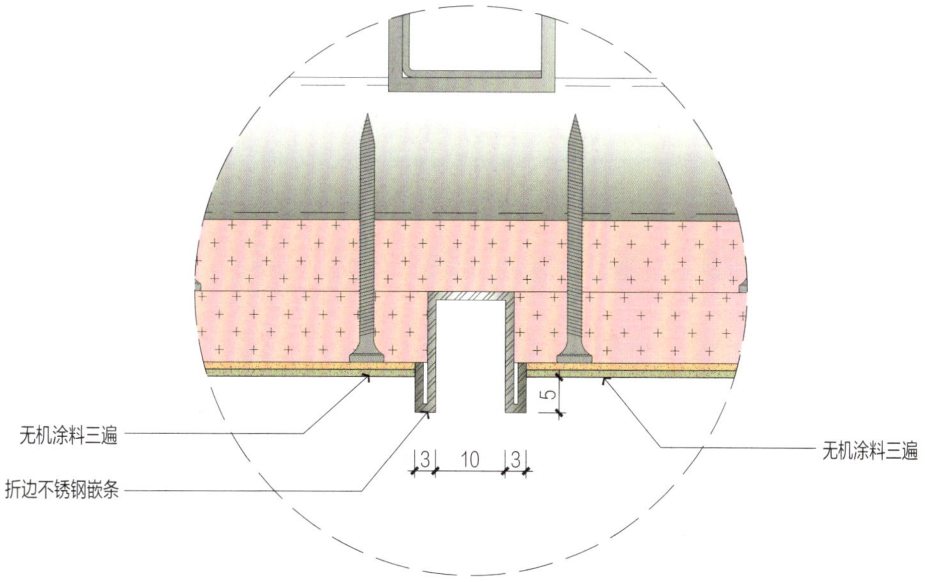

D 吊顶涂料收口工艺（折边不锈钢内嵌）大样图

适用范围

墙面吊顶涂料的折边不锈钢内嵌收口工艺，适用范围包括酒店、办公楼、医院等场所的室内装饰空间。具体的收口方式应根据项目的装饰需求和设计要求来确定。

材料类别

面层材料：无机涂料、不锈钢嵌条。

基层材料：主龙骨 C50 × 20 mm、次龙骨 C50 × 20 mm、9.5 mm 厚纸面石膏板、Ø5 mm × 25 mm 自攻螺钉、Ø5 mm × 35 mm 自攻螺钉、M8 全牙丝杆、吊件。

材料图片

无机涂料

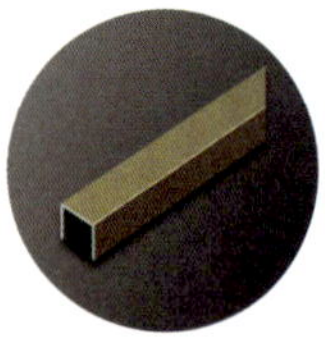
不锈钢嵌条

纸面石膏板

主龙骨

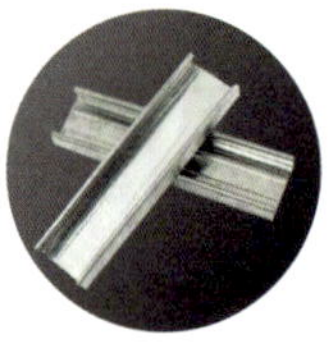
次龙骨

吊件

模拟构造

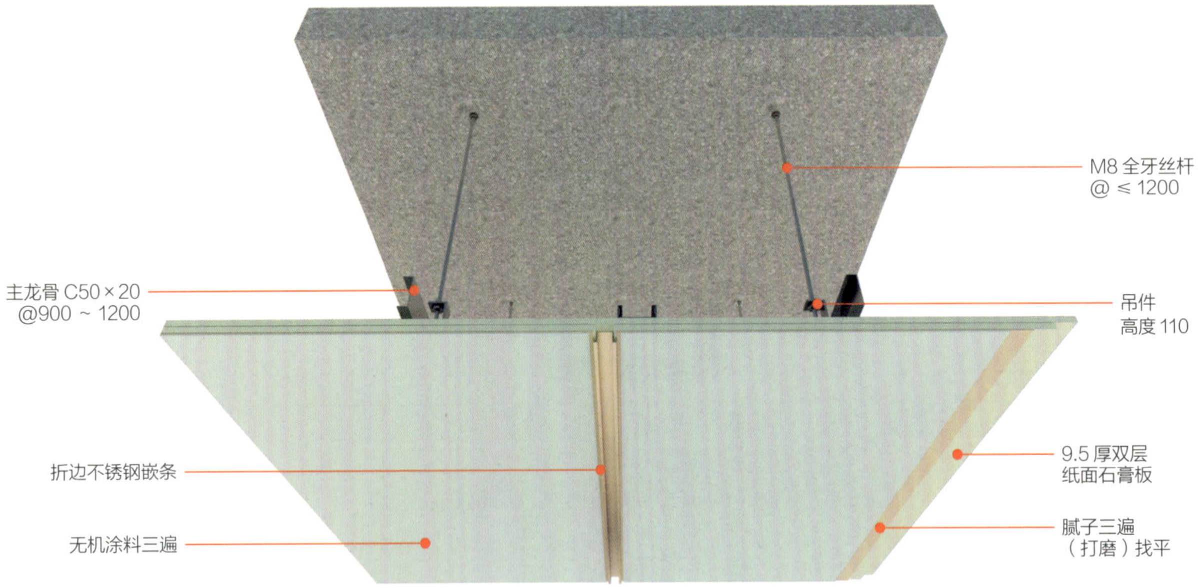

三维构造模型

深化与施工要点

深化收口六字诀

撞 》 压 》 嵌 》 收 》 断 》 插

收口“嵌”字诀：嵌式收口应用广，宽窄造型品质讲；合理美化分隔缝，凹凸平顺任君想。

1. 图纸深化：根据材料特性进行面层收口节点优化，依据设计要求及现场情况对天花造型图进行深化设计，按照规范要求对综合机电点位进行排布优化。折边不锈钢嵌条壁厚不应大于1.2 mm，不锈钢嵌条采用刨槽折边，看面宽度为3 ~ 5 mm。嵌条转角处应斜切对拼处理，确保连贯、整齐、美观。

2. 技术交底：折边不锈钢嵌条嵌槽做法，应在底层石膏板封板完成后，第二层石膏板封板时，预留宽度为13 mm的凹槽，内嵌折边不锈钢嵌条胶粘固定完成后，嵌条表面应做好成品保护。以嵌条边缘高度为基准进行腻子找平打磨，并喷涂饰面无机涂料，无机涂料完成面与折边不锈钢预留3 mm宽的错位。

深化管控要点

1. 排板策划：深化天花造型收口节点时，同一沿线折边不锈钢嵌条应设置在同一平面上。若为跌级造型方案，折边不锈钢嵌条需调整方位，遵循短边视觉弱化、对边对缝的原则。

2. 综合点位：根据各专业点位图及装饰专业天花造型图纸，在符合相关标准和规范的基础上，深化排板综合点位，确保符合点位横平竖直、斜成线、对称均分等原则。相关专业的图纸包含消防、暖通、空调、强电、弱电、灯光等，组织各专业单位对综合天花深化图会签。

3. 现场交底：根据综合天花深化图（签字版）完成对天花标高线与机电控制线的放线。顶面轻钢龙骨校平时应进行起拱，起拱高度通常为房间净跨度的1/1000 ~ 3/1000，其中净跨度指的是房间的短向距离。检修口、风口、吊灯等处应做加固处理，所有天花机电末端点位在天花基层封板前均应做好强制定位工作，且机电末端点位应完成安装。

施工管控要点

1. 安装工序：定位放线 → 隐蔽施工 → 基层封板 → 金属嵌条 → 面层涂料

2. 施工管控：材料进场时应严格把控基层材料、不锈钢条验收，按规范要求抽样复查。在主龙骨安装前，机电、消防主管道施工完成，并按相关规范要求进行验收。对龙骨与石膏板安装进行实时监测，若出现偏差，应及时调整，确保成品效果“平、直、顺、齐、精、准”。

3. 品控质检：天花饰面材料表面应洁净、色泽一致且平整无破损、无裂缝，收口条应保证平直、宽度一致。严格检查点位排布情况，确保点位排布笔直成线，排布均匀，排布间距满足相关规范及设计要求。

实景照片

吊顶涂料收口工艺（折边不锈钢内嵌）

S1.5 吊顶涂料收口工艺（不锈钢嵌条）

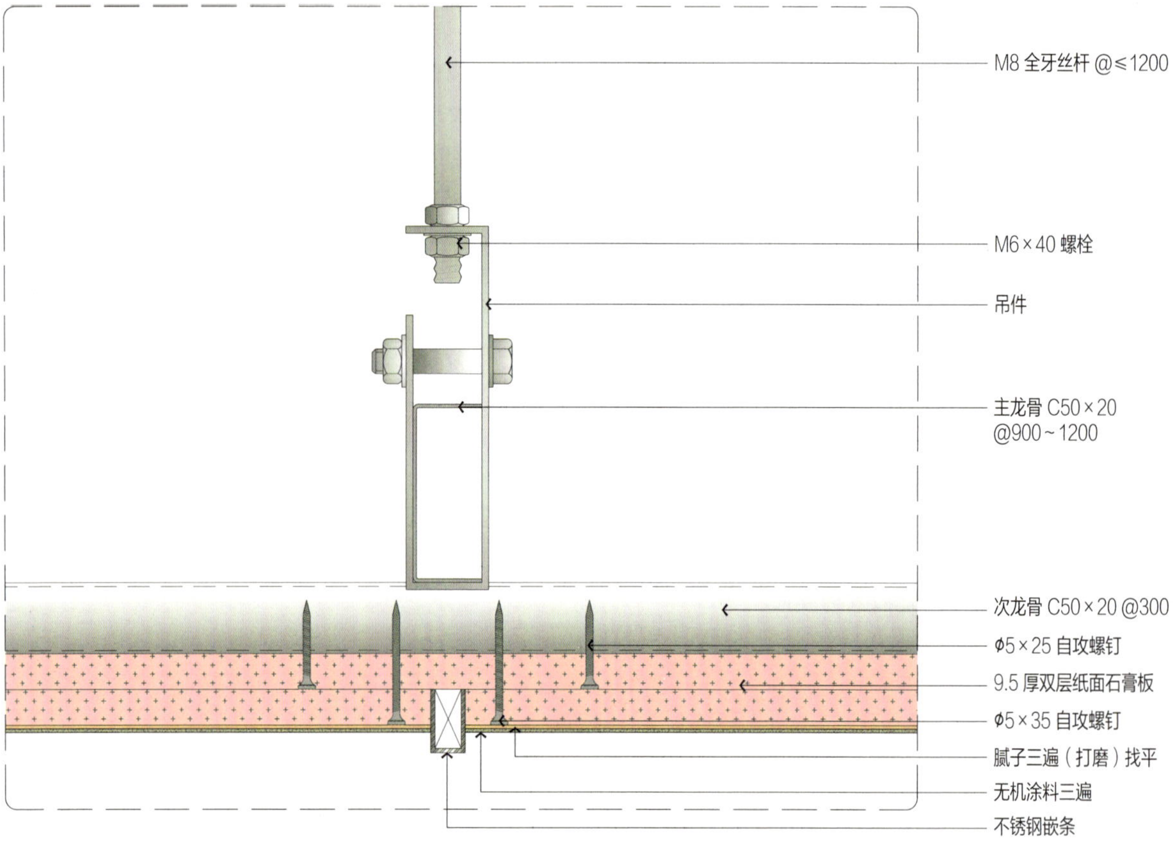

S 吊顶涂料收口工艺（不锈钢嵌条）

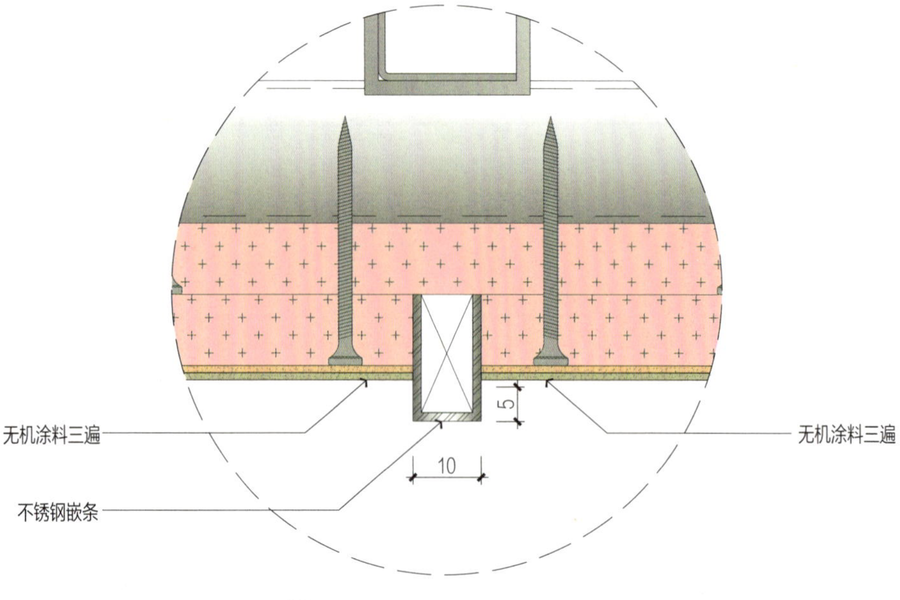

D 吊顶涂料收口工艺（不锈钢嵌条）大样图

适用范围

吊顶涂料不锈钢嵌条收口工艺，适用范围包括酒店、办公楼、医院等场所的室内装饰空间。具体的收口方式应根据项目的装饰需求和设计要求来确定。

材料类别

面层材料：无机涂料、不锈钢嵌条。

基层材料：主龙骨 C50×20 mm、次龙骨 C50×20 mm、9.5 mm厚纸面石膏板、吊件、M8全牙丝杆、Φ5 mm×25 mm自攻螺钉、Φ5 mm×35 mm自攻螺钉。

材料图片

无机涂料

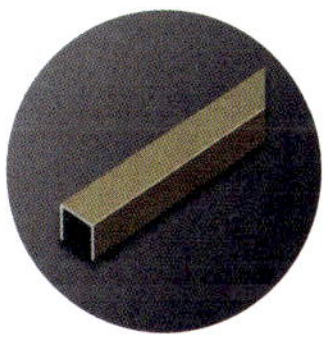
不锈钢嵌条

纸面石膏板

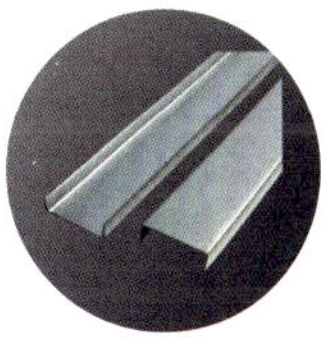
主龙骨

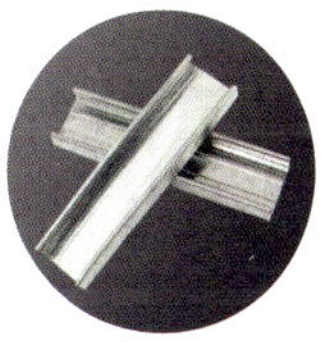
次龙骨

吊件

模拟构造

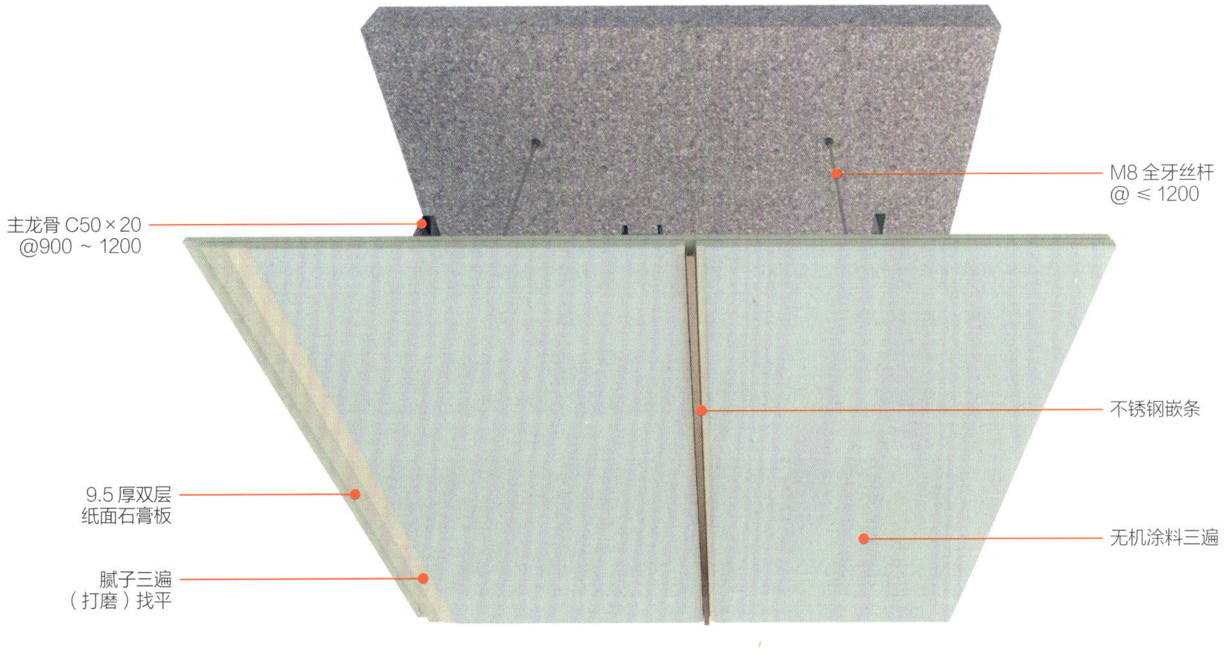

三维构造模型

深化与施工要点

深化收口六字诀

撞 › 压 › 嵌 › 收 › 断 › 插

收口“嵌”字诀：嵌式收口应用广，宽窄造型品质讲；合理美化分隔缝，凹凸平顺任君想。

1. 图纸深化：根据材料特性进行面层收口节点优化，依据设计要求及现场情况对天花造型图进行深化设计，按照规范要求对综合机电点位进行排布优化。不锈钢嵌条壁厚不应小于1.2 mm，嵌条反扣凸嵌在石膏板吊顶上。嵌条转角处应斜切对拼处理，确保嵌条连贯、整齐、美观。

2. 技术交底：不锈钢凸嵌做法，应在底层石膏板封板完成后，进行嵌条弹线定位，沿定位线固定嵌条基层。嵌条反扣胶粘固定牢靠，第二层石膏板顶住嵌条两侧向周边开始封板。封板完成后，嵌条表面应做好成品保护，以嵌条边缘高度为基准进行腻子找平打磨，并喷涂饰面无机涂料，无机涂料完成面与凸嵌不锈钢预留5 mm错位。

深化管控要点

1. 排板策划：深化天花造型收口节点时，同一沿线不锈钢嵌条应设置在同一平面上。若为跌级造型方案，不锈钢嵌条需调整方位，遵循短边视觉弱化、对边对缝的原则。

2. 综合点位：根据各专业点位图及装饰专业天花造型图纸，在符合相关标准和规范的基础上，深化排板综合点位，确保符合点位横平竖直、斜成线、对称均分等原则。相关专业的图纸包含消防、暖通、空调、强电、弱电、灯光等，组织各专业单位对综合天花深化图会签。

3. 现场交底：根据综合天花深化图（签字版）完成对天花标高线与机电控制线的放线。顶面轻钢龙骨校平时应进行起拱，起拱高度通常为房间净跨度的1/1000 ~ 3/1000，其中净跨度指的是房间的短向距离。检修口、风口、吊灯等处应做加固处理，所有天花机电末端点位在天花基层封板前均应做好强制定位工作，且机电末端点位应完成安装。

施工管控要点

1. 安装工序：定位放线 → 隐蔽施工 → 基层封板 → 金属嵌条 → 面层涂料

2. 施工管控：材料进场时应严格把控基层材料不锈钢条验收，按规范要求抽样复查。在主龙骨安装前，机电、消防主管道施工完成，并按相关规范要求进行验收。对龙骨与石膏板安装进行实时监测，若出现偏差，应及时调整，确保成品效果“平、直、顺、齐、精、准”。

3. 品控质检：天花饰面材料表面应洁净、色泽一致且平整无破损、无裂缝，收口条应保证平直、宽度一致。严格检查点位排布情况，确保点位排布笔直成线，排布均匀，排布间距满足相关规范及设计要求。

实景照片

吊顶涂料收口工艺（不锈钢嵌条）

S2 顶面涂料收口工艺

S2.1 吊顶涂料与亚克力压边工艺（涂料压亚克力）

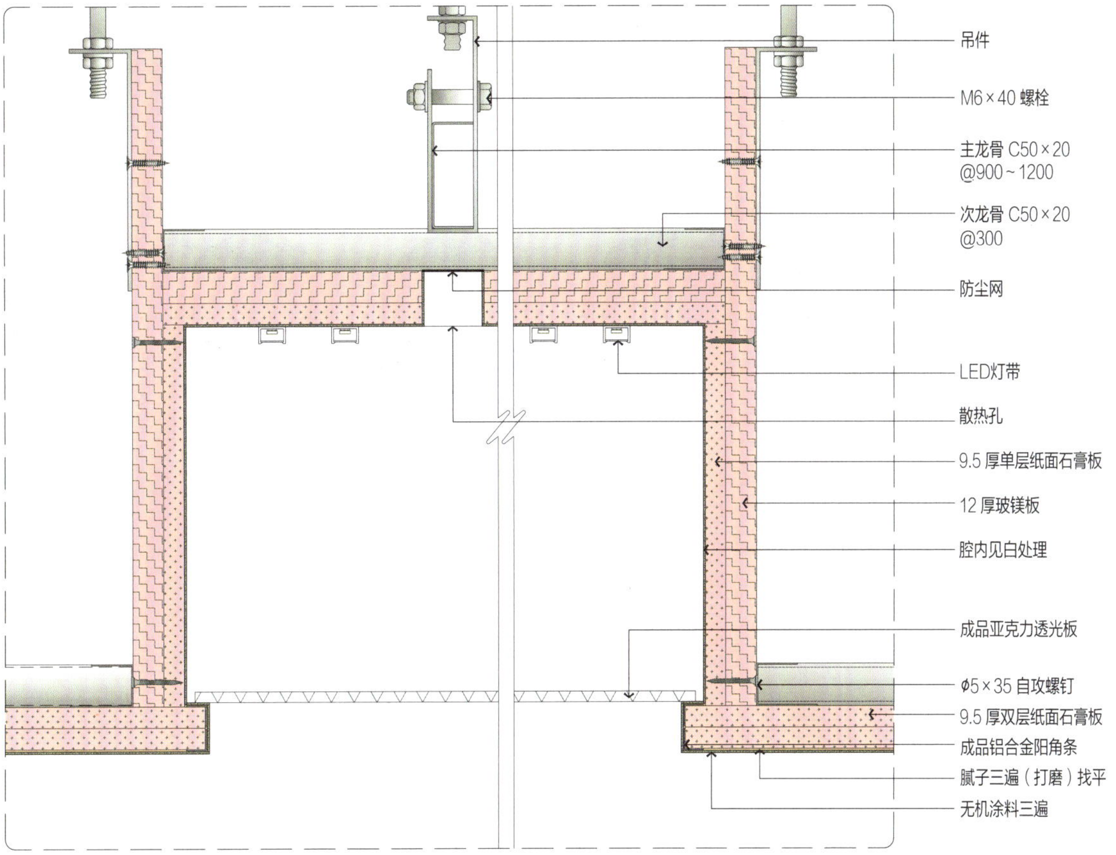

S 吊顶涂料与亚克力压边工艺（涂料压亚克力）

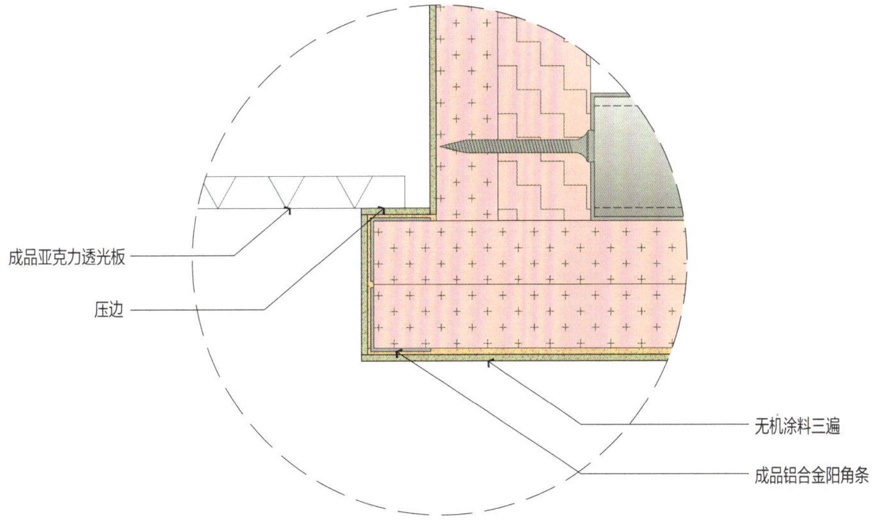

D 吊顶涂料与亚克力压边工艺（涂料压亚克力）大样图

适用范围

吊顶涂料与亚克力压边工艺的适用范围包括酒店、办公楼、医院等场所的室内顶面装饰。亚克力压边工艺采用高品质的亚克力材料，具有高透明度、高光泽度等特点，能提升整个空间的美观度。具体的收口方式应根据项目的装饰需求和设计要求来确定。

材料类别

面层材料：无机涂料、亚克力透光板、铝合金阳角条。

基层材料：主龙骨 C50 × 20 mm、次龙骨 C50 × 20 mm、9.5 mm 厚纸面石膏板、吊件、12 mm 厚玻镁板、防尘网、LED 灯带、$\varPhi$5 mm × 35 mm 自攻螺钉。

材料图片

无机涂料

亚克力透光板

纸面石膏板

铝合金阳角条

主龙骨

次龙骨

模拟构造

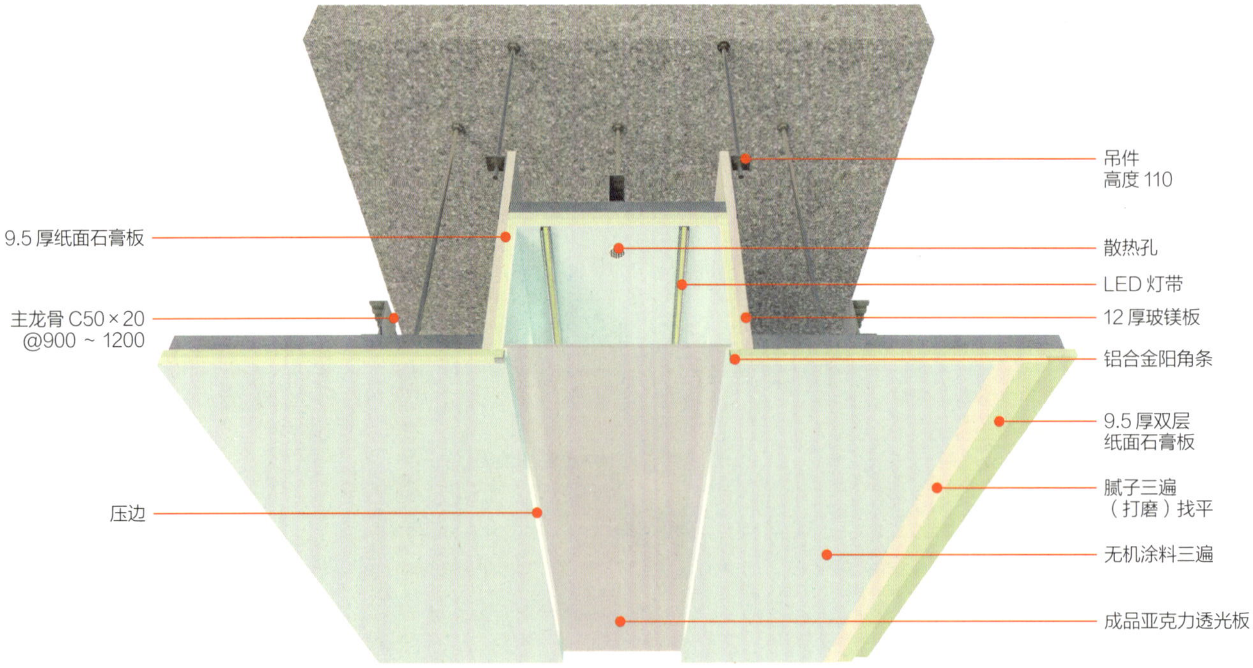

三维构造模型

深化与施工要点

深化收口六字诀

撞 》 压 》 嵌 》 收 》 断 》 插

收口“压”字诀：压接工艺讲先后，湿先干后有节奏；平压顺压变化多，一压百了往上扣。

1. 图纸深化：根据材料特性进行面层收口节点优化，依据设计要求及现场情况对天花造型图进行深化设计，按照规范要求对综合机电点位进行排布优化。灯箱内腔石膏板封板后应满做无机涂料见白处理，顶部预留 $\varPhi$25 mm散热孔，孔距为300 mm，所有散热孔均应覆盖防尘网。亚克力头透光板厚度应为5 mm，单块透光板规格不宜超过1.2 m×1.8 m。

2. 技术交底：亚克力透光板边缘处石膏板阳角在使用铝合金阳角条加固后，批刮腻子三遍并打磨找平，优先进行灯箱内腔无机涂料见白处理，再进行天花面层无机涂料的施工。所有饰面涂层完成后，将亚克力透光板盖压在预留的石膏板檐边上，注意控制亚克力透光板搭边尺寸。

深化管控要点

1. 天花造型：深化天花造型收口节点时，灯箱盒的深度宜为200 ~ 250 mm，以确保光照均匀、美观，避免过度曝光和照射不足。LED灯带布置间距宜为100 ~ 150 mm，石膏板预留挑檐尺寸不得小于20 mm。

2. 综合点位：根据各专业点位图及装饰专业天花造型图纸，在符合相关标准和规范的基础上，深化排板综合点位，确保符合点位横平竖直、斜成线、对称均分等原则。相关专业的图纸包含消防、暖通、空调、强电、弱电、灯光等，组织各专业单位对综合天花深化图会签。

3. 现场交底：根据综合天花深化图（签字版）完成对天花标高线与机电控制线的放线。顶面轻钢龙骨校平时应进行起拱，起拱高度通常为房间净跨度的1/1000 ~ 3/1000，其中净跨度指的是房间的短向距离。检修口、风口、吊灯等处应做加固处理，所有天花机电末端点位在天花基层封板前均应做好强制定位工作，且机电末端点位应完成安装。

施工管控要点

1. 安装工序：定位放线 → 隐蔽施工 → 基层封板 → 面层涂料 → 亚克力安装

2. 施工管控：材料进场时应严格把控基层材料验收，按规范要求抽样复查。在主龙骨安装前，机电、消防主管道施工完成，并按相关规范要求进行验收。亚克力透光板安装应实时监测，若出现偏差，应及时调整，确保成品效果“平、直、顺、齐、精、准”。

3. 品控质检：天花饰面材料表面应洁净、色泽一致且平整无破损、无裂缝，收口条应保证平直、宽度一致。严格检查点位排布情况，确保点位排布笔直成线，排布均匀，排布间距满足相关规范及设计要求。

实景照片

吊顶涂料与亚克力压边工艺（涂料压亚克力）

S2.2 吊顶涂料与透光软膜收口工艺（H 形专用卡件收边）

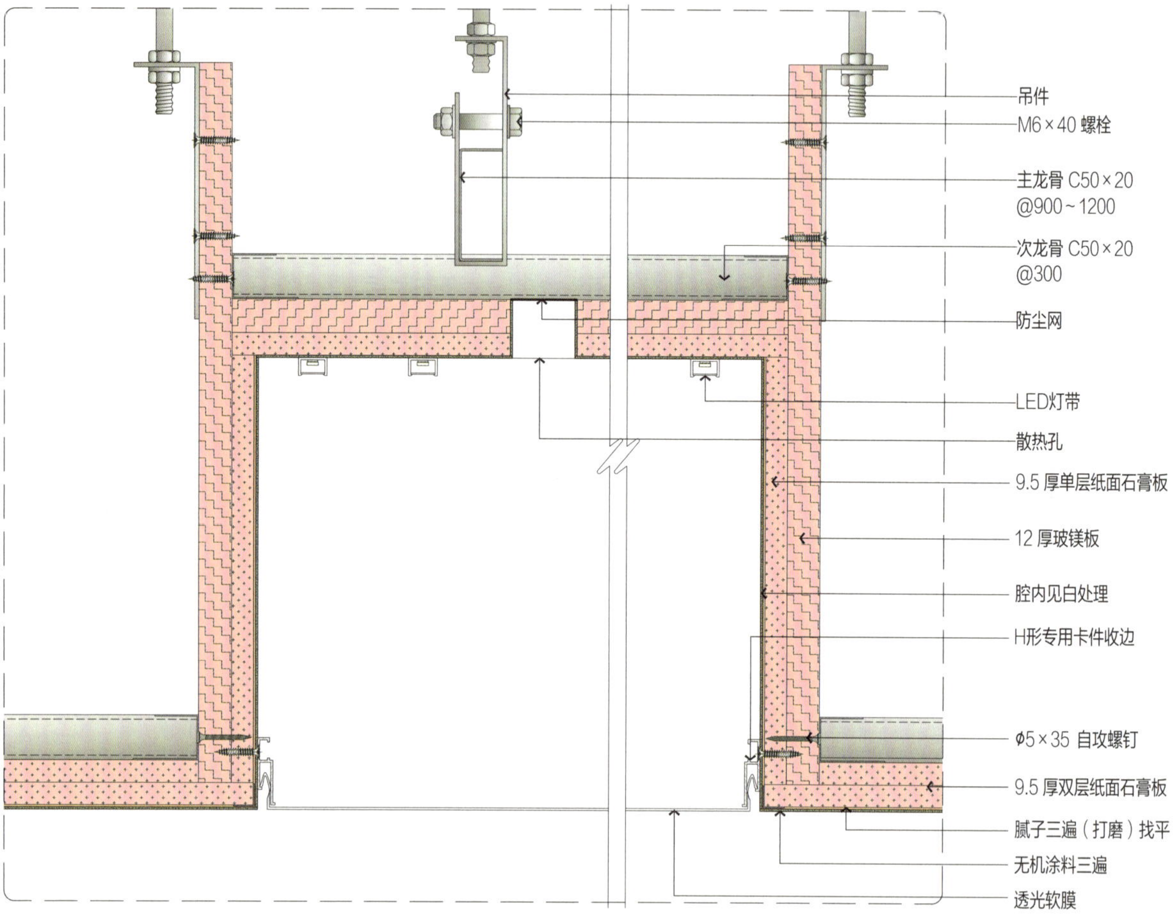

S 吊顶涂料与透光软膜收口工艺（H形专用卡件收边）

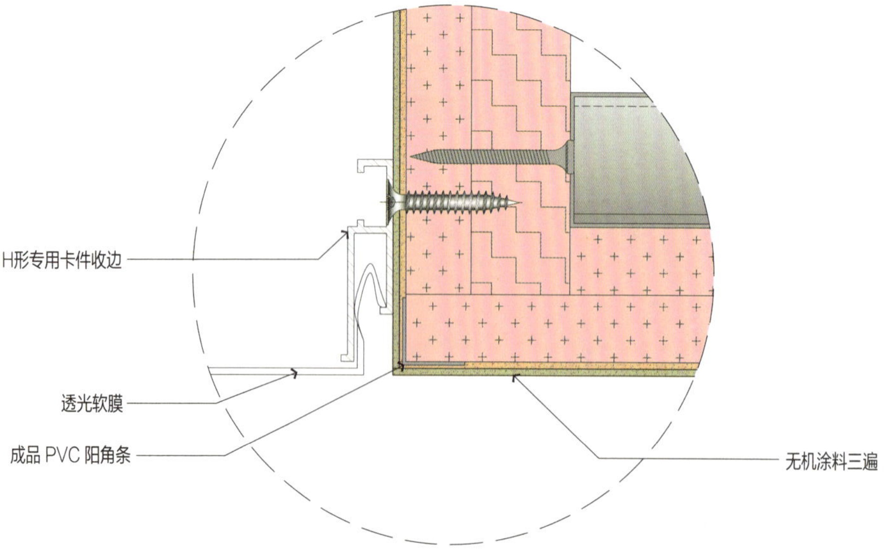

D 吊顶涂料与透光软膜收口工艺（H形专用卡件收边）大样图

适用范围

吊顶涂料与透光软膜收口工艺的适用范围包括酒店、办公楼、医院等场所的室内装饰空间。透光软膜收边工艺采用高品质的透光膜材料，具有高透明度、柔韧性好等特点，该工艺施工快捷、后期检修方便，能提升整个空间的美观度。具体的收口方式应根据项目的装饰需求和设计要求来确定。

材料类别

面层材料：无机涂料、透光软膜饰面、H形专用卡件。

基层材料：主龙骨 C50×20 mm、次龙骨 C50×20 mm、9.5 mm厚纸面石膏板、吊件、12 mm厚玻镁板、防尘网、LED灯带、Ø5 mm×35 mm自攻螺钉。

材料图片

无机涂料

透光软膜饰面

纸面石膏板

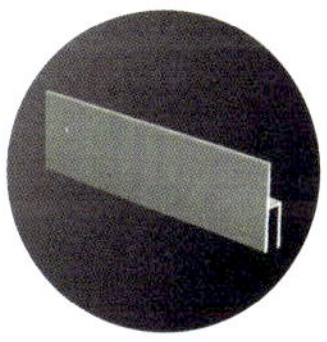
H 形专用卡件

主龙骨

次龙骨

模拟构造

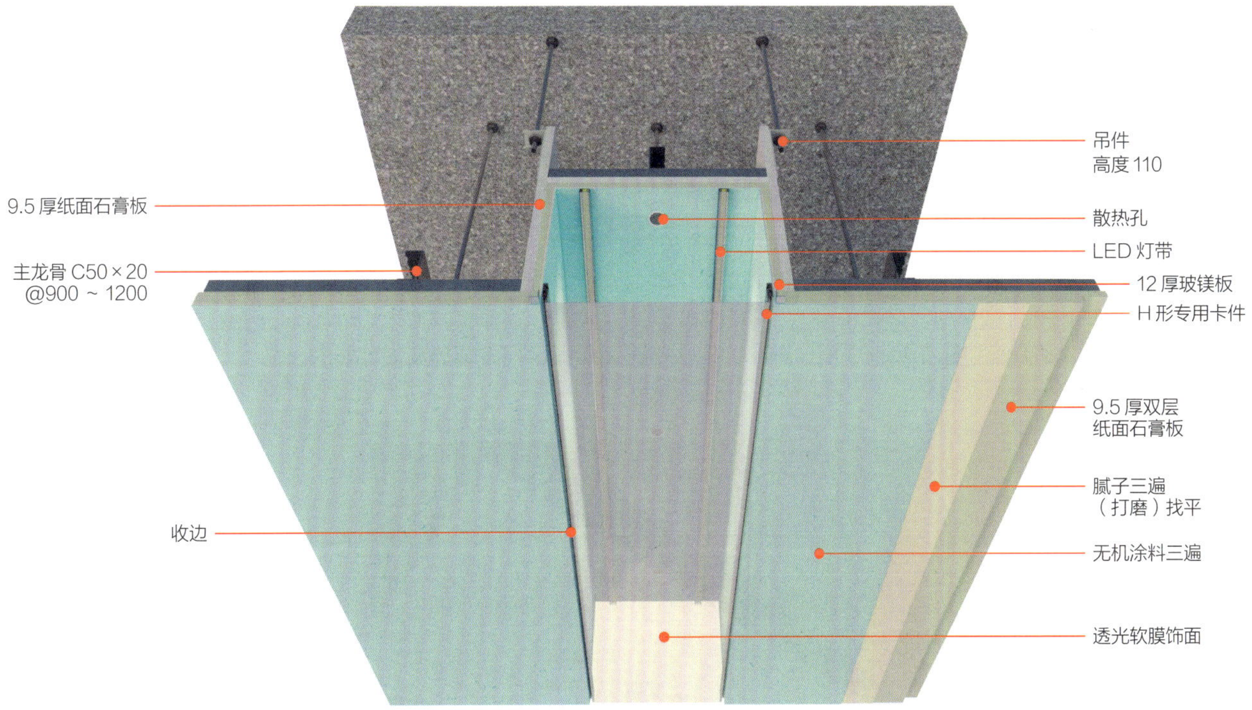

三维构造模型

深化与施工要点

深化收口六字诀

撞 》 压 》 嵌 》 收 》 断 》 插

收口“收”字诀：吊顶收边应用早，空间闭合顺墙跑；材质变化随主材，找平到位效果好。

1.图纸深化：根据材料特性进行面层收口节点优化，依据设计要求及现场情况对天花造型图进行深化设计，按照规范要求对综合机电点位进行排布优化。灯箱内腔石膏板封板后，应满做无机涂料见白处理，透光膜的厚度不同于亚克力透光板，其本身具有良好的散热性能，灯箱内不需要预留散热孔。

2.技术交底：透光膜固定卡件处的石膏板阳角，在使用PVC护角条加固后，批刮腻子三遍并打磨找平，优先进行灯箱内腔无机涂料见白处理，再进行天花面层无机涂料的施工。所有饰面涂层完成后，弹线定位后固定透光膜H形专用卡件，将透光膜张拉塞压入卡件卡槽内，确保膜面平整、美观。

深化管控要点

1.天花造型：深化天花造型收口节点时，灯箱盒的深度宜为200 ~ 250 mm，以确保光照均匀、美观，避免过度曝光和照射不足。LED灯带布置间距宜为150 ~ 200 mm。

2.综合点位：根据各专业点位图及装饰专业天花造型图纸，在符合相关标准和规范的基础上，深化排板综合点位，确保符合点位横平竖直、斜成线、对称均分等原则。相关专业的图纸包含消防、暖通、空调、强电、弱电、灯光等，组织各专业单位对综合天花深化图会签。

3.现场交底：根据综合天花深化图（签字版）完成对天花标高线与机电控制线的放线。顶面轻钢龙骨校平时应进行起拱，起拱高度通常为房间净跨度的1/1000 ~ 3/1000，其中净跨度指的是房间的短向距离。检修口、风口、吊灯等处应做加固处理，所有天花机电末端点位在天花基层封板前均应做好强制定位工作，且机电末端点位应完成安装。

施工管控要点

1.安装工序：定位放线 → 隐蔽施工 → 基层封板 → 面层涂料 → 透光膜安装

2.施工管控：材料进场时应严格把控透光膜材料验收，按规范要求抽样复查。在主龙骨安装前，机电、消防主管道施工完成，并按相关规范要求进行验收。透光膜安装应实时监测，若出现偏差，应及时调整，确保成品效果“平、直、顺、齐、精、准”。

3.品控质检：天花饰面材料表面应洁净、色泽一致且平整无破损、无裂缝，收口条应保证平直、宽度一致。严格检查点位排布情况，确保点位排布笔直成线，排布均匀，排布间距满足相关规范及设计要求。

实景照片

吊顶涂料与透光软膜收口工艺（H形专用卡件收边）

S2.3 吊顶涂料与烤漆玻璃收口工艺（不锈钢条收边）

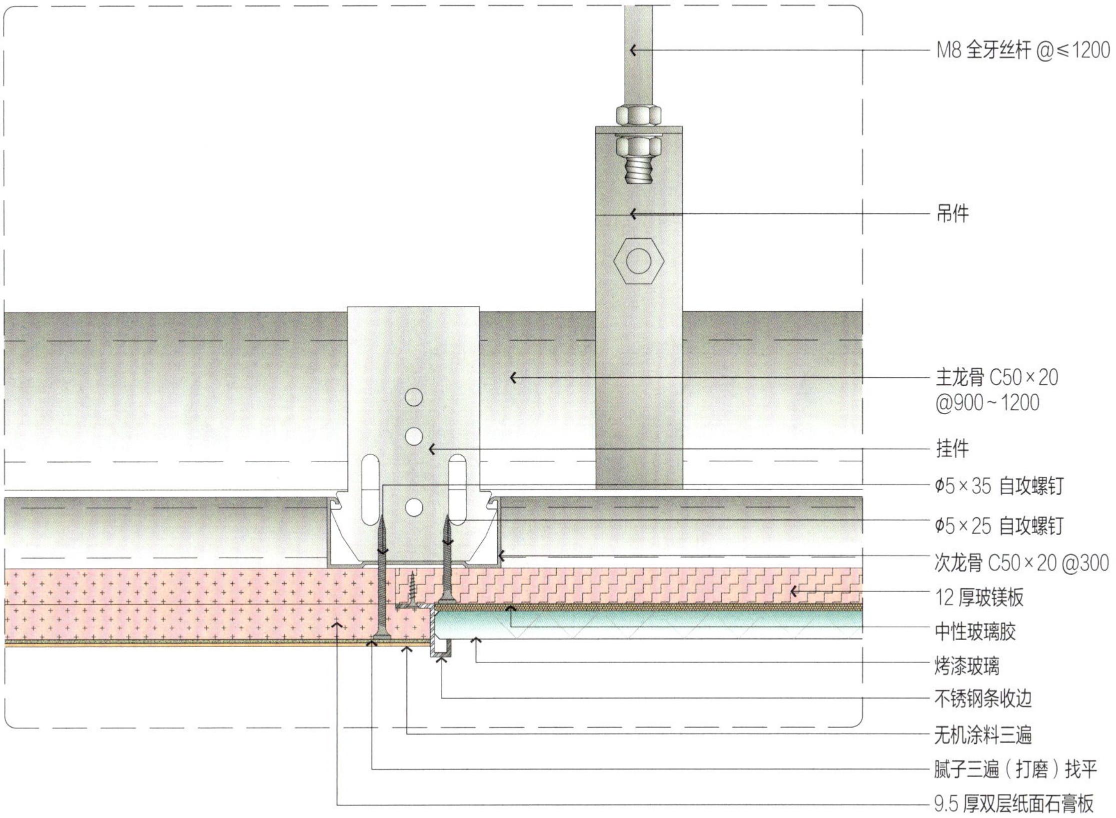

S 吊顶涂料与烤漆玻璃收口工艺（不锈钢条收边）

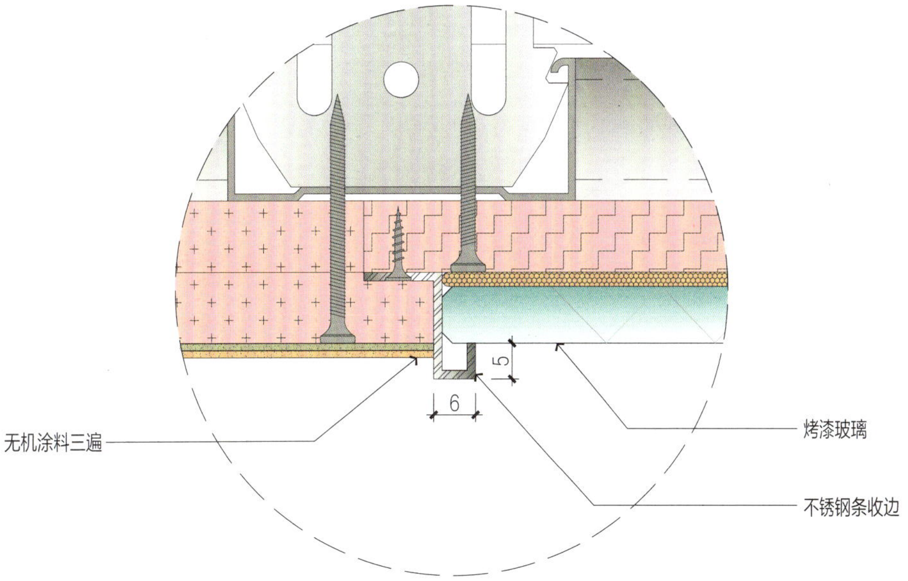

D 吊顶涂料与烤漆玻璃收口工艺（不锈钢条收边）大样图

适用范围

吊顶涂料与烤漆玻璃不锈钢条收边工艺，适用范围包括酒店、办公楼、医院等场所的室内装饰空间。不锈钢线条具有独特的金属质感和光泽，能够为玻璃界面增添一份高雅、时尚的氛围，同时提升整个空间的美观度。具体的收口方式应根据项目的装饰需求和设计要求来确定。

材料类别

面层材料：无机涂料、烤漆玻璃、不锈钢收边条。

基层材料：主龙骨 C50 × 20 mm、次龙骨 C50 × 20 mm、9.5 mm 厚双层纸面石膏板、12 mm 厚玻镁板、中性玻璃胶、Ø5 mm × 25 mm 自攻螺钉、Ø5 mm × 35 mm 自攻螺钉、M8 全牙丝杆、吊件。

材料图片

无机涂料　古铜拉丝不锈钢　烤漆玻璃　纸面石膏板　玻镁板　主龙骨

模拟构造

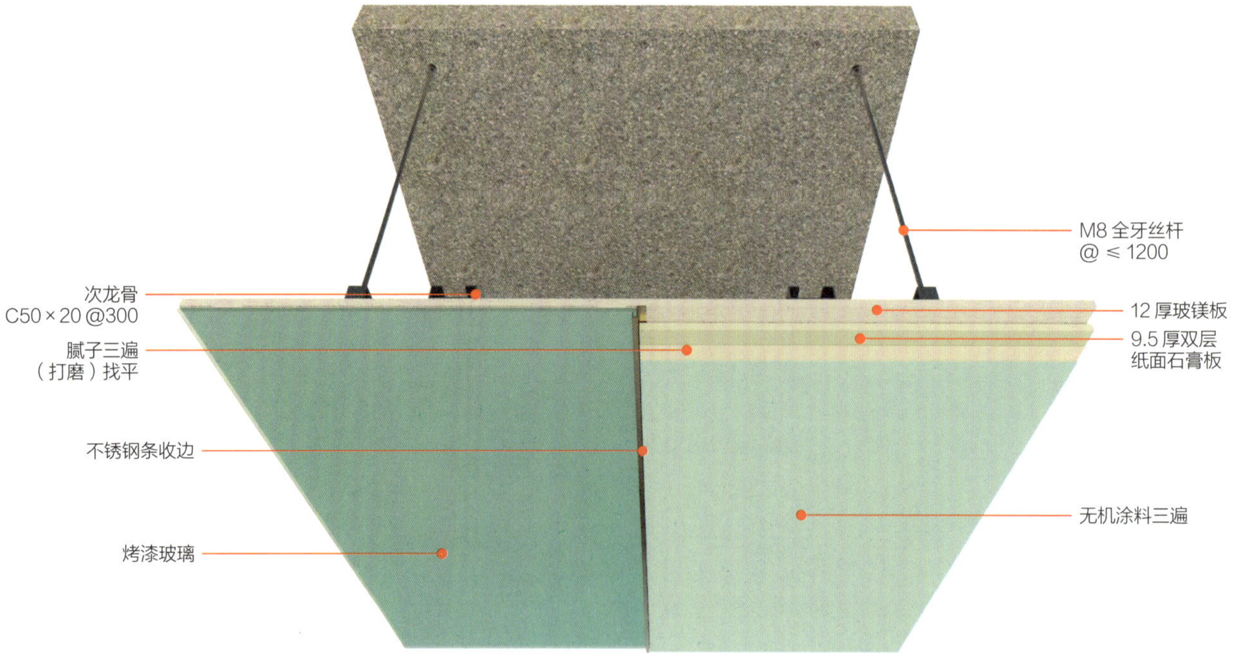

三维构造模型

深化与施工要点

深化收口六字诀

撞 › 压 › 嵌 › 收 › 断 › 插

收口“压”字诀：压接工艺讲先后，湿先干后有节奏；平压顺压变化多，一压百了往上扣。

1.图纸深化：根据材料特性进行面层收口节点优化，依据设计要求及现场情况对天花造型图进行深化设计，按照规范要求对综合机电点位进行排布优化。大面积吊顶的玻璃或单块玻璃面积过大时，应采用钢化玻璃、夹丝玻璃、夹层玻璃、有机玻璃等安全玻璃，严禁使用普通玻璃（小面积点缀除外），且单块玻璃至少有两个对称边采取螺钉固定的不锈钢搭边收口。

2.技术交底：吊顶涂料与玻璃交接处玻镁板基层与石膏板错位封板，玻镁板延伸至涂料基层一端的长度不小于100 mm。玻镁板封板完成后，弹线定位不锈钢收边条，将胶粘固定的玻璃塞入固定牢靠的不锈钢收边条内，完成玻璃与不锈钢收边条的成品保护后，进行涂料施工。

深化管控要点

1.排板策划：深化天花造型收口节点时，吊顶涂料第一层石膏板与玻镁板之间不宜密拼，应留缝3 ~ 5 mm宽，不锈钢条安装后再进行第二层石膏板封板作业。优先进行吊顶玻璃的施工，再进行吊顶涂料腻子打磨找平，最后喷涂无机涂料饰面。

2.综合点位：根据各专业点位图及装饰专业天花造型图纸，在符合相关标准和规范的基础上，深化排板综合点位，确保符合点位横平竖直、斜成线、对称均分等原则。相关专业的图纸包含消防、暖通、空调、强电、弱电、灯光等，组织各专业单位对综合天花深化图会签。

3.现场交底：根据综合天花深化图（签字版）完成对天花标高线与机电控制线的放线。顶面轻钢龙骨校平时应进行起拱，起拱高度通常为房间净跨度的1/1000 ~ 3/1000，其中净跨度指的是房间的短向距离。检修口、风口、吊灯等处应做加固处理，所有天花机电末端点位在天花基层封板前均应做好强制定位工作，且机电末端点位应完成安装。

施工管控要点

1.安装工序：定位放线 → 隐蔽施工 → 龙骨基层 → 不锈钢条 → 玻璃安装 → 面层涂料

2.施工管控：材料进场时应严格把控材料验收，按规范要求抽样复查。在主龙骨安装前，机电、消防主管道施工完成，并按相关规范要求进行验收。不锈钢条与玻璃安装应实时监测，若出现偏差，应及时调整，确保成品效果“平、直、顺、齐、精、准”。

3.品控质检：天花饰面材料表面应洁净、色泽一致且平整无破损、无裂缝，收口条应保证平直、宽度一致。严格检查点位排布情况，确保点位排布笔直成线，排布均匀，排布间距满足相关规范及设计要求。

实景照片

吊顶涂料与烤漆玻璃收口工艺（不锈钢条收边）

S2.4 吊顶涂料与防火板收口工艺（铝合金 F 形嵌条）

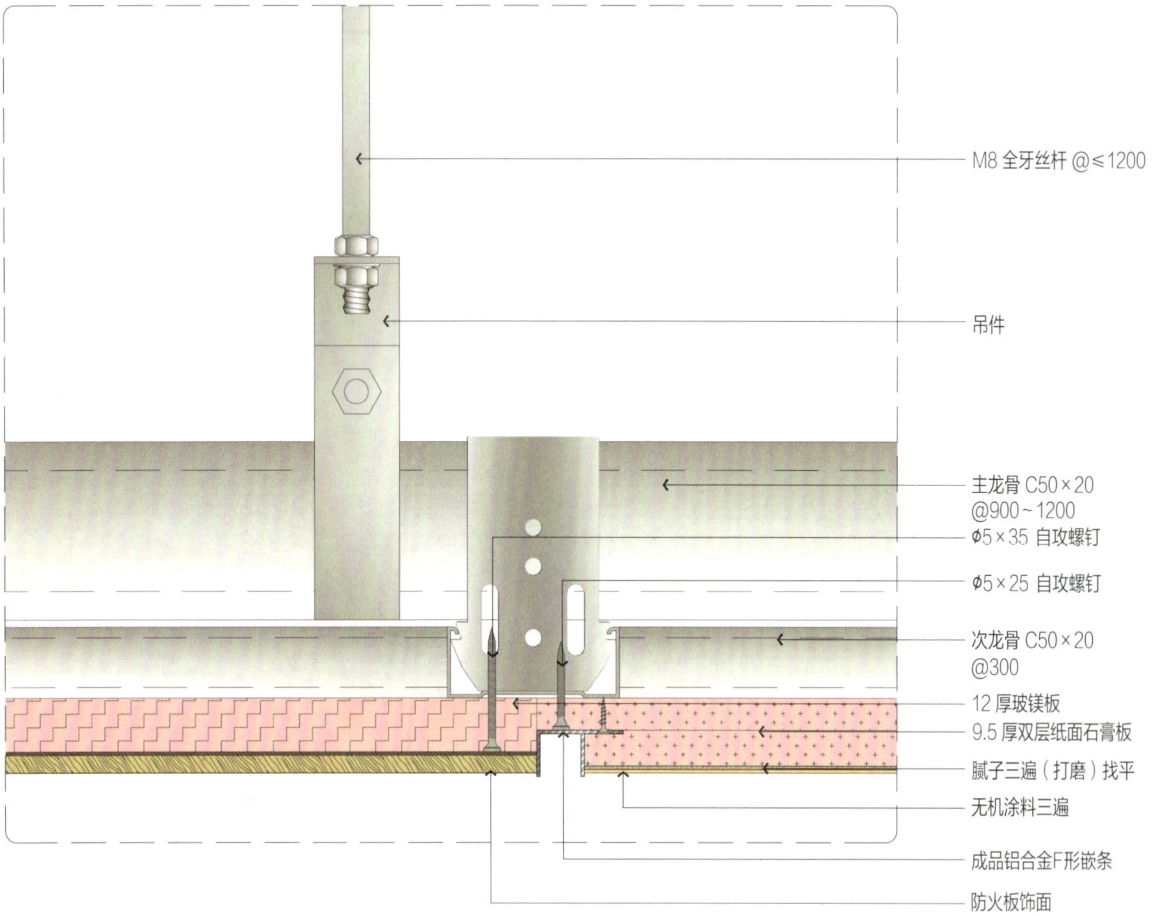

S 吊顶涂料与防火板收口工艺（铝合金 F 形嵌条）

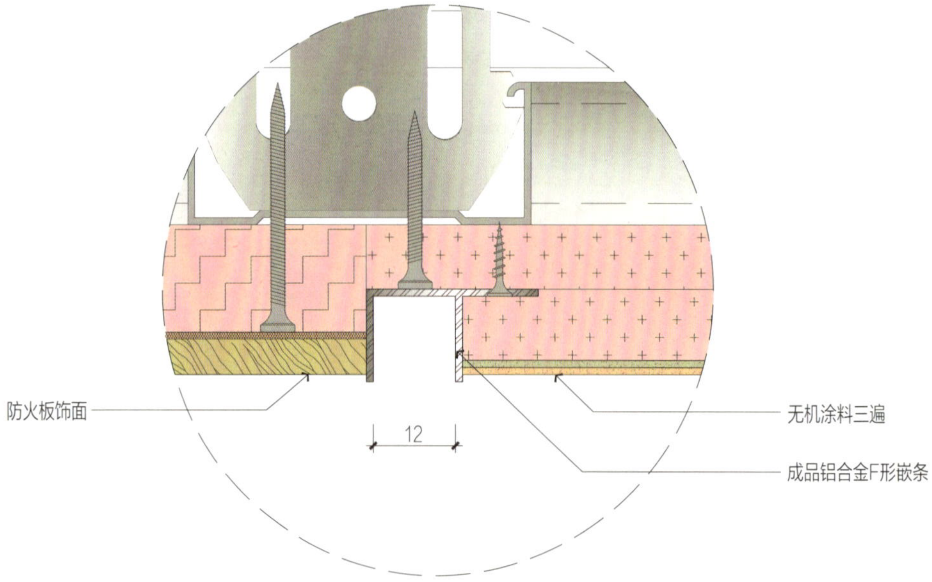

D 吊顶涂料与防火板收口工艺（铝合金 F 形嵌条）大样图

适用范围

吊顶涂料与防火板收口处的铝合金F形嵌条内嵌工艺，适用范围包括酒店、办公楼、医院等场所的室内装饰空间。F形铝合金内嵌条具有较高的强度和刚性，能够提供可靠的支撑和较好的固定作用，保证吊顶收口质量和使用安全性。具体的收口方式应根据项目的装饰需求和设计要求来确定。

材料类别

面层材料：无机涂料、防火板饰面、铝合金F形嵌条。

基层材料：主龙骨C50×20 mm、次龙骨C50×20 mm、9.5 mm厚纸面石膏板、12 mm厚玻镁板、Ø5 mm×25 mm自攻螺钉、Ø5 mm×35 mm自攻螺钉、M8全牙丝杆、吊件。

材料图片

无机涂料

防火板饰面

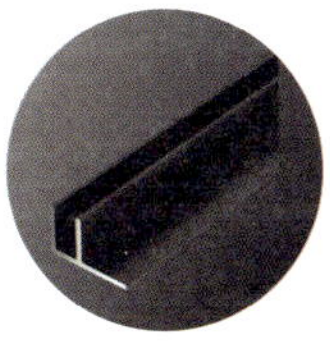
铝合金F形嵌条

纸面石膏板

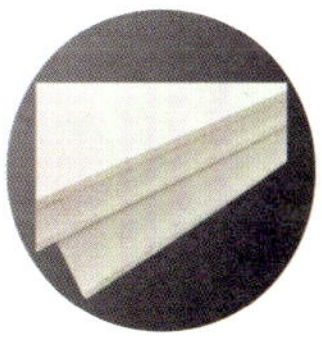
玻镁板

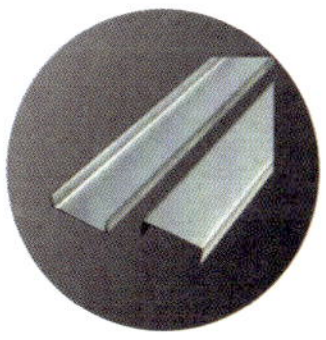
主龙骨

模拟构造

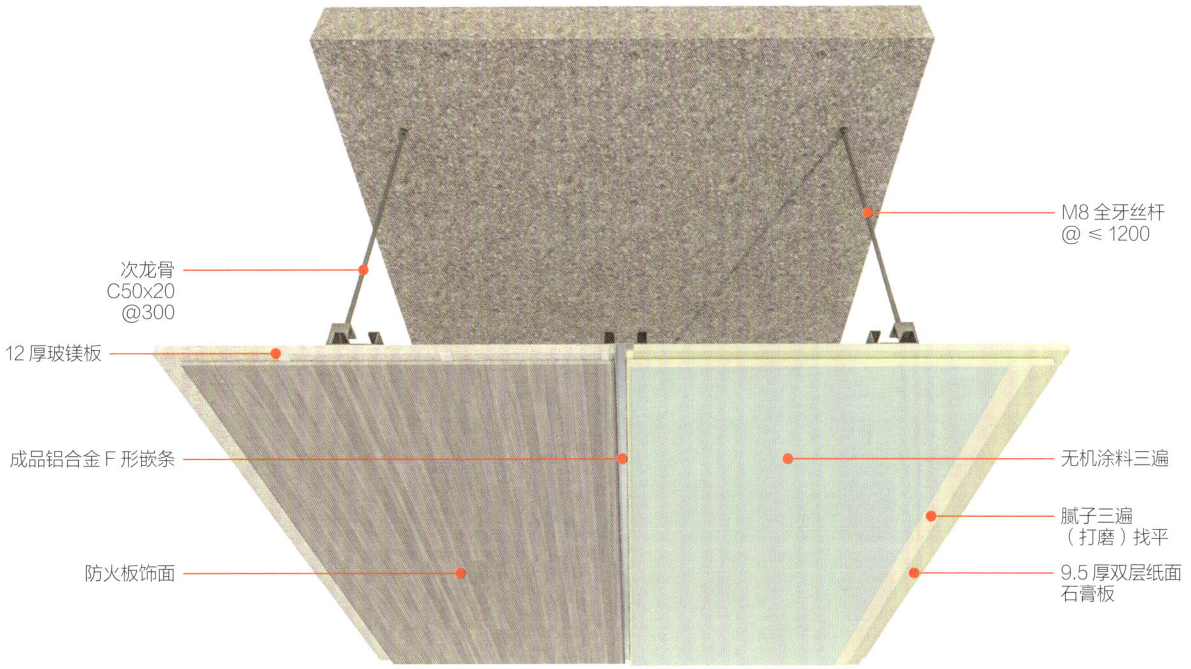

三维构造模型

深化与施工要点

深化收口六字诀

撞 › 压 › 嵌 › 收 › 断 › 插

收口“嵌”字诀：嵌式收口应用广，宽窄造型品质讲；合理美化分隔缝，凹凸平顺任君想。

1.图纸深化：根据材料特性进行面层收口节点优化，依据设计要求及现场情况对天花造型图进行深化设计，按照规范要求对综合机电点位进行排布优化。铝合金F形嵌条壁厚不应小于1.2 mm，嵌条转角处应斜切对拼处理，确保连贯、整齐、美观。

2.技术交底：核对现场尺寸与机电标高，并进一步深化综合天花图。铝合金F形嵌槽做法，应在底层石膏板封板完成后，进行嵌条弹线定位，沿定位线胶粘固定铝合金F形嵌条。将第二层石膏板顶住嵌条一侧，并开始第二层石膏板封板，玻镁板顶住铝合金嵌条另一侧进行封板，注意嵌条表面要做好成品保护，以嵌条边缘高度为基准进行腻子找平打磨，并喷涂饰面无机涂料。待无机涂料喷涂完成后胶粘固定防火板面层。

深化管控要点

1.排板策划：深化天花造型收口节点时，同一沿线的铝合金F形嵌条应设置在同一平面上。若为跌级造型方案，铝合金F形嵌条需调整方位，遵循短边视觉弱化、对边对缝的原则。铝合金F形嵌条安装时不宜与两侧饰面层处于同一平面，嵌条高度应错位凸出1 ~ 2 mm。

2.综合点位：根据各专业点位图及装饰专业天花造型图纸，在符合相关标准和规范的基础上，深化排板综合点位，确保符合点位横平竖直、斜成线、对称均分等原则。相关专业的图纸包含消防、暖通、空调、强电、弱电、灯光等，组织各专业单位对综合天花深化图会签。

3.现场交底：根据综合天花深化图（签字版）完成对天花标高线与机电控制线的放线。顶面轻钢龙骨校平时应进行起拱，起拱高度通常为房间净跨度的1/1000 ~ 3/1000，其中净跨度指的是房间的短向距离。检修口、风口、吊灯等处应做加固处理，所有天花机电末端点位在天花基层封板前均应做好强制定位工作，且机电末端点位应完成安装。

施工管控要点

1.安装工序：定位放线 → 隐蔽施工 → 龙骨基层 → 金属嵌条 → 面层涂料 → 防火板安装

2.施工管控：材料进场时应严格把控材料验收，按规范要求抽样复查。在主龙骨安装前，机电、消防主管道施工完成，并按相关规范要求进行验收。防火板安装应实时监测，若出现偏差，应及时调整，确保成品效果“平、直、顺、齐、精、准”。

3.品控质检：天花饰面材料表面应洁净、色泽一致且平整无破损、无裂缝，收口条应保证平直、宽度一致。严格检查点位排布情况，确保点位排布笔直成线，排布均匀，排布间距满足相关规范及设计要求。

实景照片

吊顶涂料与防火板收口工艺（铝合金F形嵌条）

S2.5 吊顶涂料与挡烟垂壁玻璃平撞工艺

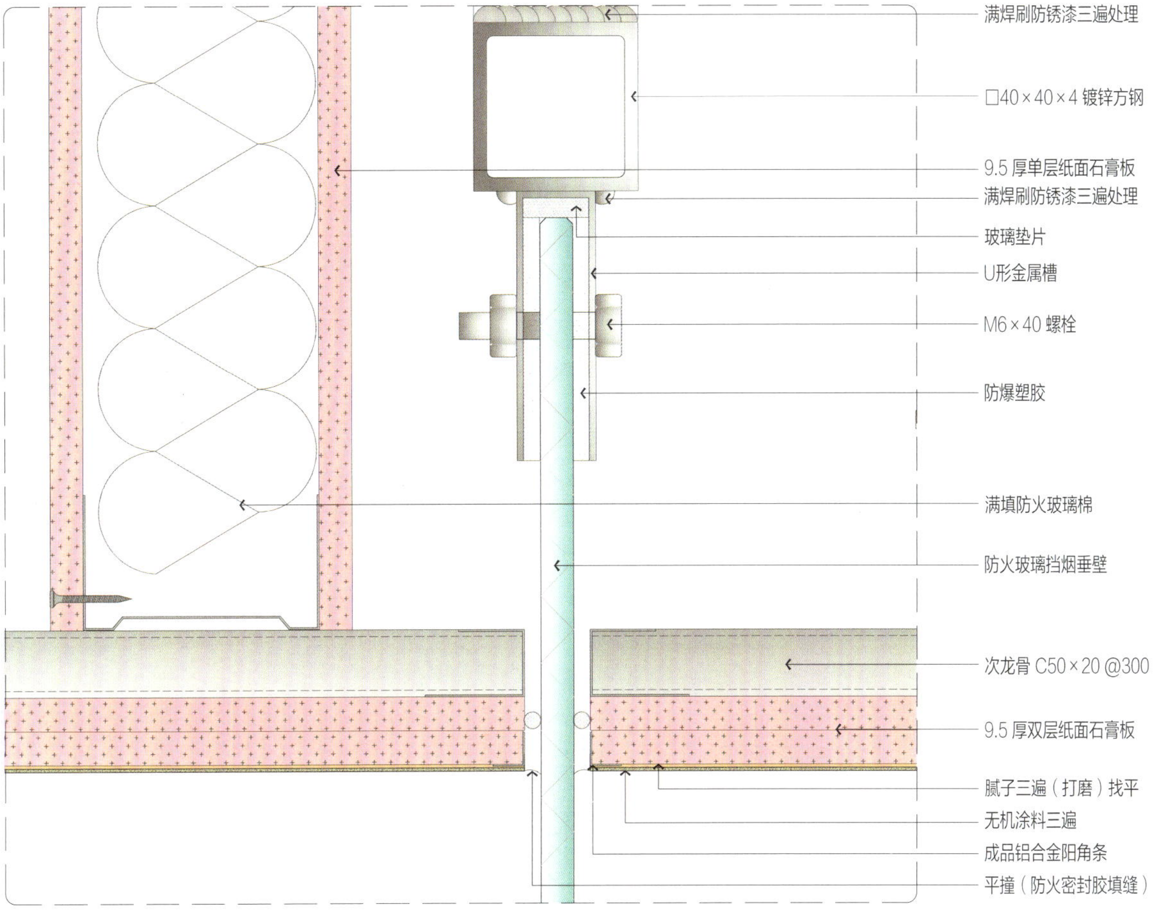

S 吊顶涂料与挡烟垂壁玻璃平撞工艺

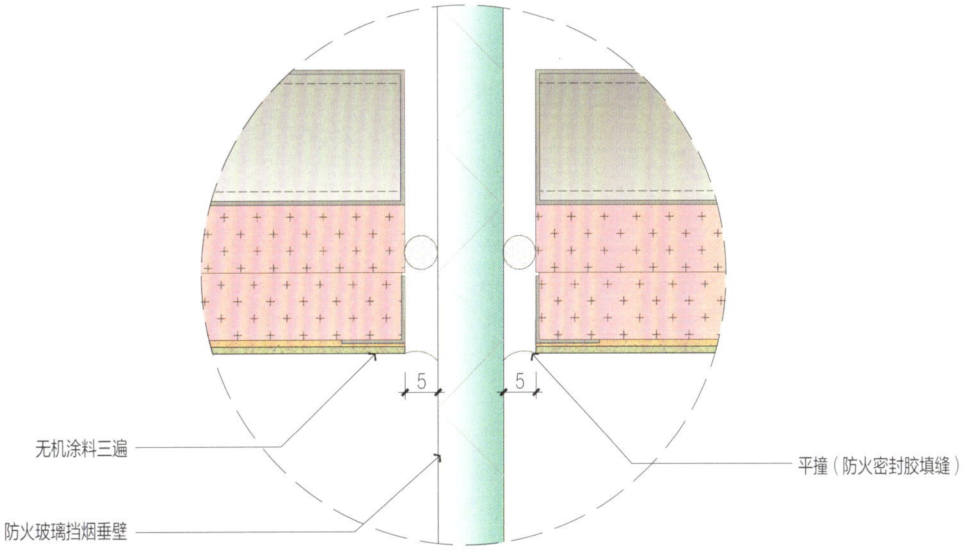

D 吊顶涂料与挡烟垂壁玻璃平撞工艺大样图

适用范围

吊顶涂料与挡烟垂壁玻璃平撞工艺施工快捷，适用范围包括酒店、办公楼、医院等场所的室内装饰空间。挡烟垂壁玻璃采用透明玻璃材料，具有通透、简洁的外观，能够提升空间的美观度和时尚感。具体的收口方式应根据项目的装饰需求和设计要求来确定。

材料类别

面层材料：无机涂料、防火玻璃、铝合金阳角条。

基层材料：□40 mm × 40 mm × 4 mm 镀锌方钢、U 形金属槽、主龙骨 C50 × 20 mm、次龙骨 C50 × 20 mm、9.5 mm 厚纸面石膏板、防火玻璃棉、吊件。

材料图片

无机涂料

防火玻璃

纸面石膏板

铝合金阳角条

主龙骨

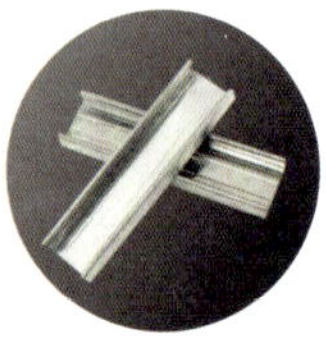
次龙骨

模拟构造

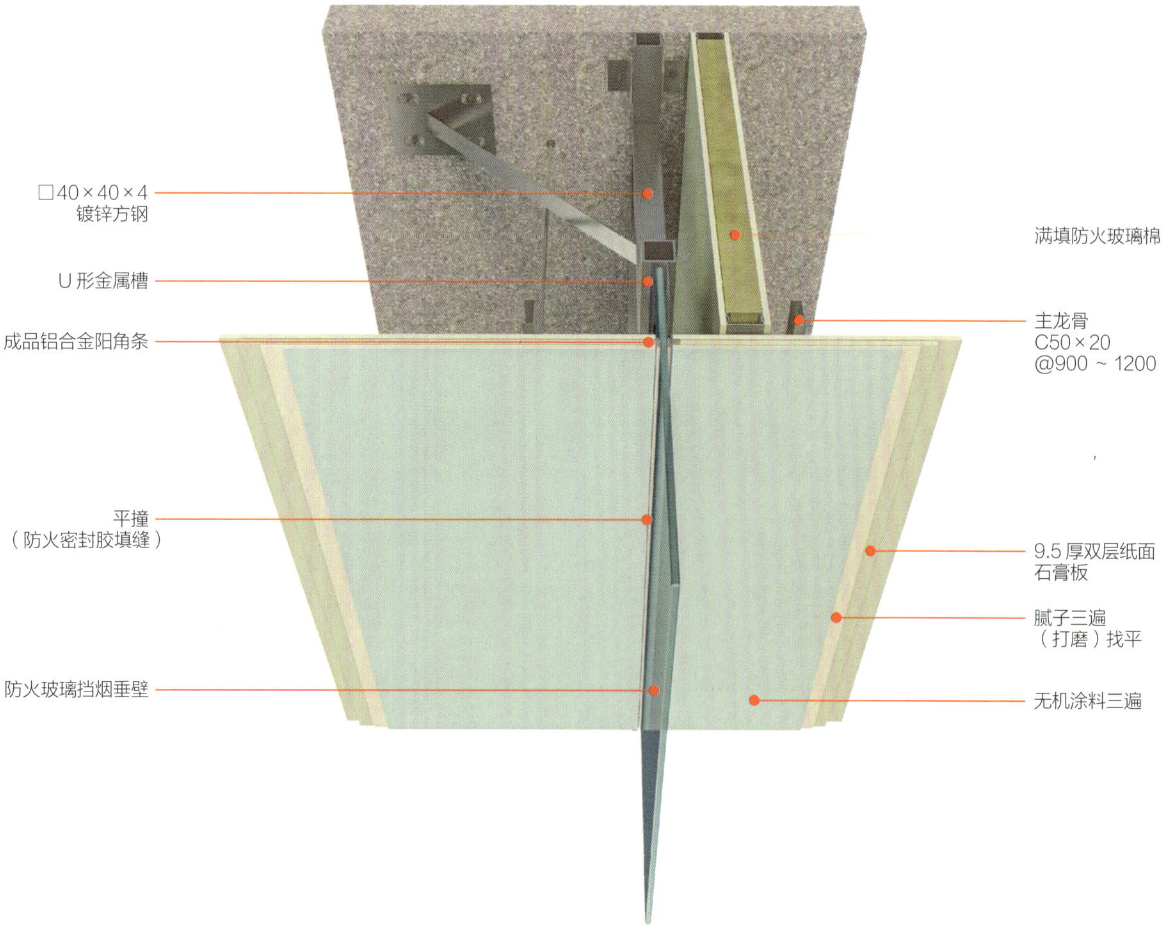

三维构造模型

深化与施工要点

深化收口六字诀

撞 》 压 》 嵌 》 收 》 断 》 插

收口“撞”字诀：撞接收口自常在，不同质地软撞硬；密缝无胶收阴角，不留维保后遗症。

1.图纸深化：根据材料特性进行面层收口节点优化，依据设计要求及现场情况对天花造型图进行深化设计，按照规范要求对综合机电点位进行排布优化。玻璃挡烟垂壁应采用夹胶防火玻璃，玻璃之间、玻璃与隔墙立面之间间隙不应小于20 mm，填缝剂应采用防火玻璃胶；固定防火玻璃的U形镀锌钢板槽厚度不应小于 3 mm，熔点不低于750 ℃；另外，吊顶内部应做防火封堵处理。

2.技术交底：核对现场尺寸与机电标高，并进一步深化综合天花图。竖向40 mm × 40 mm × 4 mm镀锌方钢与镀锌钢板满焊接安装间距800 mm，横向镀锌方钢上部与竖向镀锌方钢焊接，下部与U形镀锌钢板槽焊接；斜拉镀锌角钢加固焊接，所有焊接处均应满焊并做三遍防锈处理。12 mm厚防火玻璃用垫片、防爆塑胶、不锈钢螺栓与U形槽紧固安装，防火密封胶填缝处理。

深化管控要点

1.排板策划：设置排烟系统的场所或部位应采用挡烟垂壁、结构梁及隔墙等划分防烟分区，需注意防烟分区不应跨越防火分区。挡烟垂壁等挡烟分隔设施的挡烟高度不应小于设计储烟仓厚度，且挡烟高度不应低于50 mm。固定挡烟垂壁底部距完成地面净高度不应小于2 m，单块防火玻璃最大宽度不超过2 m。

2.综合点位：根据各专业点位图及装饰专业天花造型图纸，在符合相关标准和规范的基础上，深化排板综合点位，确保符合点位横平竖直、斜成线、对称均分等原则。相关专业的图纸包含消防、暖通、空调、强电、弱电、灯光等，组织各专业单位对综合天花深化图会签。

3.现场交底：根据综合天花深化图（签字版）完成对天花标高线与机电控制线的放线。顶面轻钢龙骨校平时应进行起拱，起拱高度通常为房间净跨度的1/1000 ～ 3/1000，其中净跨度指的是房间的短向距离。检修口、风口、吊灯等处应做加固处理，所有天花机电末端点位在天花基层封板前均应做好强制定位工作，且机电末端点位应完成安装。

施工管控要点

1.安装工序：定位放线 → 隐蔽施工 → 钢架安装 → 玻璃安装 → 基层封板 → 面层涂料

2.施工管控：材料进场时应严格把控材料验收，按规范要求抽样复查。在主龙骨安装前，机电、消防主管道施工完成，并按相关规范要求进行验收。对龙骨与石膏板安装进行实时监测，若出现偏差，应及时调整，确保成品效果“平、直、顺、齐、精、准”。

3.品控质检：天花饰面材料表面应洁净、色泽一致且平整无破损、无裂缝，收口条应保证平直、宽度一致。严格检查点位排布情况，确保点位排布笔直成线，排布均匀，排布间距满足相关规范及设计要求。

实景照片

吊顶涂料与挡烟垂壁玻璃平撞工艺

S2.6 吊顶涂料与电动挡烟垂壁收口工艺（阳角条收边）

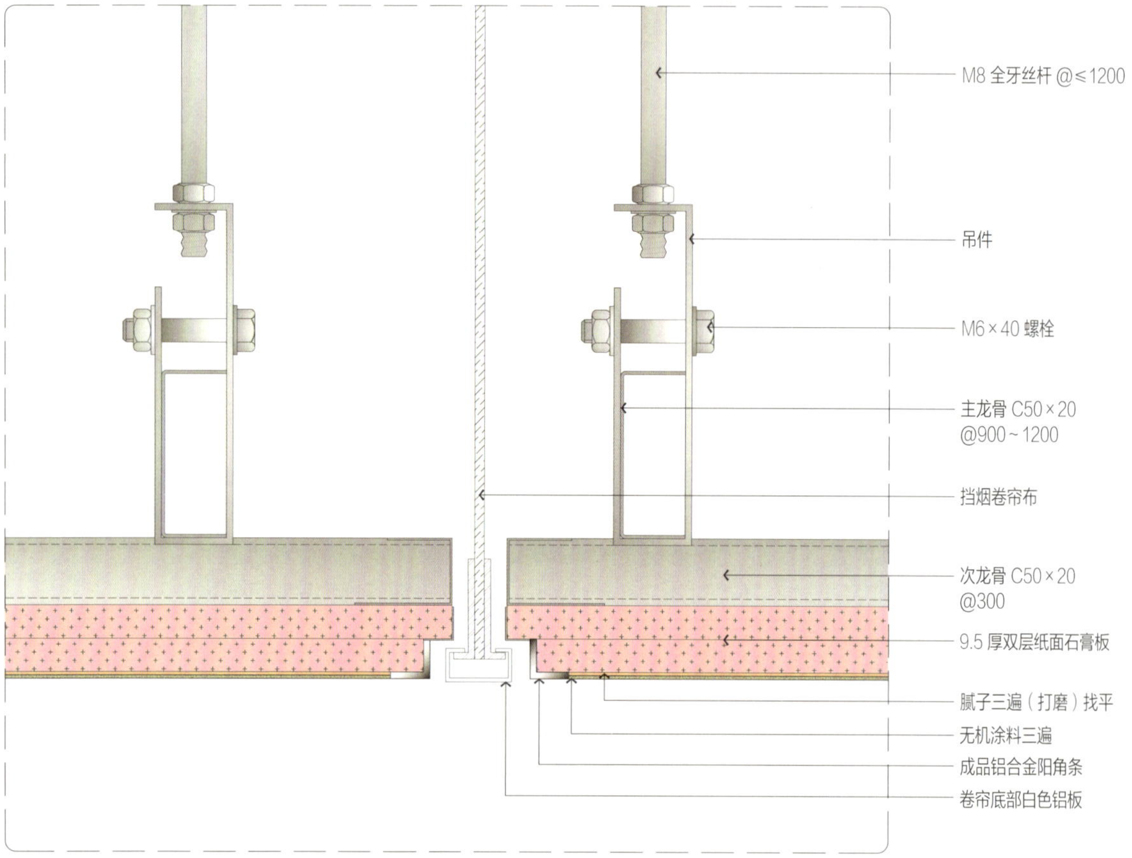

S 吊顶涂料与电动挡烟垂壁收口工艺（阳角条收边）

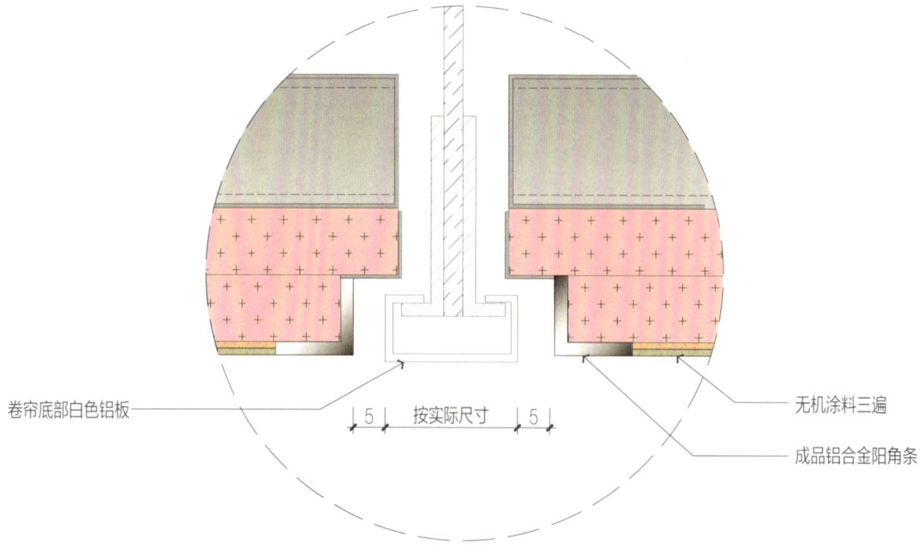

D 吊顶涂料与电动挡烟垂壁收口工艺（阳角条收边）大样图

适用范围

吊顶涂料与电动挡烟垂壁收口工艺，适用范围包括酒店、办公楼、医院等场所的室内顶面装饰。阳角条收边安装工艺相对简单，可以根据需要进行定制和调整。阳角条收边能够提升空间的美观度和时尚感，使空间更加整洁、大方。具体的收口方式应根据项目的装饰需求和设计要求来确定。

材料类别

面层材料：无机涂料、铝板饰面、铝合金阳角条。

基层材料：主龙骨 C50 × 20 mm、次龙骨 C50 × 20 mm、9.5 mm 厚纸面石膏板、吊件、M8 全牙丝杆。

材料图片

无机涂料

铝板饰面

铝合金阳角条

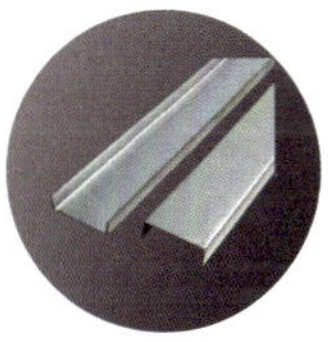

主龙骨

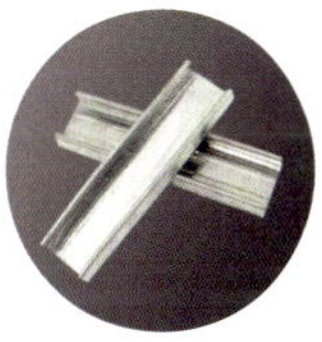

次龙骨

纸面石膏板

模拟构造

三维构造模型

深化与施工要点

深化收口六字诀

撞 》 压 》 嵌 》 收 》 **断** 》 插

收口“断”字诀：断缝工艺有个性，以虚当实讲意境；真断似断筋骨连，高大空间较适用。

1. 图纸深化：根据材料特性进行面层收口节点优化，依据设计要求及现场情况对天花造型图进行深化设计，按照规范要求对综合机电点位进行排布优化。卷帘式挡烟垂壁挡烟部件若由两块或两块以上织物缝制时，其搭接宽度不应小于20 mm。挡烟垂壁应与烟感探测器联动。当烟感探测器报警后，挡烟垂壁能自动下降至挡烟工作位置。挡烟垂壁应设置限位装置，当其运行至上、下限位时，能自动停止。

2. 技术交底：核对现场尺寸与机电标高，并进一步深化综合天花图。电动挡烟垂壁支撑结构应采用高强度钢材，以保证足够的稳定性和承重能力，控制按钮安装高度应距离完成地面1.3 ~ 1.5 m，且每个挡烟垂壁对应安装一个。卷帘底部宜采用成品铝板作为底托，为防止断边处卷帘底托碰撞损伤吊顶面层，石膏板阳角处应采用成品铝合金阳角条进行加固防护处理。

深化管控要点

1. 排板策划：柔性无机纤维织物挡烟垂壁的单节宽度不应大于4 m。挡烟垂壁与墙面的安装间隙控制在20 mm以内，挡烟垂壁最小安装高度空间为120 mm，卷筒最小直径为60 mm。

2. 综合点位：根据各专业点位图及装饰专业天花造型图纸，在符合相关标准和规范的基础上，深化排板综合点位，确保符合点位横平竖直、斜成线、对称均分等原则。相关专业的图纸包含消防、暖通、空调、强电、弱电、灯光等，组织各专业单位对综合天花深化图会签。

3. 现场交底：根据综合天花深化图（签字版）完成对天花标高线与机电控制线的放线。顶面轻钢龙骨校平时应进行起拱，起拱高度通常为房间净跨度的1/1000 ~ 3/1000，其中净跨度指的是房间的短向距离。检修口、风口、吊灯等处应做加固处理，所有天花机电末端点位在天花基层封板前均应做好强制定位工作，且机电末端点位应完成安装。

施工管控要点

1. 安装工序：定位放线 → 隐蔽施工 → 钢架安装 → 卷帘安装 → 基层封板 → 面层涂料

2. 施工管控：材材料进场时应严格把控材料验收，按规范要求抽样复查。在主龙骨安装前，机电、消防主管道施工完成，并按相关规范要求进行验收。对龙骨与石膏板安装进行实时监测，若出现偏差，应及时调整，确保成品效果“平、直、顺、齐、精、准”。

3. 品控质检：天花饰面材料表面应洁净、色泽一致，表面平整无破损、无裂缝，收口条应保证平直、宽度一致。严格检查点位排布情况，确保点位排布笔直成线，排布均匀，排布间距满足相关规范及设计要求。

实景照片

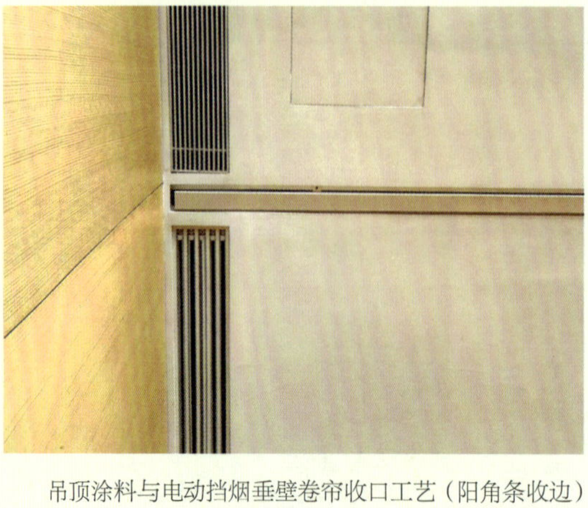

吊顶涂料与电动挡烟垂壁卷帘收口工艺（阳角条收边）

S3 顶面金属收口工艺

S3.1 吊顶涂料与蜂窝石材错位撞边工艺

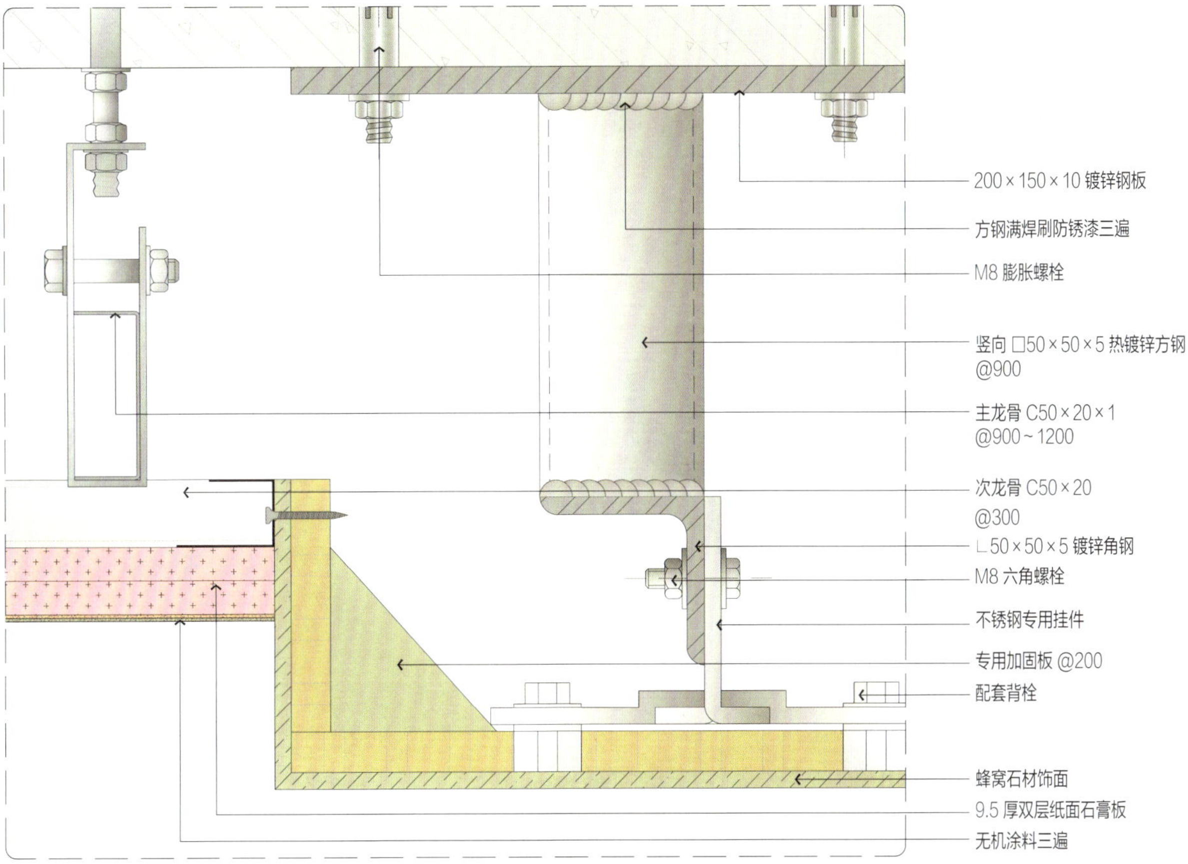

S 吊顶涂料与蜂窝石材错位撞边工艺

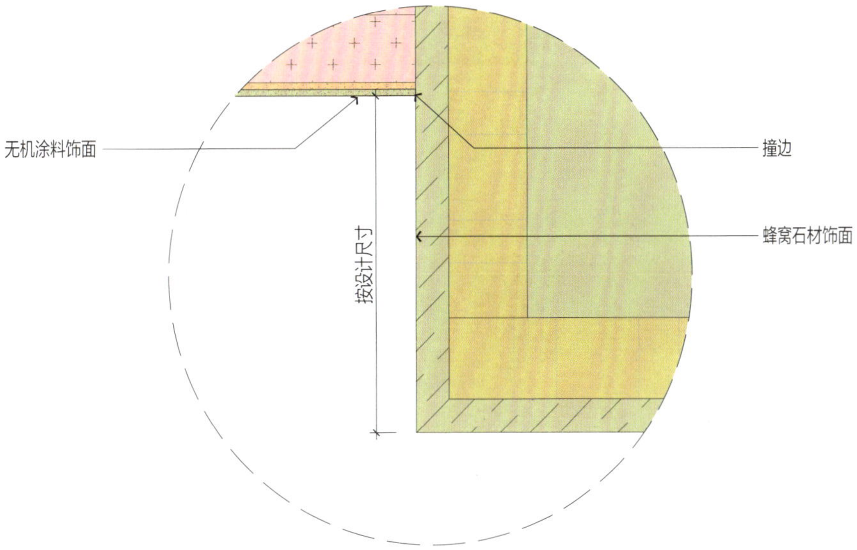

D 吊顶涂料与蜂窝石材错位撞边工艺大样图

适用范围

吊顶涂料与蜂窝石材错位撞边工艺的适用范围包括酒店、办公楼、医院等场所的室内装饰空间。蜂窝石材本身具有较高的强度和较强的承重能力，错位撞边工艺能够进一步增强结构的稳定性，并提升美观度。具体的收口方式应根据项目的装饰需求和设计要求来确定。

材料类别

面层材料：无机涂料、蜂窝石材饰面。

基层材料：主龙骨 C50×20 mm、次龙骨 C50×20 mm 、9.5 mm厚纸面石膏板、吊件、□50 mm×50 mm×5 mm热镀锌方钢、∟50 mm×50 mm×5 mm镀锌角钢、200 mm×150 mm×10 mm镀锌钢板、配套背栓、不锈钢专用挂件。

材料图片

无机涂料

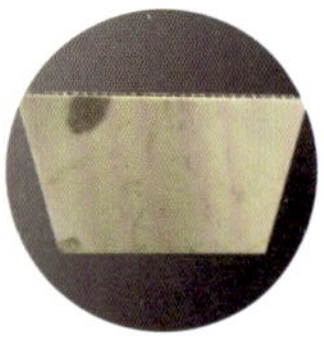
蜂窝石材饰面

主龙骨

镀锌方钢

镀锌角钢

纸面石膏板

模拟构造

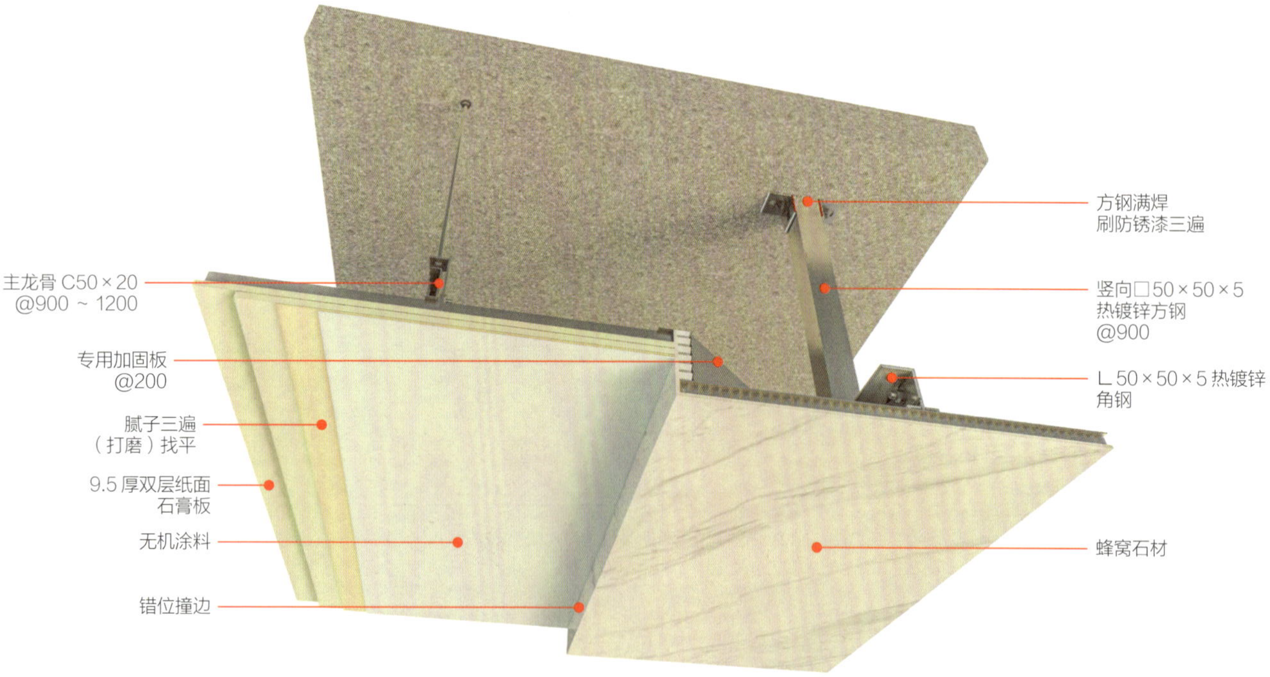

三维构造模型

深化与施工要点

深化收口六字诀

撞 › 压 › 嵌 › 收 › 断 › 插

收口"撞"字诀：撞接收口自常在，不同质地软撞硬；密缝无胶收阴角，不留维保后遗症。

1. 图纸深化：根据材料特性进行面层收口节点优化，依据设计要求及现场情况对天花造型图进行深化设计，按照规范要求对综合机电点位进行排布优化。石膏板与蜂窝石材错位撞接，错位尺寸不宜大于300 mm，蜂窝石材L形转角处必须进行转角加固处理。

2. 技术交底：竖向镀锌50 mm × 50 mm × 5 mm镀锌方钢与镀锌钢板焊接固定间距为900 mm，横向镀锌角钢与竖向镀锌方钢满焊连接，焊接固定前横向角钢挂件位置进行预开孔。弹线定位安装蜂窝石材钢架基层及吊筋与主龙骨，专用挂件预安装在蜂窝石材上，不锈钢螺栓紧固连接专用挂件与横向角钢。蜂窝石材安装完成并调平后，安装吊顶涂料次龙骨封双层纸面石膏板，腻子三遍打磨找平，喷涂无机涂料面层。

深化管控要点

1. 排板策划：深化天花造型收口节点时，确认石材的表面纹理与方向、规格尺寸与厚度，同一沿线蜂窝石材应设置在同一平面上，并遵循连贯、顺纹、对边对缝的原则。

2. 综合点位：根据各专业点位图及装饰专业天花造型图纸，在符合相关标准和规范的基础上，深化排板综合点位，确保符合点位横平竖直、斜成线、对称均分等原则。相关专业的图纸包含消防、暖通、空调、强电、弱电、灯光等，组织各专业单位对综合天花深化图会签。

3. 现场交底：根据综合天花深化图（签字版）完成对天花标高线与机电控制线的放线。顶面轻钢龙骨校平时应进行起拱，起拱高度通常为房间净跨度的1/1000 ~ 3/1000，其中净跨度指的是房间的短向距离。检修口、风口、吊灯等处应做加固处理，所有天花机电末端点位在天花基层封板前均应做好强制定位工作，且机电末端点位应完成安装。

施工管控要点

1. 安装工序：定位放线 → 隐蔽施工 → 龙骨基层 → 石材安装 → 面层涂料

2. 施工管控：材料进场时应严格把控材料验收，按规范要求抽样复查。在主龙骨安装前，机电、消防主管道施工完成，并按相关规范要求进行验收。对蜂窝石材安装实时监测，若出现偏差，应及时调整，确保成品效果"平、直、顺、齐、精、准"。

3. 品控质检：天花饰面材料表面应洁净、色泽一致，表面平整无破损、无裂缝，收口条应保证平直、宽度一致。严格检查点位排布情况，确保点位排布笔直成线，排布均匀，排布间距满足相关规范及设计要求。

实景照片

吊顶涂料与蜂窝石材错位撞边工艺

S3.2 吊顶铝板与蜂窝石材收口工艺（不锈钢压条）

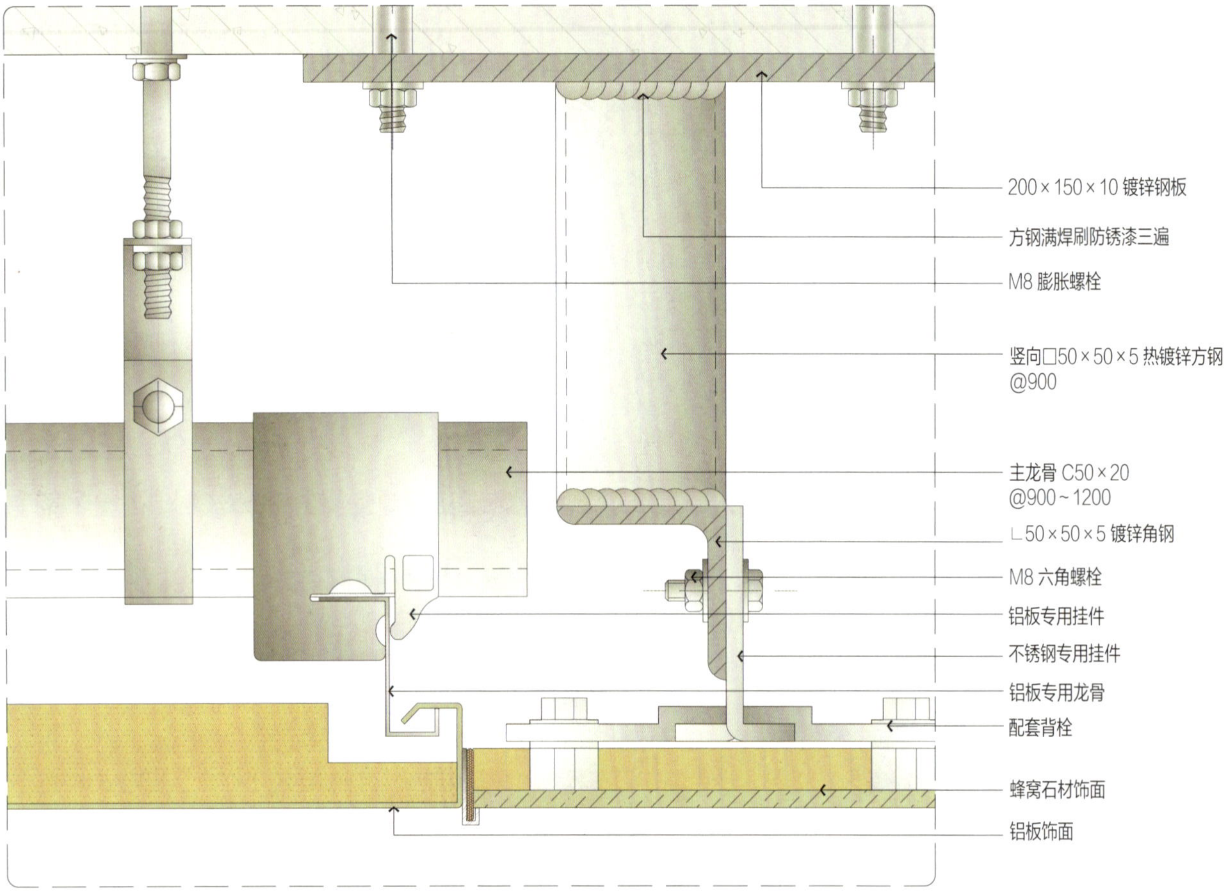

S 吊顶铝板与蜂窝石材收口工艺（不锈钢压条）

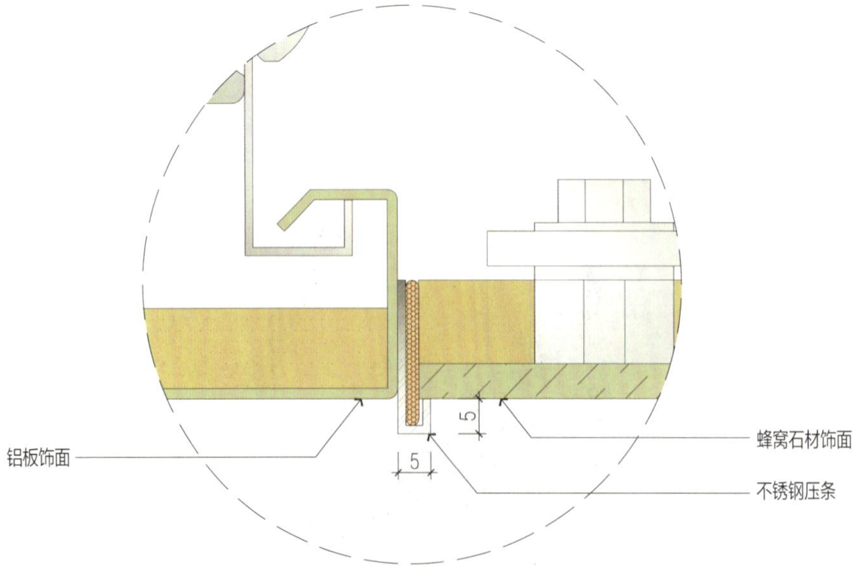

D 吊顶铝板与蜂窝石材收口工艺（不锈钢压条）大样图

适用范围

吊顶铝板与蜂窝石材不锈钢压条工艺，适用范围包括酒店、办公楼、医院等场所的室内装饰空间。不锈钢压条铝板与蜂窝石材两种材料交接处收边，安装过程相对简单，呈现出简洁、现代的外观，可提升空间的美观度和时尚感。具体的收口方式应根据项目的装饰需求和设计要求来确定。

材料类别

面层材料：铝板饰面、蜂窝石材饰面、不锈钢压条。

基层材料：主龙骨 C50 × 20 mm、铝板专用挂件、铝板专用龙骨、吊件、□50 mm × 50 mm × 5 mm 镀锌方钢、L50 mm × 50 mm × 5 mm 镀锌角钢、200 mm × 150 mm × 10 mm 镀锌钢板、不锈钢专用挂件、配套背栓。

材料图片

铝板饰面

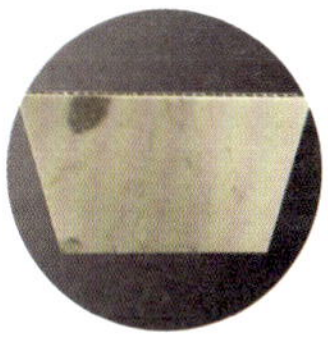
蜂窝石材饰面

古铜拉丝不锈钢

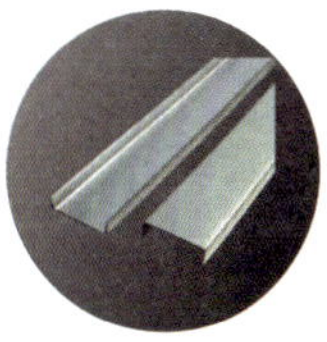
主龙骨

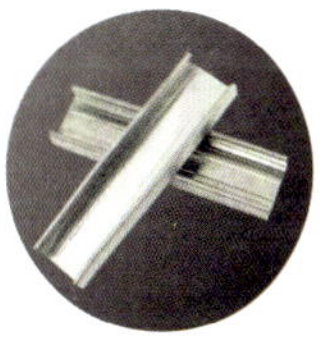
次龙骨

铝板专用挂件

模拟构造

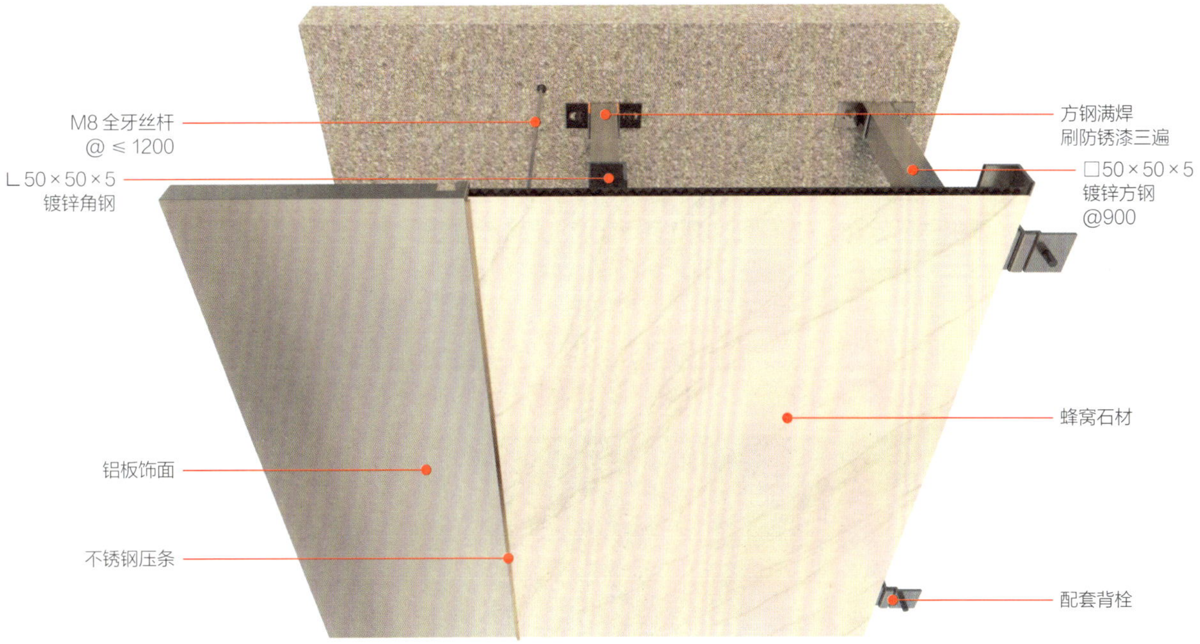

三维构造模型

深化与施工要点

深化收口六字诀

撞 → 压 → 嵌 → 收 → 断 → 插

收口“压”字诀：压接工艺讲先后，湿先干后有节奏；平压顺压变化多，一压百了往上扣。

1. 图纸深化：根据材料特性进行面层收口节点优化，依据设计要求及现场情况对天花造型图进行深化设计，按照规范要求对综合机电点位进行排布优化。铝板与蜂窝石材平撞碰接，碰接处设置一根折边不锈钢压条收口。

2. 技术交底：竖向50 mm×50 mm×5 mm镀锌方钢与镀锌钢板焊接固定间距900 mm，横向镀锌角钢与竖向镀锌方钢满焊连接，焊接固定前横向角钢挂件位置进行预开孔。弹线定位安装铝板龙骨基层，专用挂件预安装在蜂窝石材上，不锈钢螺栓紧固连接专用挂件与横向角钢。蜂窝石材安装完成并调平后，蜂窝石材端部胶粘固定不锈钢折边压条，紧贴不锈钢压条勾搭安装吊顶铝板。

深化管控要点

1. 排板策划：深化天花造型收口节点时，应确认石材的表面纹理与方向、规格尺寸与厚度，同一沿线铝板及蜂窝石材应设置在同一平面上，遵循连贯、顺纹、对边对缝的原则。

2. 综合点位：根据各专业点位图及装饰专业天花造型图纸，在符合相关标准和规范的基础上，深化排板综合点位，确保符合点位横平竖直、斜成线、对称均分等原则。相关专业的图纸包含消防、暖通、空调、强电、弱电、灯光等，组织各专业单位对综合天花深化图会签。

3. 现场交底：根据综合天花深化图（签字版）完成对天花标高线与机电控制线的放线。顶面轻钢龙骨校平时应进行起拱，起拱高度通常为房间净跨度的1/1000 ~ 3/1000，其中净跨度指的是房间的短向距离。检修口、风口、吊灯等处应做加固处理，所有天花机电末端点位在天花基层封板前均应做好强制定位工作，且机电末端点位应完成安装。

施工管控要点

1. 安装工序：定位放线 → 隐蔽施工 → 钢架龙骨 → 石材安装 → 不锈钢条 → 铝板安装

2. 施工管控：材料进场时应严格把控材料验收，按规范要求抽样复查。在主龙骨安装前，机电、消防主管道施工完成，并按相关规范要求进行验收。对蜂窝石材与铝板安装进行实时监测，若出现偏差，应及时调整，确保成品效果“平、直、顺、齐、精、准”。

3. 品控质检：天花饰面材料表面应洁净、色泽一致，表面平整无破损、无裂缝，收口条应保证平直、宽度一致。严格检查点位排布情况，确保点位排布笔直成线，排布均匀，排布间距满足相关规范及设计要求。

实景照片

吊顶铝板与蜂窝石材收口工艺（不锈钢压条）

S3.3 吊顶不锈钢与涂料收口工艺（不锈钢撞石膏板）

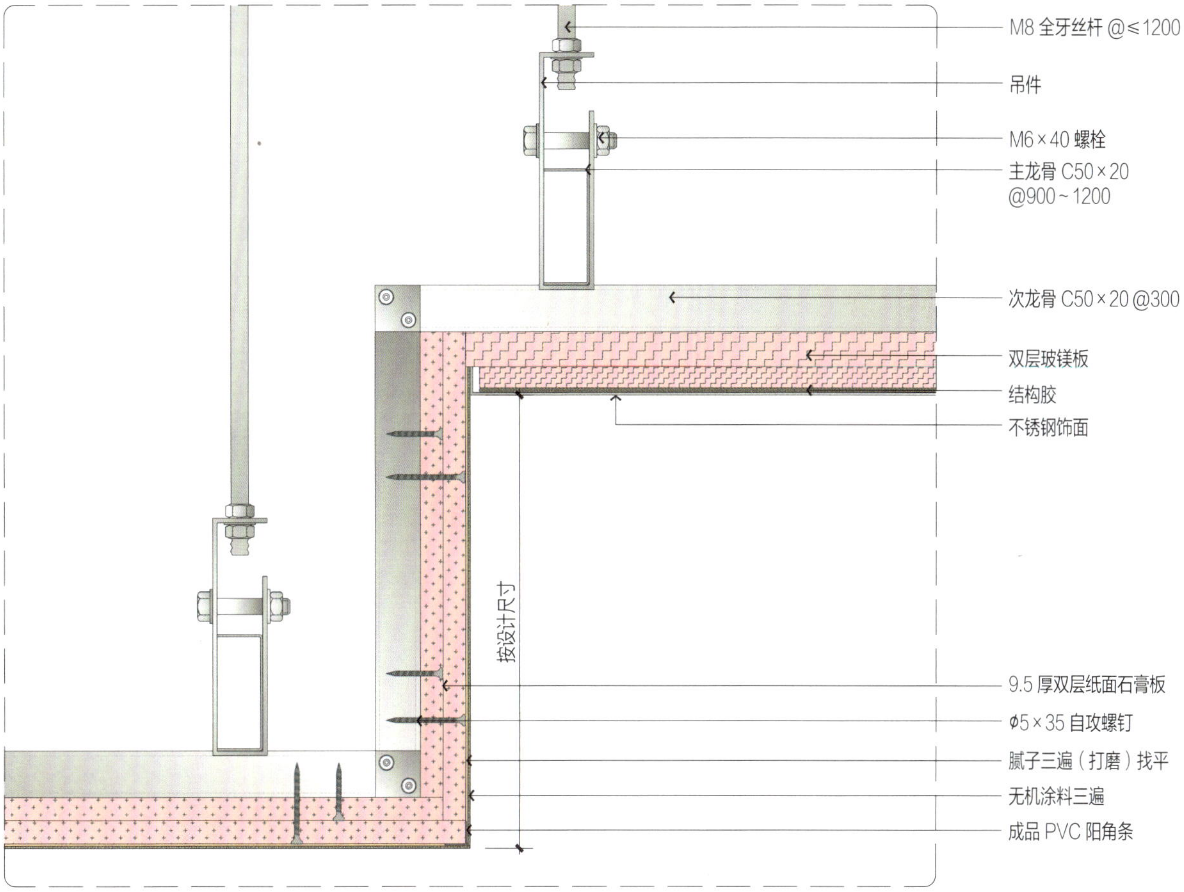

S 吊顶不锈钢与涂料收口工艺（不锈钢撞石膏板）

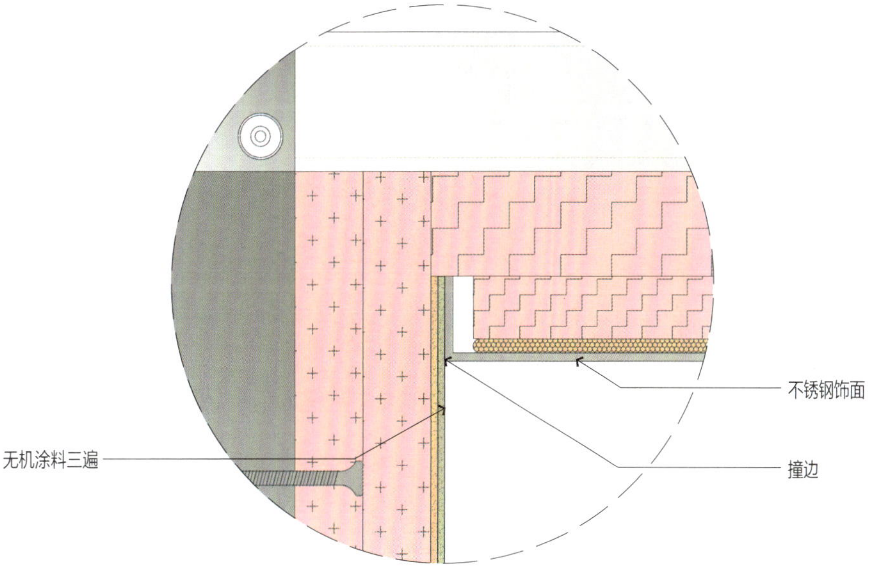

D 吊顶不锈钢与涂料收口工艺（不锈钢撞石膏板）大样图

适用范围

吊顶不锈钢与涂料收口工艺，适用范围包括酒店、办公楼等场所的室内装饰空间。不锈钢撞石膏板收口在天花阴角处，避免漏底，安装过程相对简单，呈现出一种现代、简约的美感，有助于提升空间的整体质感。具体的收口方式应根据项目的装饰需求和设计要求来确定。

材料类别

面层材料：无机涂料、不锈钢饰面、PVC阳角条。

基层材料：主龙骨 C50 × 20 mm、次龙骨 C50 × 20 mm、9.5 mm厚纸面石膏板、玻镁板、结构胶、M8全牙丝杆、吊件、$\varPhi$5 mm × 35 mm自攻螺钉。

材料图片

无机涂料

古铜拉丝不锈钢

纸面石膏板

主龙骨

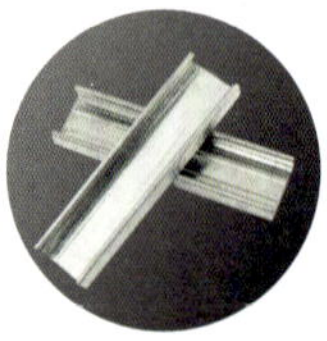
次龙骨

吊件

模拟构造

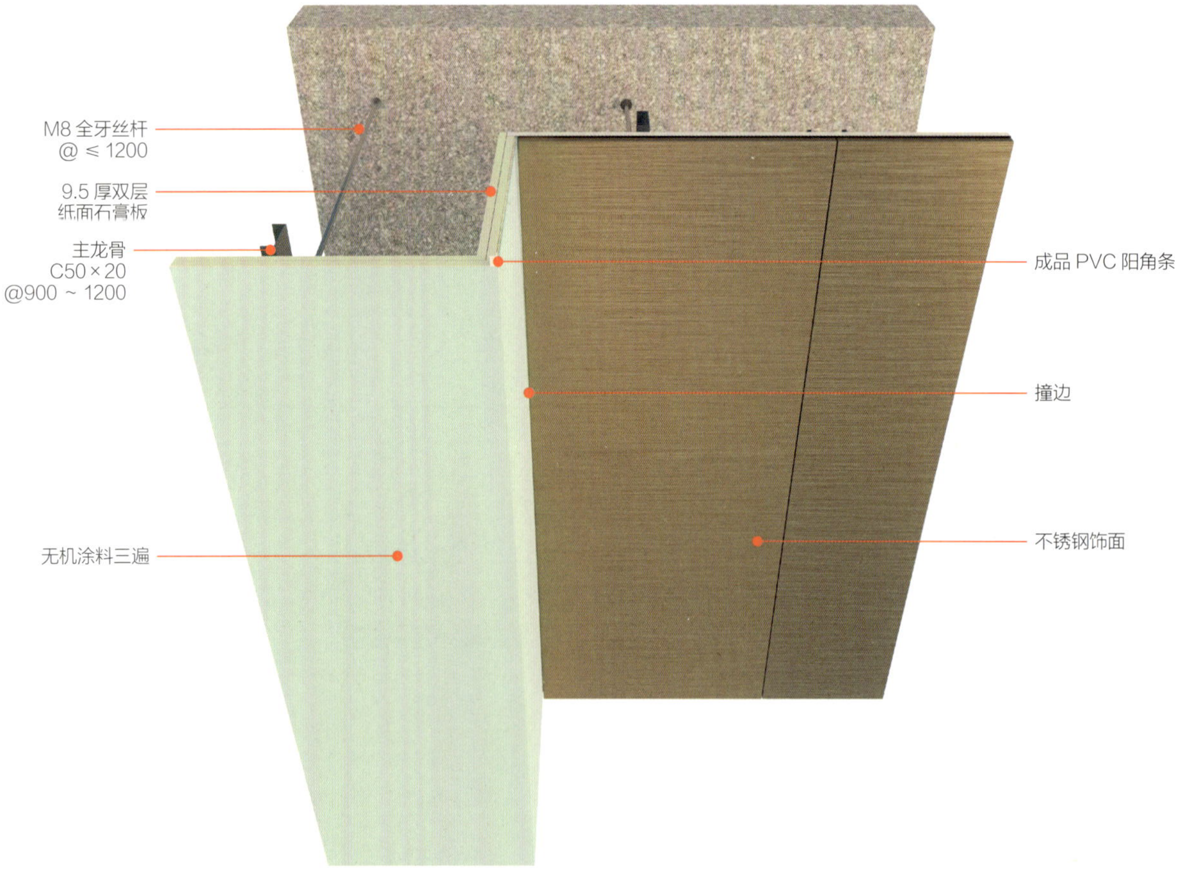

三维构造模型

深化与施工要点

深化收口六字诀

撞 》 压 》 嵌 》 收 》 断 》 插

收口“撞”字诀：撞接收口自常在，不同质地软撞硬；密缝无胶收阴角，不留维保后遗症。

1. 图纸深化：根据材料特性进行面层收口节点优化，依据设计要求及现场情况对天花造型图进行深化设计，按照规范要求对综合机电点位进行排布优化。其中1.5 mm厚不锈钢单体板块长度不宜大于3 m，宽度不宜大于1.5 m，应避免板幅过大导致板面不平。

2. 技术交底：吊顶基层胶粘不锈钢应采用不燃板材料（如玻镁板），大尺寸不锈钢表面不宜做成镜面工艺，不锈钢应在专业工厂加工为成品或者半成品后，在现场进行装配化施工。跌级石膏板吊顶阳角处应做成品阳角条加固处理，吊顶不锈钢安装前吊顶涂料应施工完毕，确保施工一次成活，减少工序交叉所导致的人工损耗。

深化管控要点

1. 排板策划：深化天花造型收口节点时，跌级吊顶侧板中的玻镁板及金属骨架，均须单独安装吊筋，且间距不应大于1200 mm。若侧板造型较重，则须采用角钢作为吊筋，吊筋与玻镁板侧板造型通过对接螺栓固定。侧板接头处采用燕尾榫连接的方式来预防侧板变形开裂。

2. 综合点位：根据各专业点位图及装饰专业天花造型图纸，在符合相关标准和规范的基础上，深化排板综合点位，确保符合点位横平竖直、斜成线、对称均分等原则。相关专业的图纸包含消防、暖通、空调、强电、弱电、灯光等，组织各专业单位对综合天花深化图会签。

3. 现场交底：根据综合天花深化图（签字版）完成对天花标高线与机电控制线的放线。顶面轻钢龙骨校平时应进行起拱，起拱高度通常为房间净跨度的1/1000 ~ 3/1000，其中净跨度指的是房间的短向距离。检修口、风口、吊灯等处应做加固处理，所有天花机电末端点位在天花基层封板前均应做好强制定位工作，且机电末端点位应完成安装。

施工管控要点

1. 安装工序：定位放线 → 隐蔽施工 → 龙骨基层 → 面层涂料 → 不锈钢安装

2. 施工管控：材料进场时应严格把控材料验收，按规范要求抽样复查。在主龙骨安装前，机电、消防主管道施工完成，并按相关规范要求进行验收。对不锈钢安装进行实时监测，若出现偏差，应及时调整，确保成品效果“平、直、顺、齐、精、准”。

3. 品控质检：天花饰面材料表面应洁净、色泽一致且平整无破损、无裂缝，收口条应保证平直、宽度一致。严格检查点位排布情况，确保点位排布笔直成线，排布均匀，排布间距满足相关规范及设计要求。

实景照片

吊顶不锈钢与涂料收口工艺（不锈钢撞石膏板）

S3.4 吊顶反光灯槽工艺（不锈钢收边）

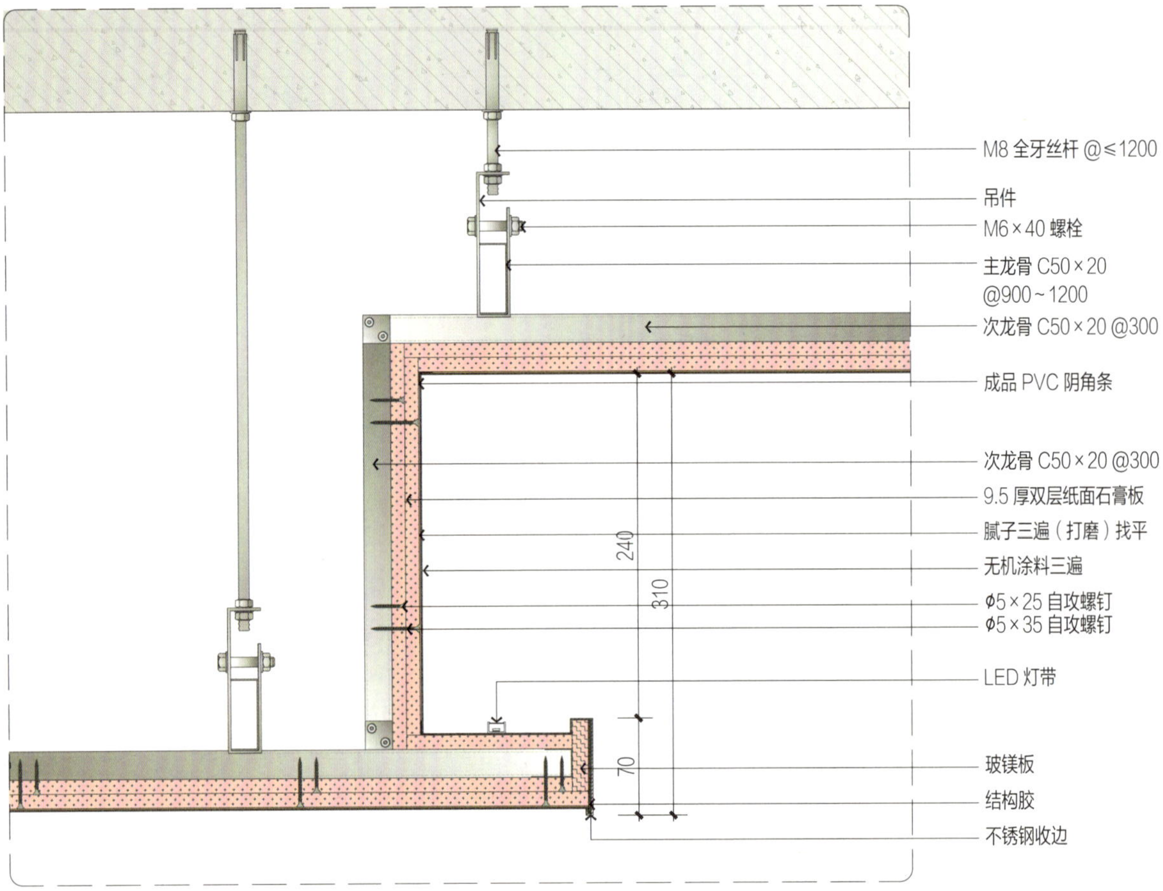

Ⓢ 吊顶反光灯槽工艺（不锈钢收边）

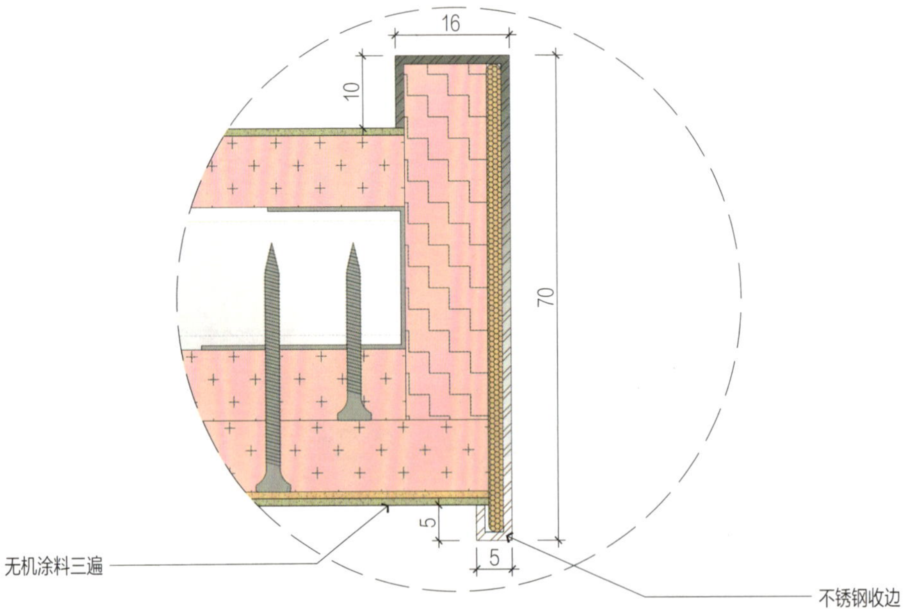

Ⓓ 吊顶反光灯槽工艺（不锈钢收边）大样图

适用范围

吊顶反光灯槽不锈钢收边工艺，适用范围包括酒店、办公楼、医院等场所的室内顶面装饰，安装相对简单。不锈钢与吊顶反光灯槽相结合，能够呈现出简洁、现代的外观，提升空间的美观度和时尚感。具体的收口方式应根据项目的装饰需求和设计要求来确定。

材料类别

面层材料：不锈钢饰面、无机涂料、PVC阴角条。

基层材料：主龙骨C50×20 mm、次龙骨C50×20 mm、9.5 mm厚纸面石膏板、玻镁板、LED灯带、结构胶、M8全牙丝杆、吊件、Φ5 mm×25 mm自攻螺钉、Φ5 mm×35 mm自攻螺钉。

材料图片

无机涂料

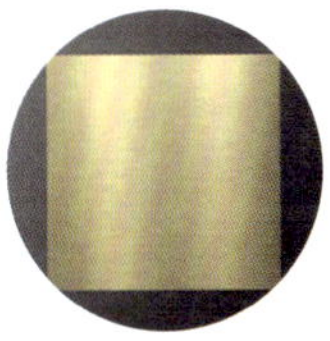
古铜拉丝不锈钢

纸面石膏板

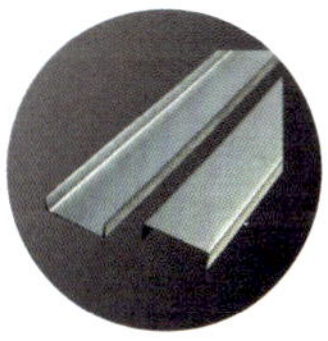
主龙骨

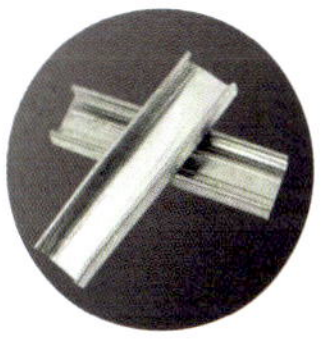
次龙骨

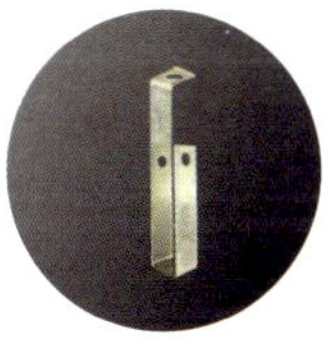
吊件

模拟构造

三维构造模型

深化与施工要点

深化收口六字诀

撞 → 压 → 嵌 → 收 → 断 → 插

收口“收”字诀：吊顶收边应用早，空间闭合顺墙跑；材质变化随主材，找平到位效果好。

1.图纸深化：根据材料特性进行面层收口节点优化，依据设计要求及现场情况对天花造型图进行深化设计，按照规范要求对综合机电点位进行排布优化。灯槽常用宽度尺寸为100 ~ 150 mm，深度尺寸为150 ~ 350 mm，位置应该选择在吊顶或墙壁的边缘处。

2.技术交底：核对现场尺寸与机电标高，并进一步深化综合天花图。灯槽石膏板封板完成后，采用玻镁板作为不锈钢收边立板基层。立板宽度不宜过大，建议立板看面尺寸为70 ~ 100 mm。不锈钢安装前吊顶涂料宜施工完毕，确保施工一次成活，减少工序交叉所导致的人工损耗。

深化管控要点

1.排板策划：深化天花灯槽收口节点时，同一沿线不锈钢收边条板应设置在同一平面上，凸出石膏板高度3 ~ 5 mm收面层涂料。

2.综合点位：根据各专业点位图及装饰专业天花造型图纸，在符合相关标准和规范的基础上，深化排板综合点位，确保符合点位横平竖直、斜成线、对称均分等原则。相关专业的图纸包含消防、暖通、空调、强电、弱电、灯光等，组织各专业单位对综合天花深化图会签。

3.现场交底：根据综合天花深化图（签字版）完成对天花标高线与机电控制线的放线。顶面轻钢龙骨校平时应进行起拱，起拱高度通常为房间净跨度的1/1000 ~ 3/1000，其中净跨度指的是房间的短向距离。检修口、风口、吊灯等处应做加固处理，所有天花机电末端点位在天花基层封板前均应做好强制定位工作，且机电末端点位应完成安装。

施工管控要点

1.安装工序：定位放线 → 隐蔽施工 → 龙骨基层 → 面层涂料 → 不锈钢安装

2.施工管控：材料进场时应严格把控材料验收，按规范要求抽样复查。在主龙骨安装前，机电、消防主管道施工完成，并按相关规范要求进行验收。不锈钢安装实时监测，若出现偏差，应及时调整，确保成品效果“平、直、顺、齐、精、准”。

3.品控质检：天花饰面材料表面应洁净、色泽一致且平整无破损、无裂缝，收口条应保证平直、宽度一致。严格检查点位排布情况，确保点位排布笔直成线，排布均匀，排布间距满足相关规范及设计要求。

实景照片

吊顶反光灯槽工艺（不锈钢收边）

S3.5 吊顶铝板与涂料收口工艺（L 形收边条）

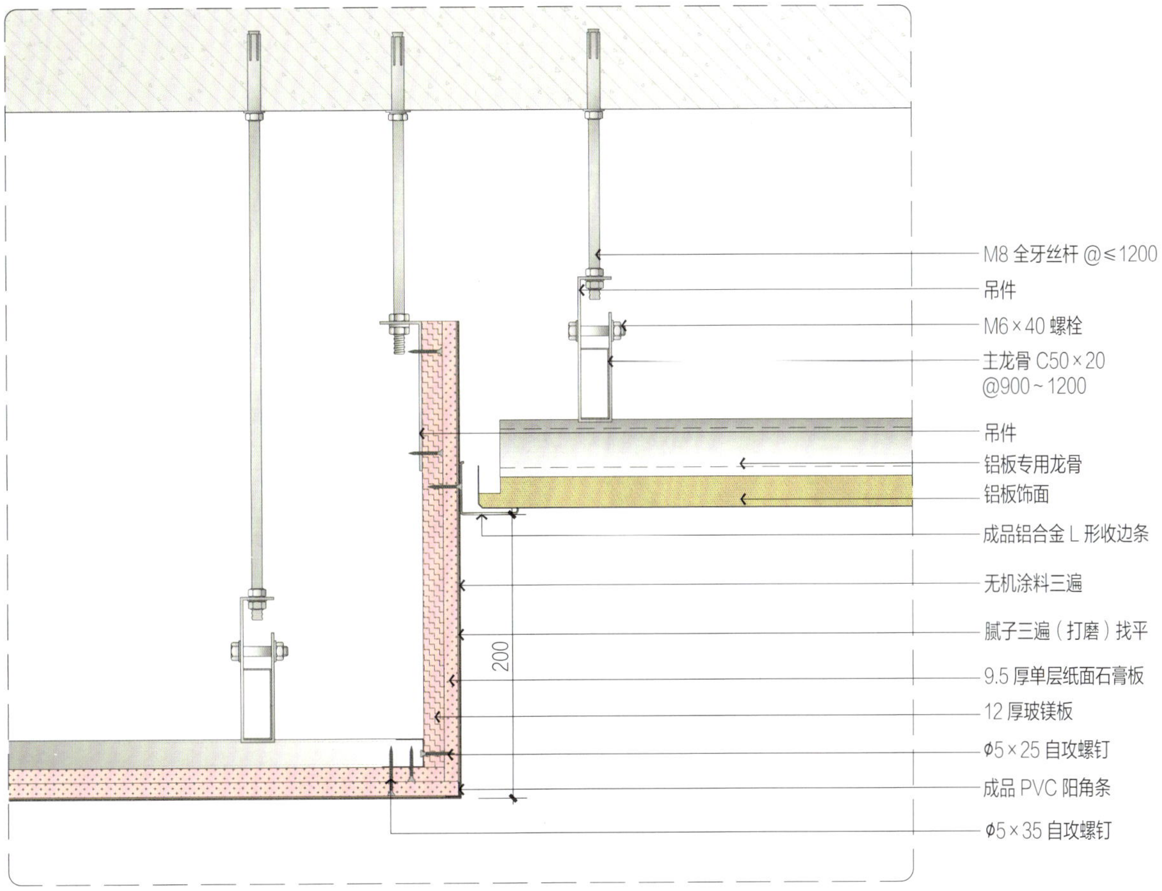

S 吊顶铝板与涂料收口工艺（L 形收边条）

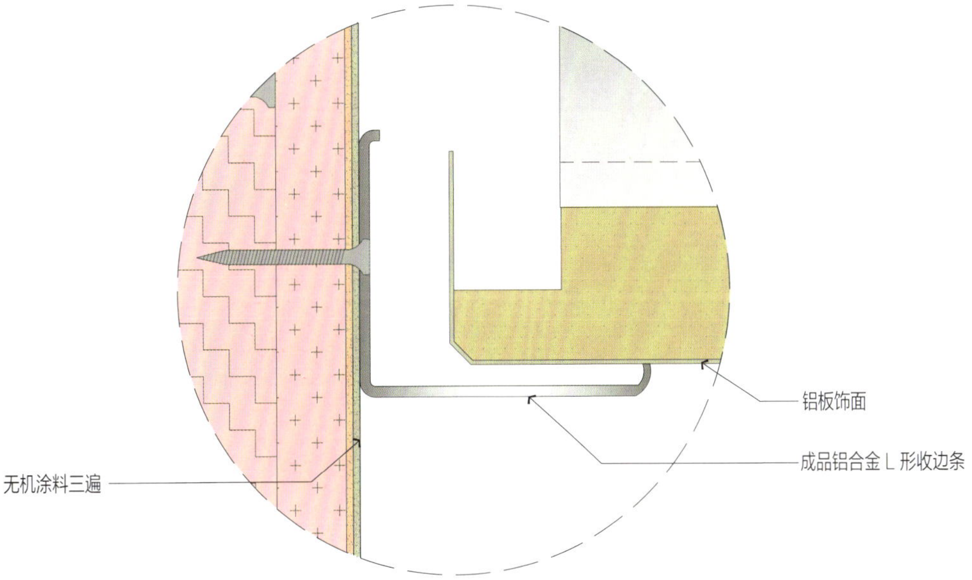

D 吊顶铝板与涂料收口工艺（L 形收边条）大样图

适用范围

吊顶铝板与涂料L形条收边工艺，适用范围包括酒店、办公楼、医院等场所的室内装饰空间。L形条收边工艺的安装过程相对简单，可以根据需要进行定制和调整，能够提升空间的美观度和时尚感，使空间更加整洁、大方。具体的收口方式应根据项目的装饰需求和设计要求来确定。

材料类别

面层材料：无机涂料、铝板饰面、铝合金L形收边条、PVC阳角条。

基层材料：主龙骨 C50×20 mm、铝板专用龙骨、9.5 mm厚纸面石膏板、12 mm厚玻镁板、M8全牙丝杆、吊件、Φ5 mm×25 mm自攻螺钉、Φ5 mm×35 mm自攻螺钉。

材料图片

无机涂料

铝板饰面

铝合金L形收边条

纸面石膏板

玻镁板

主龙骨

模拟构造

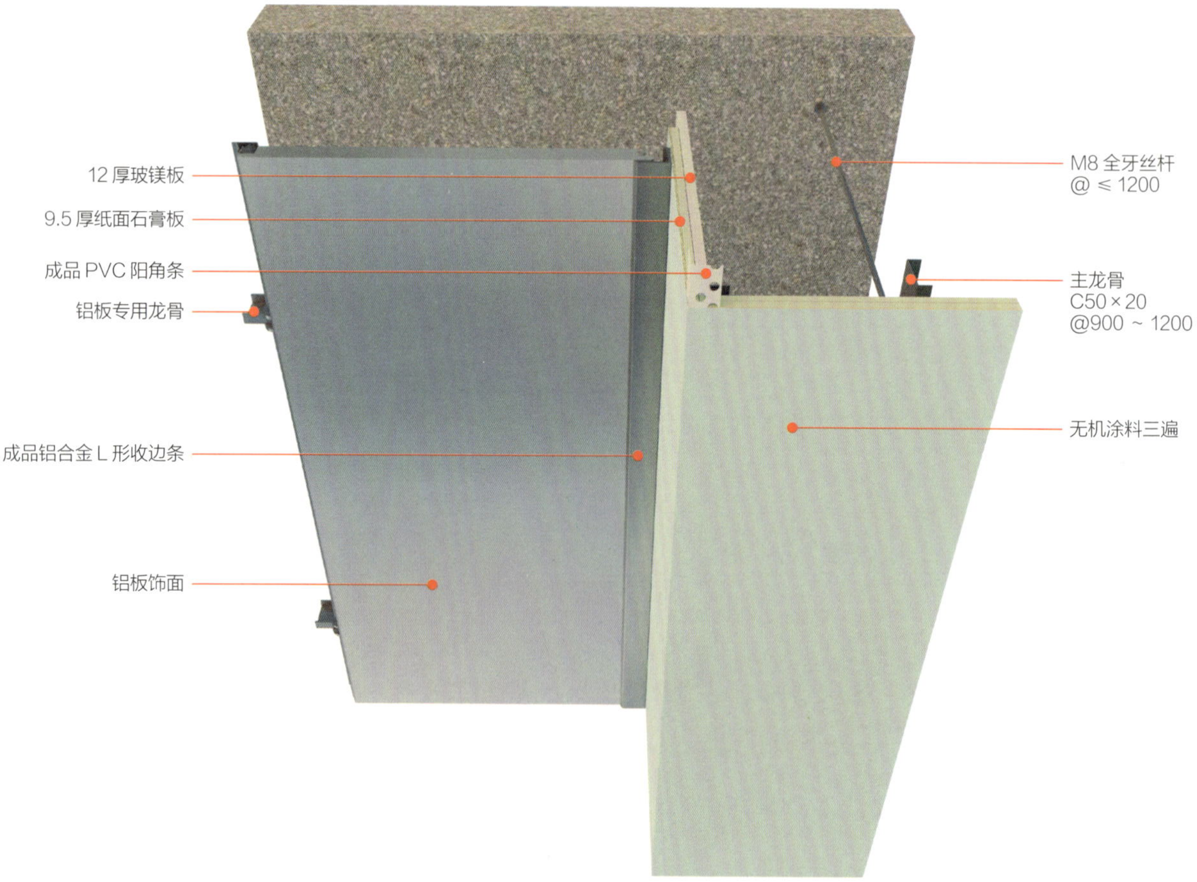

三维构造模型

深化与施工要点

深化收口六字诀

撞 》 压 》 嵌 》 收 》 断 》 插

收口“收”字诀：吊顶收边应用早，空间闭合顺墙跑；材质变化随主材，找平到位效果好。

1. 图纸深化：根据材料特性进行面层收口节点优化，依据设计要求及现场情况对天花造型图进行深化设计，按照规范要求对综合机电点位进行排布优化。跌级挂板应采用玻镁板材料作基层，跌级尺寸不宜过宽，尺寸范围在100 ~ 300 mm为宜，铝板收边采用L形铝合金条做细节收口。

2. 技术交底：核对现场尺寸与机电标高，并进一步深化综合天花图。跌级石膏板吊顶阳角处应做成品阳角条加固处理，吊顶铝板安装前吊顶涂料宜施工完毕，确保施工一次成活，减少工序交叉所导致的人工损耗。

深化管控要点

1. 排板策划：深化天花造型收口节点时，同一沿线L形收边条应设置在同一平面上，遵循连贯、顺纹、对边对缝的原则。L形铝合金收边条规格不宜过宽，尺寸不应大于20 mm。

2. 综合点位：根据各专业点位图及装饰专业天花造型图纸，在符合相关标准和规范的基础上，深化排板综合点位，确保符合点位横平竖直、斜成线、对称均分等原则。相关专业的图纸包含消防、暖通、空调、强电、弱电、灯光等，组织各专业单位对综合天花深化图会签。

3. 现场交底：根据综合天花深化图（签字版）完成对天花标高线与机电控制线的放线。顶面轻钢龙骨校平时应进行起拱，起拱高度通常为房间净跨度的1/1000 ~ 3/1000，其中净跨度指的是房间的短向距离。检修口、风口、吊灯等处应做加固处理，所有天花机电末端点位在天花基层封板前均应做好强制定位工作，且机电末端点位应完成安装。

施工管控要点

1. 安装工序：定位放线 → 隐蔽施工 → 龙骨基层 → 面层涂料 → 铝板安装

2. 施工管控：材料进场时应严格把控材料验收，按规范要求抽样复查。在主龙骨安装前，机电、消防主管道施工完成，并按相关规范要求进行验收。铝板安装实时监测，若出现偏差，应及时调整，确保成品效果“平、直、顺、齐、精、准”。

3. 品控质检：天花饰面材料表面应洁净、色泽一致且平整无破损、无裂缝，收口条应保证平直、宽度一致。严格检查点位排布情况，确保点位排布笔直成线，排布均匀，排布间距满足相关规范及设计要求。

实景照片

吊顶铝板与涂料收口工艺（L形收边条）

T

墙顶收口工艺

T1~T8

T1 吊顶涂料与墙面石材、瓷砖收口工艺

T1.1 吊顶涂料与墙面石材收口工艺（铝合金 L 形嵌条）

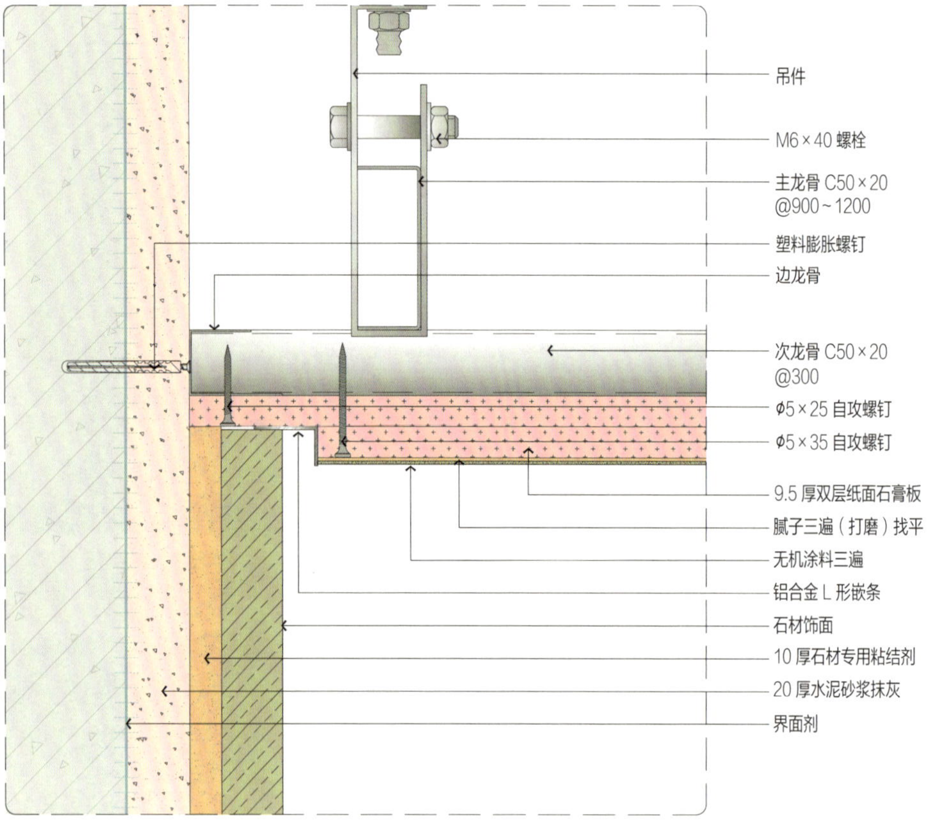

S 吊顶涂料与墙面石材收口工艺（铝合金 L 形嵌条）

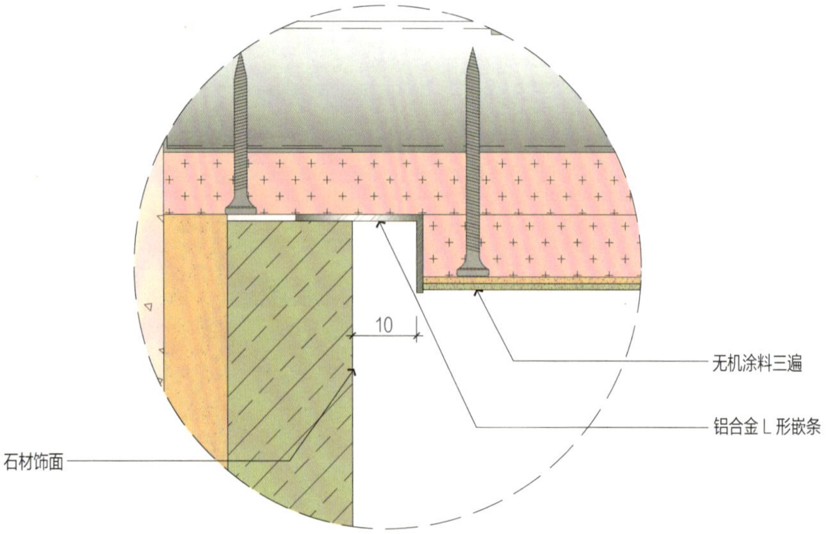

D 吊顶涂料与墙面石材收口工艺（铝合金 L 形嵌条）大样图

适用范围

吊顶涂料与墙面石材铝合金L形嵌条收口工艺，适用范围包括酒店、办公楼、医院等场所的室内装饰空间，L形嵌条能够有效收墙面石材于阴角，增强空间感，使天花板的高度看起来更高，营造出更加宽敞和舒适的感觉。具体的收口方式应根据项目的装饰需求和设计要求来确定。

材料类别

面层材料：无机涂料、石材饰面、铝合金L形嵌条。

基层材料：主龙骨 C50×20 mm、次龙骨 C50×20 mm、边龙骨、9.5 mm厚纸面石膏板、吊件、石材专用粘结剂、界面剂、自攻螺钉、塑料膨胀螺钉。

材料图片

无机涂料

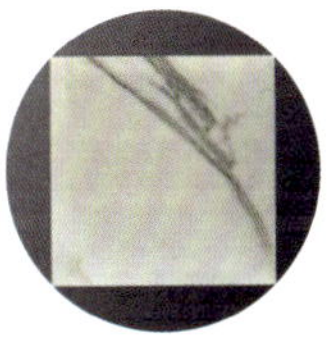
石材饰面

纸面石膏板

铝合金L形嵌条

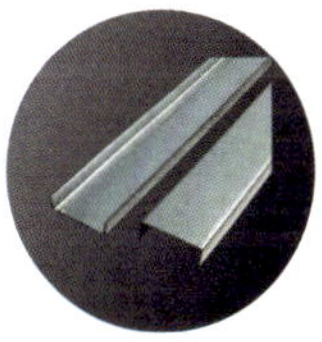
主龙骨

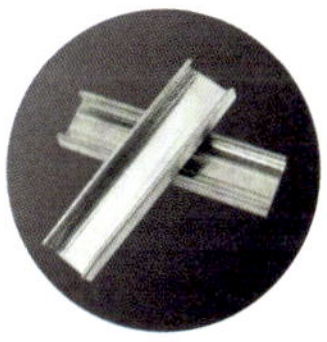
次龙骨

模拟构造

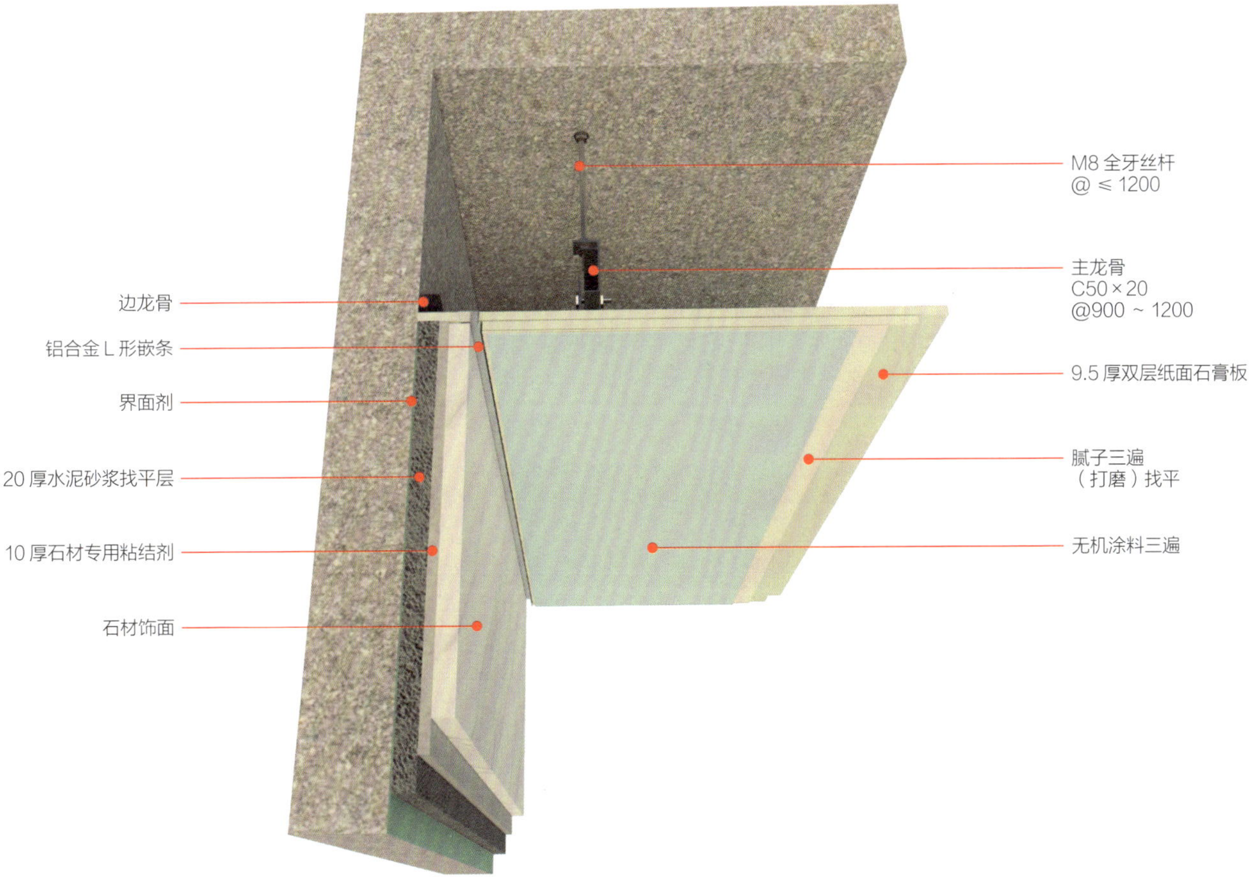

三维构造模型

深化与施工要点

深化收口六字诀

撞 › 压 › 嵌 › 收 › 断 › 插

收口“嵌”字诀：嵌式收口应用广，宽窄造型品质讲；合理美化分隔缝，凹凸平顺任君想。

1. 图纸深化：根据材料特性进行面层收口节点优化，依据设计要求及材料规格尺寸对墙面石材饰面进行深化排板，并按照规范要求及使用功能对综合机电点位进行排板优化。其中天花板与墙面石材交接处需预留工艺槽，成品铝合金L形嵌条作为装饰收口型材进行收口。

2. 技术交底：核对现场机电标高尺寸，并进一步深化综合天花图。核实现场完成面尺寸，对墙面石材进行深化排板。湿贴石材安装高度不宜大于3 m，在石材顶部与天花交接处预留10 mm × 10 mm工艺槽。施工时应先做天花，再用嵌条收边，最后安装墙面石材。

深化管控要点

1. 排板策划：根据项目需求及天花造型深化墙顶收口节点，天花沿墙边处槽口留缝应连续贯通，若为跌级造型方案，槽口缝需合理拼接，遵循斜角密拼、视觉弱化、对边对缝的原则。

2. 综合点位：根据各专业点位图及装饰专业天花造型图纸，在符合相关标准和规范的基础上，深化排板综合点位，确保符合点位横平竖直、对称均分等原则。相关专业的图纸包含消防、暖通、空调、强电、弱电、灯光等，组织各专业单位对综合天花深化图会签。

3. 现场交底：根据综合天花深化图（签字版）完成对天花标高线与机电控制线的放线。墙面石材饰面要考虑天花工艺槽深度，避免石材短尺造成天花闪缝。所有天花机电末端点位在天花基层封板前均应做好强制定位工作，墙面机电末端点位居饰面板幅中，并进行强制定位。

施工管控要点

1. 安装工序：定位放线 → 隐蔽施工 → 龙骨基层 → 天花涂料 → 金属嵌条 → 墙面石材

2. 施工管控：材料进场时应严格把控基层与面层材料验收，按规范要求抽样复查。检查沿墙边处天花表面平整度，确保墙面材料安装顺直，面层材料安装完后墙顶之间留1 ~ 2 mm宽自然缝。对石材安装进行实时监测，若出现偏差，应及时调整，确保成品效果“平、直、顺、齐、精、准”。

3. 品控质检：顶面涂料、墙面石材表面应保证洁净、色泽一致，天花工艺槽应保证平直顺滑、宽度一致。严格检查点位排布情况，确保点位排布笔直成线，排布均匀，排布间距满足相关规范及设计要求。

实景照片

吊顶涂料与墙面石材收口工艺（铝合金 L 形嵌条）

T1.2 吊顶涂料与墙面石材断口工艺

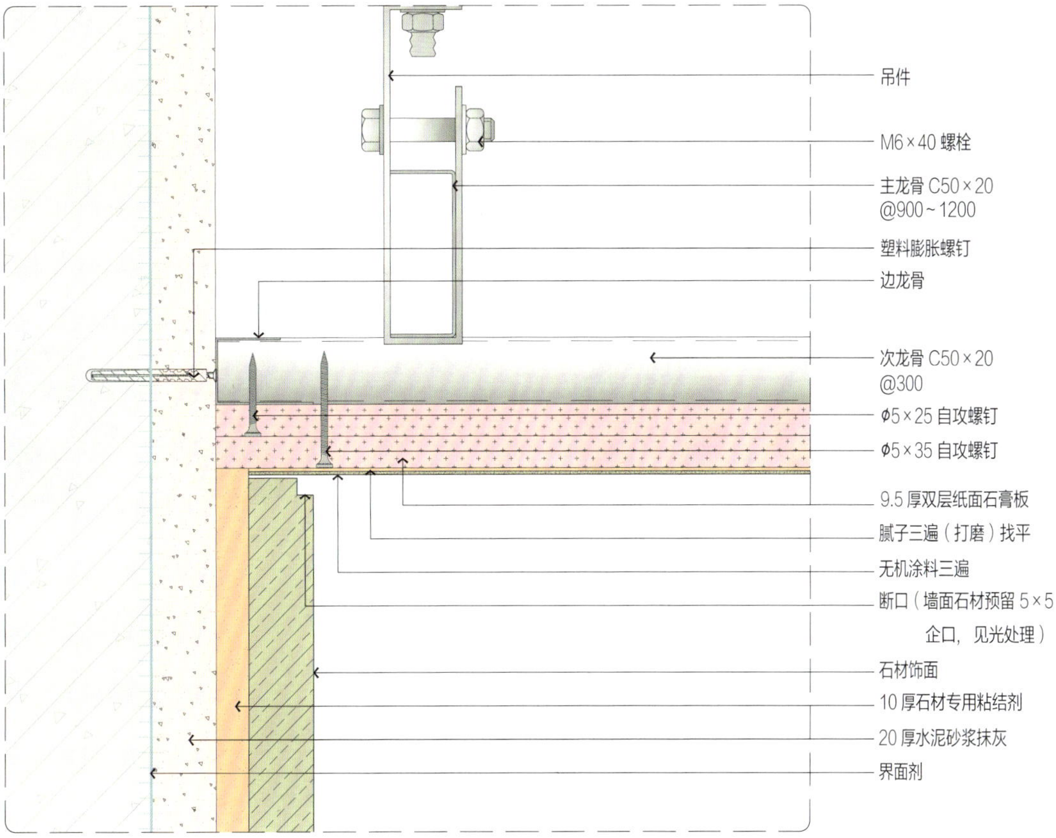

S 吊顶涂料与墙面石材断口工艺

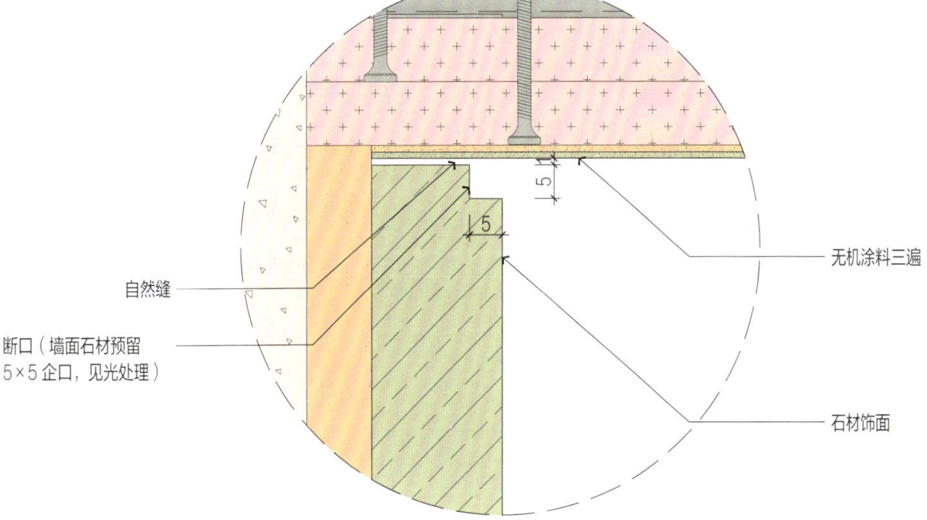

D 吊顶涂料与墙面石材断口工艺大样图

适用范围

吊顶涂料与墙面石材断口工艺，适用范围包括酒店、办公楼、医院等场所的室内装饰空间。吊顶涂料与墙面石材断口的结合，可以营造出更加丰富的层次感和立体感，提升整体的美观度，使空间更加精致和时尚。具体的收口方式应根据项目的装饰需求和设计要求来确定。

材料类别

面层材料：无机涂料、石材饰面。

基层材料：主龙骨 C50×20 mm、次龙骨 C50×20 mm、边龙骨、9.5 mm厚纸面石膏板、吊件、石材专用粘结剂、界面剂、自攻螺钉、塑料膨胀螺钉。

材料图片

无机涂料

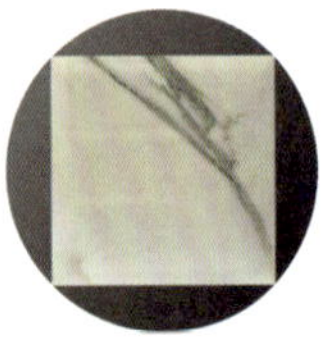
石材饰面

纸面石膏板

石材专用粘结剂

主龙骨

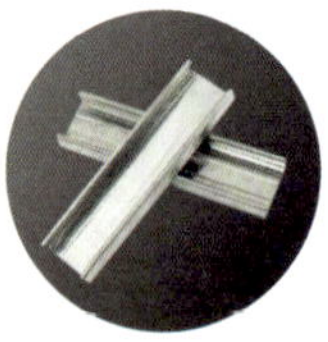
次龙骨

模拟构造

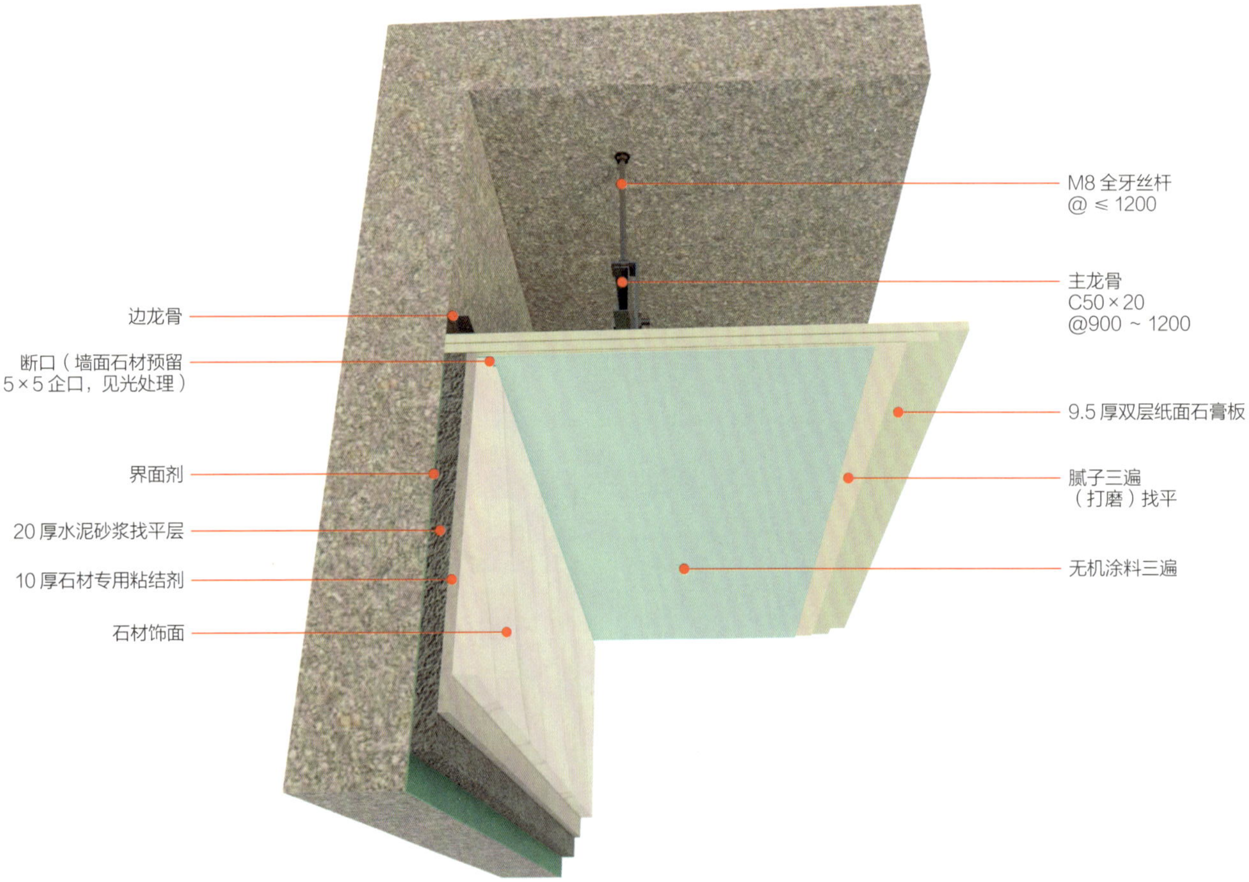

三维构造模型

深化与施工要点

深化收口六字诀

撞 》 压 》 嵌 》 收 》 断 》 插

收口“断”字诀：断缝工艺有个性，以虚当实讲意境；真断似断筋骨连，高大空间较适用。

1.图纸深化：根据材料特性进行面层收口节点优化，依据设计要求及材料规格尺寸，对墙面石材饰面进行深化排板，并按照规范要求及使用功能对综合机电点位进行排板优化。其中与天花板交接处的墙面石材需预留5 mm×5 mm企口，在天花涂料和墙面石材安装完成后，断口自然缝宽度应大小一致且不宜大于2 mm。

2.技术交底：核对现场机电标高尺寸深化综合天花图，核实现场完成面尺寸，对墙面石材深化排板。墙面湿贴石材安装高度不宜大于3 m，单块石材面积不宜大于0.5 m^2，在石材顶部与天花交接处预留5 mm×5 mm企口间隙。施工时应先做天花部分后做墙面，另外需注意施工最后阶段不可使用胶对材料进行粘结。

深化管控要点

1.排板策划：根据项目需求及天花造型深化墙顶收口节点，对天花造型进行深化，要注重收口、转角、拼接等细节的处理，保证造型的整体美观度和质量。

2.综合点位：根据各专业点位图及装饰专业天花造型图纸，在符合相关标准和规范的基础上，深化排板综合点位，确保符合点位横平竖直、对称均分等原则。相关专业的图纸包含消防、暖通、空调、强电、弱电、灯光等，组织各专业单位对综合天花深化图会签。

3.现场交底：根据综合天花深化图（签字版）完成对天花标高线与机电控制线的放线。石材根据深化排板图进行铺贴，所有天花机电末端点位在天花基层封板前均应做好强制定位工作，且机电末端点位应安装完成，墙面机电末端点位居饰面板幅中，并进行强制定位。

施工管控要点

1.安装工序：定位放线 → 隐蔽施工 → 龙骨基层 → 天花涂料 → 墙面石材

2.施工管控：材料进场时应严格把控基层与面层材料验收，按规范要求抽样复查。检查沿墙边处天花表面平整度，确保墙面材料安装顺直，面层材料安装完后墙顶之间留1 ~ 2 mm宽自然缝。对石材安装进行实时监测，若出现偏差，应及时调整，确保成品效果“平、直、顺、齐、精、准”。

3.品控质检：顶面涂料、墙面石材表面应保证洁净、色泽一致且平整无破损、无裂缝，天花与墙面留缝距离应保证大小一致、平整顺直、棱角方正。严格检查点位排布情况，确保点位排布笔直成线，排布均匀，排布间距满足相关规范及设计要求。

实景照片

吊顶涂料与墙面石材断口工艺

T1.3 吊顶涂料与墙面瓷砖断面工艺（石膏板留空）

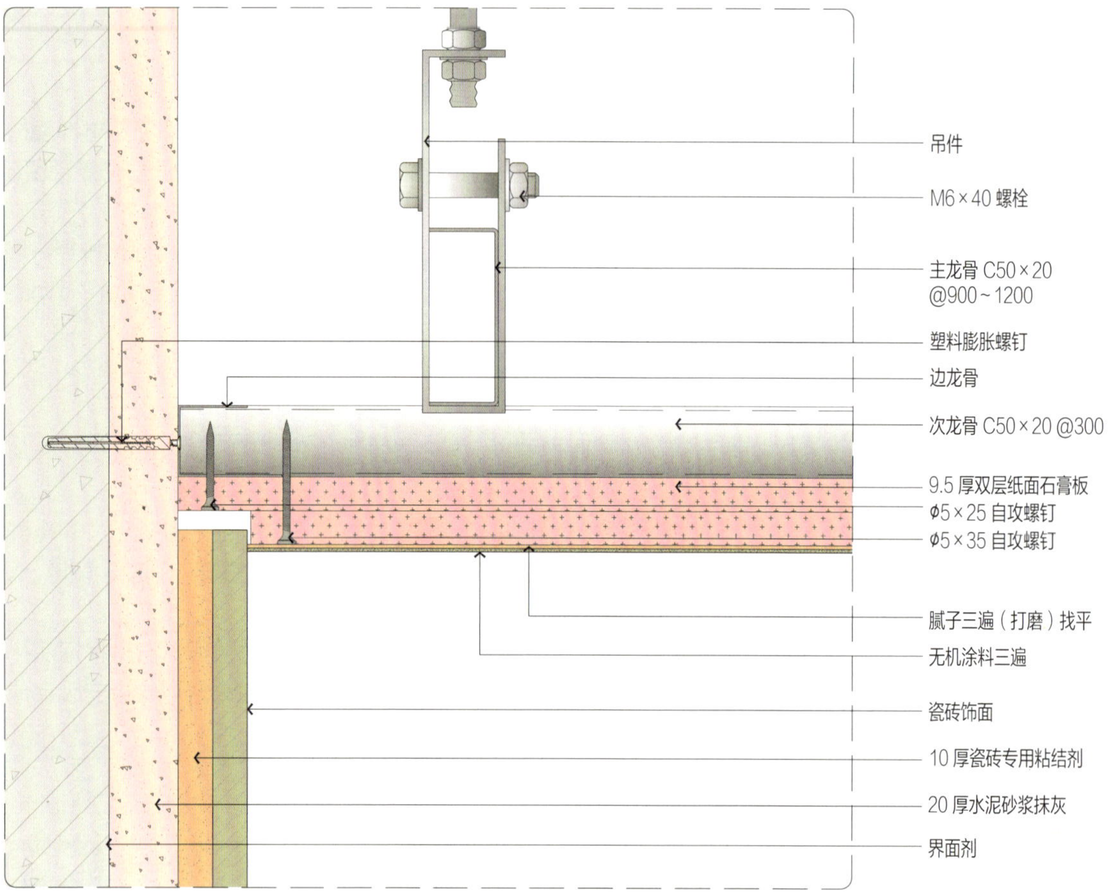

S 吊顶涂料与墙面瓷砖断面工艺（石膏板留空）

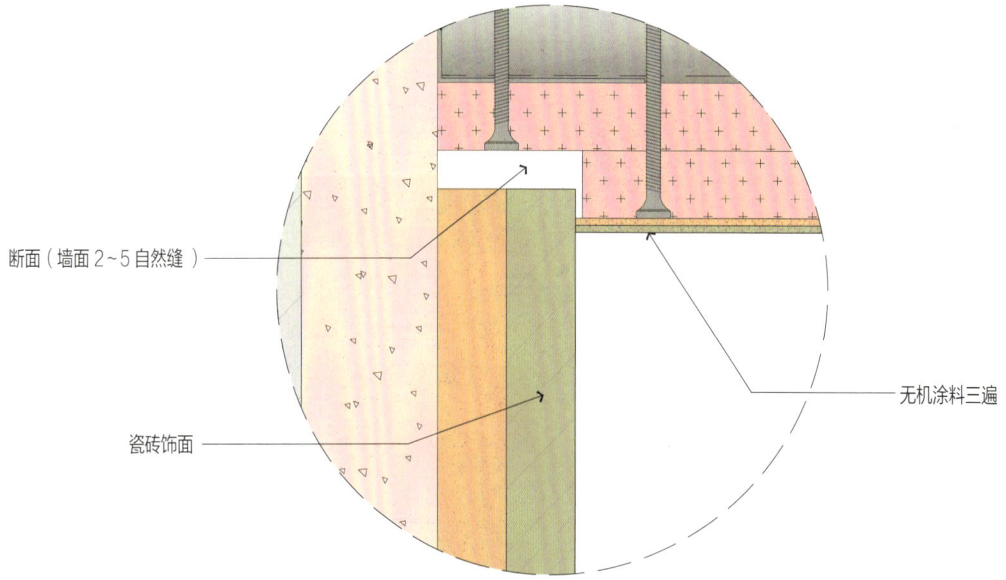

D 吊顶涂料与墙面瓷砖断面工艺（石膏板留空）大样图

适用范围

涂料吊顶与瓷砖墙面断面工艺（石膏板留空）的适用范围包括酒店、办公楼、医院等场所的室内装饰空间。石膏板留空工艺能够有效收墙面石材于阴角，安装相对简单，能够呈现出一种现代、简约的美感，提升空间的整体质感。具体的收口方式应根据项目的装饰需求和设计要求来确定。

材料类别

面层材料：无机涂料、瓷砖饰面。

基层材料：主龙骨 C50 × 20 mm、次龙骨 C50 × 20 mm、边龙骨、9.5 mm厚纸面石膏板、吊件、瓷砖专用粘结剂、界面剂、自攻螺钉、塑料膨胀螺钉。

材料图片

无机涂料

瓷砖饰面

纸面石膏板

瓷砖专用粘结剂

主龙骨

次龙骨

模拟构造

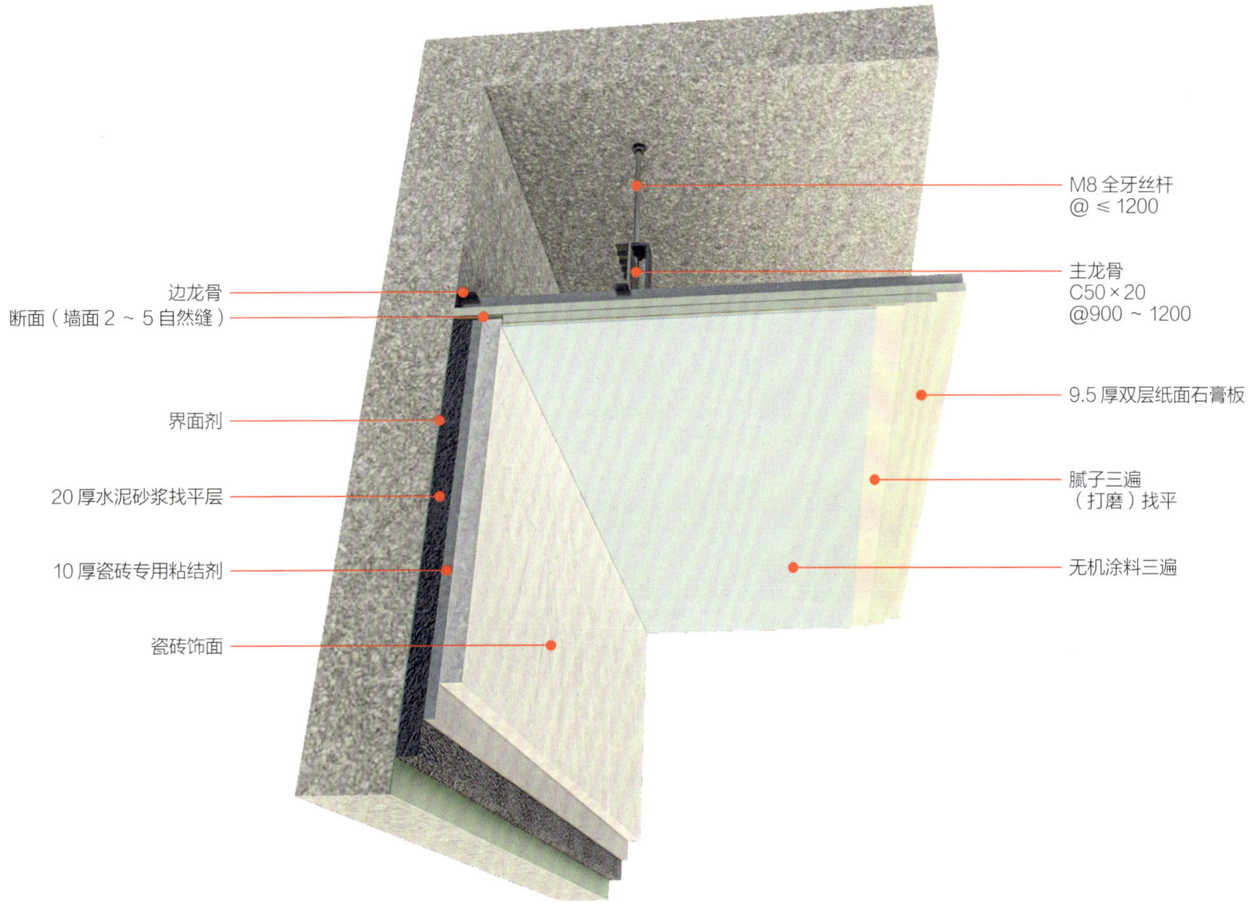

三维构造模型

深化与施工要点

深化收口六字诀

撞 》 压 》 嵌 》 收 》 断 》 插

收口“断”字诀：断缝工艺有个性，以虚当实讲意境；真断似断筋骨连，高大空间较适用。

1.图纸深化：根据材料特性进行面层收口节点优化，依据设计要求及材料规格尺寸，对墙面瓷砖饰面进行深化排板，并按照规范要求及使用功能对综合机电点位进行排板优化。其中天花石膏板与墙面瓷砖之间需预留2 ~ 5 mm自然断缝。

2.技术交底：核对现场机电标高尺寸深化综合天花图，核实现场完成面尺寸，对墙面瓷砖深化排板。瓷砖按照下单排板图统一在工厂进行切割加工。天花龙骨作业完成后，沿基础墙面封天花第一层纸面石膏板后，在第一层石膏板上弹出墙面完成面线，距离完成面线2 mm处开始封第二层纸面石膏板。封板完成后即可进行墙面瓷砖施工，最后进行天花腻子打磨找平并喷涂无机涂料收尾。

深化管控要点

1.排板策划：根据项目需求及天花造型深化墙顶收口节点，对石膏板天花造型进行深化，要注重收口、转角、拼接等处细节的处理，保证造型的整体美观度和质量。

2.综合点位：根据各专业点位图及装饰专业天花造型图纸，在符合相关标准和规范的基础上，深化排板综合点位，确保符合点位横平竖直、对称均分等原则。相关专业的图纸包含消防、暖通、空调、强电、弱电、灯光等，组织各专业单位对综合天花深化图会签。

3.现场交底：根据综合天花深化图（签字版）完成对天花标高线与机电控制线的放线。瓷砖根据深化排板图进行铺贴，所有天花机电末端点位在天花基层封板前均应做好强制定位工作，墙面机电末端点位居饰面板幅中，并进行强制定位。

施工管控要点

1.安装工序：定位放线 → 隐蔽施工 → 龙骨基层 → 墙面瓷砖 → 天花涂料

2.施工管控：材料进场时应严格把控基层与面层材料验收，按规范要求抽样复查。检查沿墙边处天花表面平整度，确保墙面材料铺贴顺直，面层材料安装完后墙顶之间留2 ~ 5 mm宽自然缝。对瓷砖铺贴进行实时监测，若出现偏差，应及时调整，确保成品效果“平、直、顺、齐、精、准”。

3.品控质检：顶面涂料、墙面瓷砖饰面表面应保证洁净、色泽一致，天花与墙面留缝距离应确保大小一致、平整顺直、棱角方正。严格检查点位排布情况，确保点位排布笔直成线，排布均匀，排布间距满足相关规范及设计要求。

实景照片

吊顶涂料与墙面瓷砖断面工艺（石膏板留空）

T1.4 吊顶涂料与墙面瓷砖收口工艺（不锈钢嵌条）

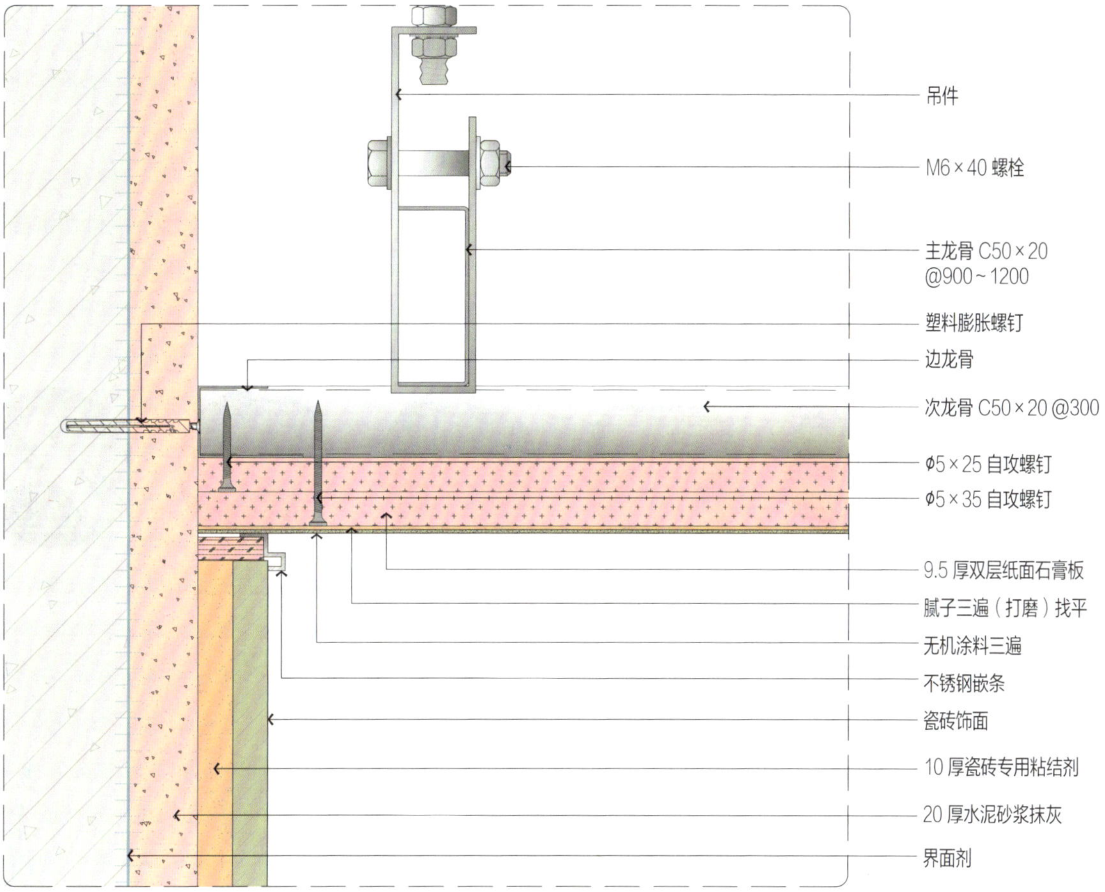

S 吊顶涂料与墙面瓷砖收口工艺（不锈钢嵌条）

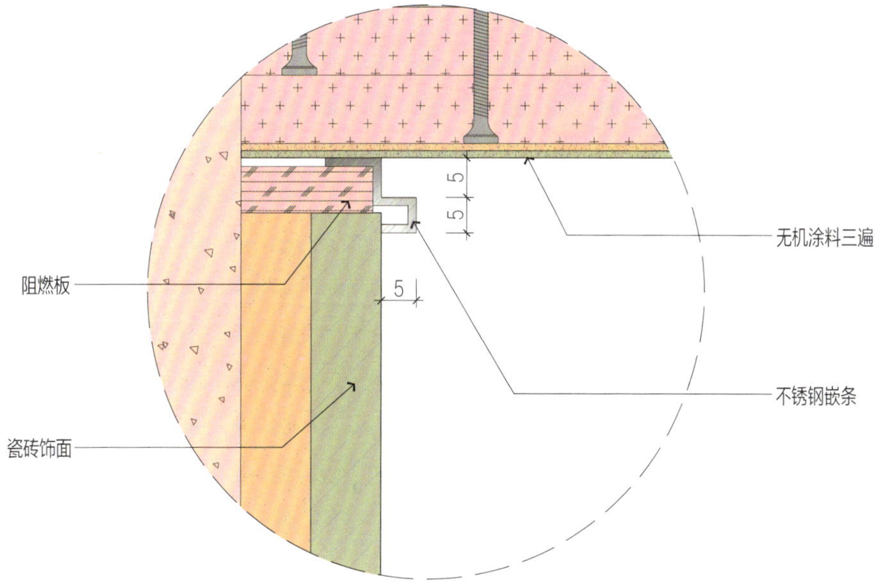

D 吊顶涂料与墙面瓷砖收口工艺（不锈钢嵌条）大样图

适用范围

吊顶涂料与墙面瓷砖不锈钢嵌条收口工艺，适用范围包括酒店、办公楼、医院等场所的室内装饰空间。不锈钢嵌条工艺的安装过程相对简单，可以根据需要进行定制和调整，能够呈现出简洁、现代的外观，提升空间的美观度和时尚感。具体的收口方式应根据项目的装饰需求和设计要求来确定。

材料类别

面层材料：无机涂料、不锈钢嵌条、瓷砖饰面。

基层材料：主龙骨 C50 × 20 mm、次龙骨 C50 × 20 mm、边龙骨、9.5 mm 厚纸面石膏板、吊件、瓷砖专用粘结剂、界面剂、自攻螺钉、塑料膨胀螺钉。

材料图片

无机涂料

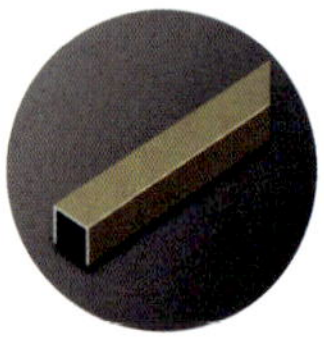
不锈钢嵌条

瓷砖饰面

纸面石膏板

主龙骨

次龙骨

模拟构造

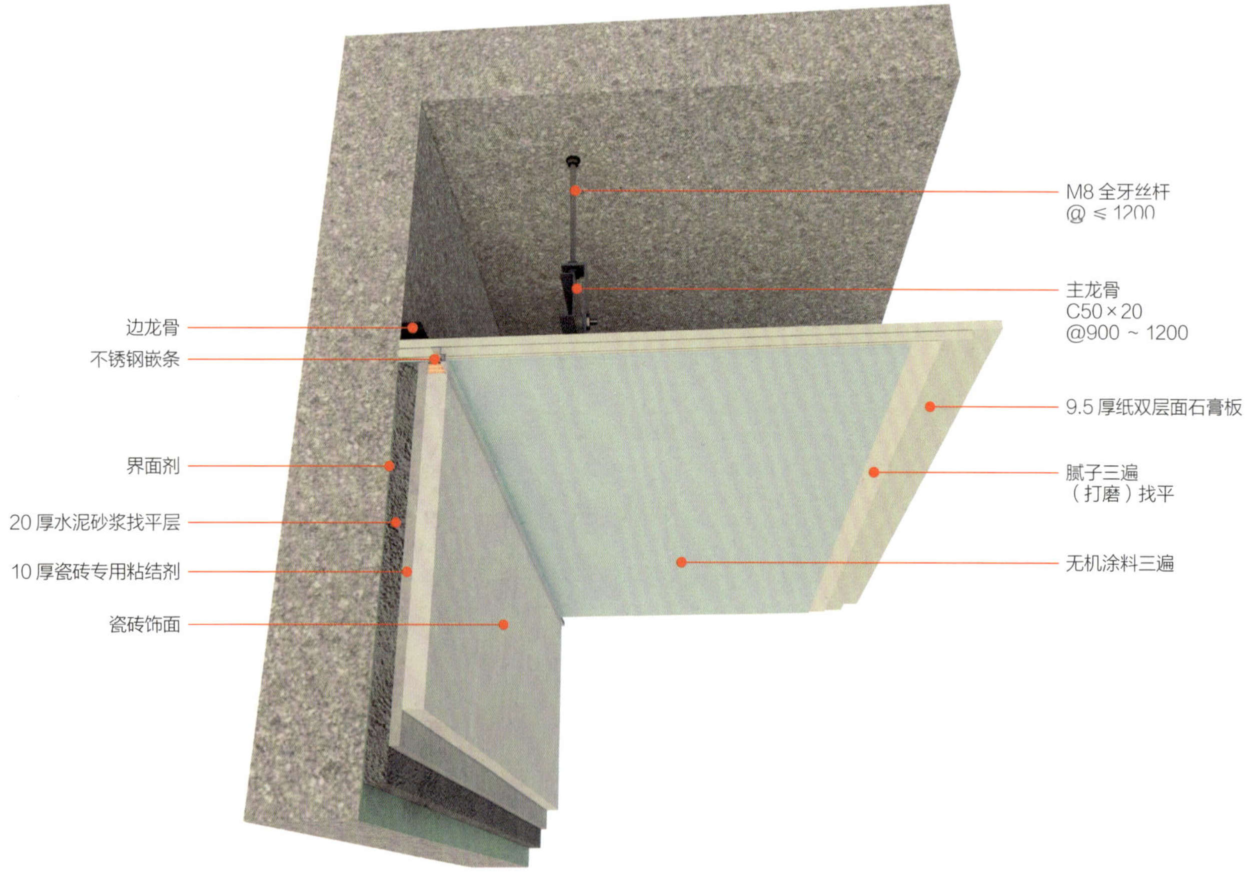

三维构造模型

深化与施工要点

深化收口六字诀

撞 > 压 > 嵌 > 收 > 断 > 插

收口"嵌"字诀：嵌式收口应用广，宽窄造型品质讲；合理美化分隔缝，凹凸平顺任君想。

1. 图纸深化：根据材料特性进行面层收口节点优化，依据设计要求及材料规格尺寸，对墙面瓷砖饰面进行深化排板，并按照规范要求及使用功能对综合机电点位进行排板优化。其中天花石膏板与墙面瓷砖交接处需采用折边不锈钢条收边，在天花涂料和墙面瓷砖施工完成后，再嵌入成品折边不锈钢条收尾。

2. 技术交底：核对现场机电标高尺寸深化综合天花图，核实现场完成面尺寸，对墙面瓷砖深化排板。瓷砖按照下单排板图统一在工厂进行切割加工。不锈钢条与阻燃基层板基层固定牢靠、平直。施工时应先处理天花部分再处理墙面，最后使用不锈钢嵌条扣压瓷砖收尾。

深化管控要点

1. 排板策划：根据项目需求及天花造型深化墙顶收口节点，对石膏板天花造型进行深化，要注重收口、转角、拼接等处细节的处理，保证造型的整体美观度和质量。

2. 综合点位：根据各专业点位图及装饰专业天花造型图纸，在符合相关标准和规范的基础上，深化排板综合点位，确保符合点位横平竖直、对称均分等原则。相关专业的图纸包含消防、暖通、空调、强电、弱电、灯光等，组织各专业单位对综合天花深化图会签。

3. 现场交底：根据综合天花深化图（签字版）完成对天花标高线与机电控制线的放线。墙面瓷砖饰面要考虑不锈钢线条尺寸，避免瓷砖未缩尺造成线条安装不上，所有天花机电末端点位在天花基层封板前均应做好强制定位工作，墙面机电末端点位居饰面板幅中，并进行强制定位。

施工管控要点

1. 安装工序：定位放线 → 隐蔽施工 → 龙骨基层 → 天花涂料 → 墙面瓷砖 → 不锈钢嵌条

2. 施工管控：材料进场时应严格把控基层与面层材料验收，按规范要求抽样复查。检查沿墙边处天花表面平整度，确保墙面材料铺贴顺直，面层材料安装完后墙顶之间留1～2mm宽自然缝。对不锈钢条安装与瓷砖铺贴进行实时监测，若出现偏差，应及时调整，确保成品效果"平、直、顺、齐、精、准"。

3. 品控质检：顶面涂料、墙面瓷砖饰面表面应保证洁净、色泽一致，天花收口条应平直、宽窄一致。严格检查点位排布情况，确保点位排布笔直成线，排布均匀，排布间距满足相关规范及设计要求。

实景照片

吊顶涂料与墙面瓷砖收口工艺（不锈钢嵌条）

T1.5 吊顶涂料与墙面瓷砖收口工艺（Z 形内嵌条）

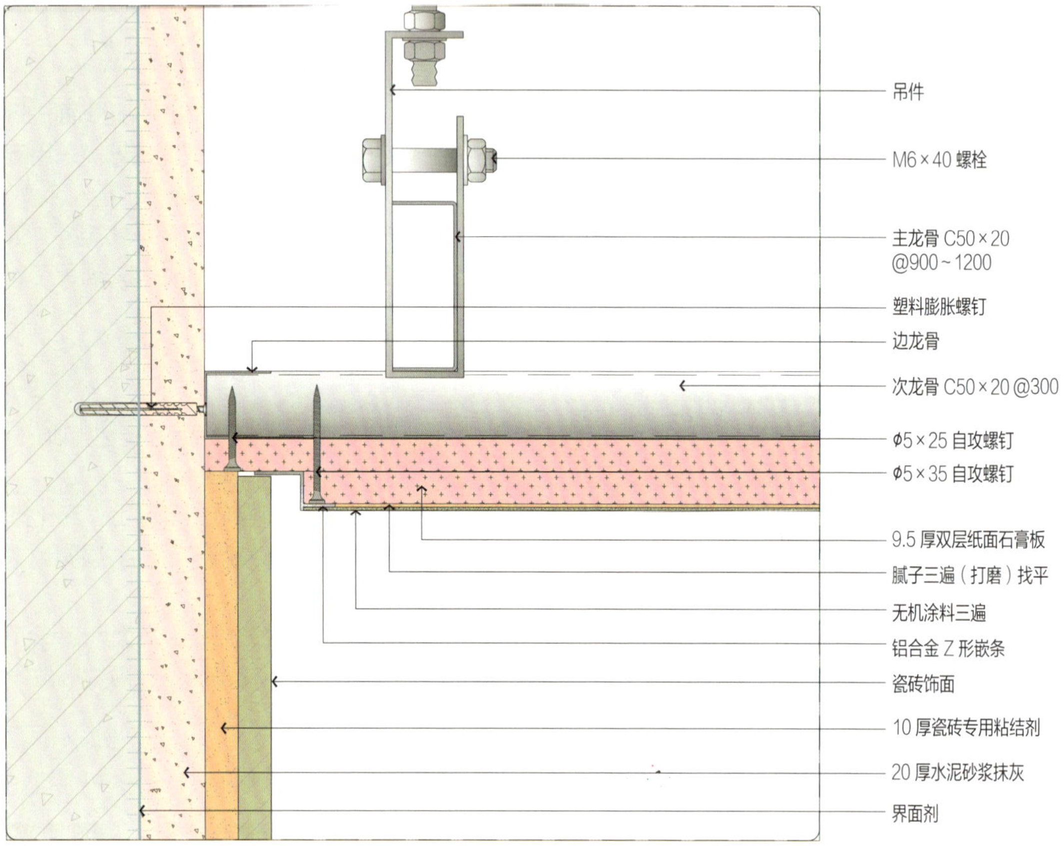

S 吊顶涂料与墙面瓷砖收口工艺（Z形内嵌条）

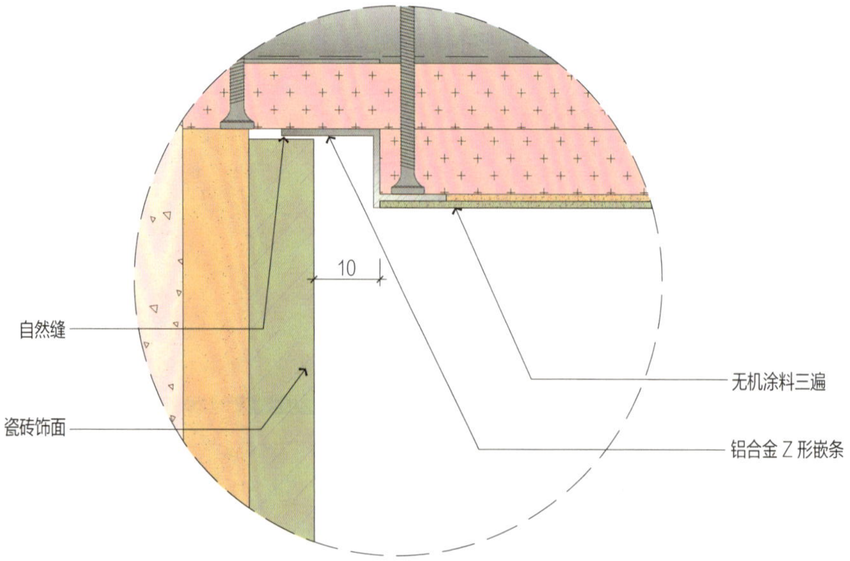

D 吊顶涂料与墙面瓷砖收口工艺（Z形内嵌条）大样图

适用范围

吊顶涂料与墙面瓷砖Z形内嵌条收口工艺的适用范围包括酒店、办公楼、医院等场所的室内装饰空间。吊顶铝合金Z形嵌条工艺能够有效收墙面墙砖于阴角，增强空间感，使天花板的高度看起来更高，营造出更加宽敞和舒适的氛围。具体的收口方式应根据项目的装饰需求和设计要求来确定。

材料类别

面层材料：无机涂料、瓷砖饰面、铝合金Z形嵌条。

基层材料：主龙骨C50×20 mm、次龙骨C50×20 mm、边龙骨、9.5 mm厚纸面石膏板、吊件、瓷砖专用粘结剂、界面剂、自攻螺钉、塑料膨胀螺钉。

材料图片

无机涂料

瓷砖饰面

纸面石膏板

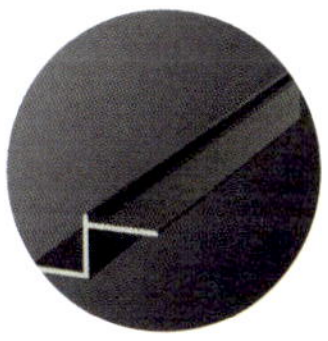
铝合金 Z 形嵌条

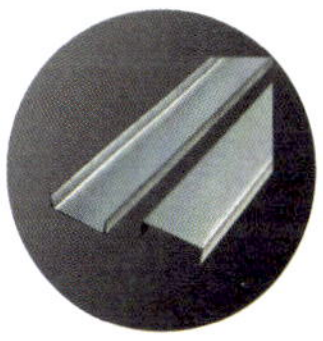
主龙骨

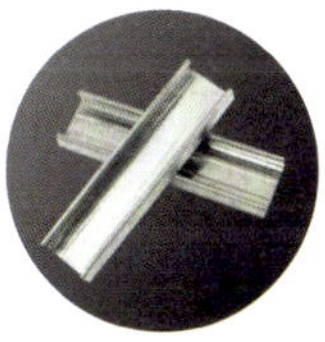
次龙骨

模拟构造

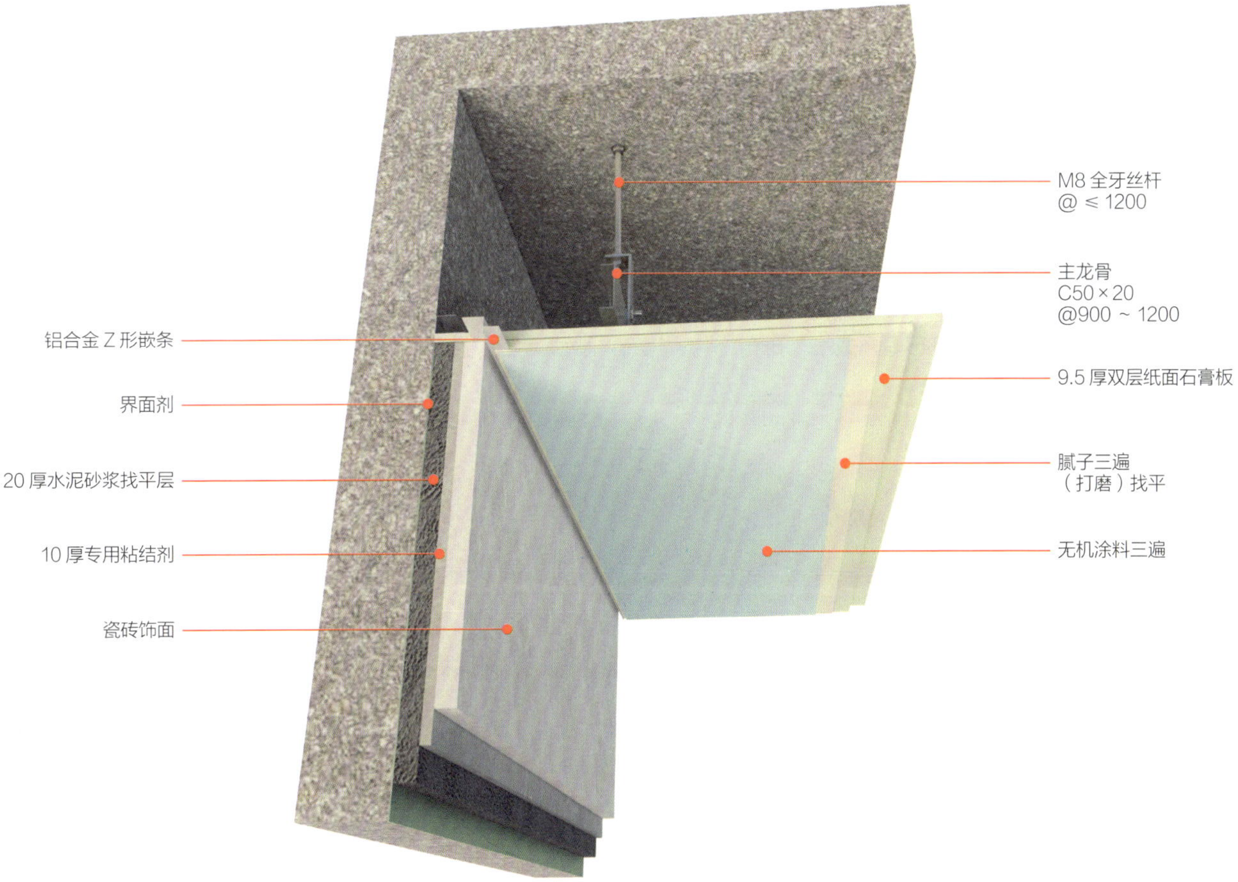

三维构造模型

深化与施工要点

深化收口六字诀

撞 》 压 》 嵌 》 收 》 断 》 插

收口“嵌”字诀：嵌式收口应用广，宽窄造型品质讲；合理美化分隔缝，凹凸平顺任君想。

1.图纸深化：根据材料特性进行面层收口节点优化，依据设计要求及材料规格尺寸，对墙面瓷砖饰面进行深化排板，并按照规范要求及使用功能对综合机电点位进行排板优化。其中天花石膏板与墙面瓷砖交接处需预留10 mm×10 mm工艺槽，成品铝合金Z形嵌条作为装饰收口型材进行收口。

2.技术交底：核对现场机电标高尺寸深化综合天花图，核实现场完成面尺寸，对墙面瓷砖深化排板。瓷砖按照下单排板图统一在工厂进行切割加工。铝合金Z形嵌条与天花贴合牢靠、平直。施工时应先处理天花基层，并正确安装Z形嵌条，然后对天花喷涂涂料，最后铺贴墙面瓷砖，一次顺利完工。

深化管控要点

1.排板策划：根据项目需求及天花造型深化墙顶收口节点，天花沿墙边处的槽口留缝应保证连续贯通。当出现跌级造型方案时，槽口缝需合理拼接，并遵循斜角密拼、视觉弱化、对边对缝的原则。

2.综合点位：根据各专业点位图及装饰专业天花造型图纸，在符合相关标准和规范的基础上，深化排板综合点位，确保符合点位横平竖直、对称均分等原则。相关专业的图纸包含消防、暖通、空调、强电、弱电、灯光等，组织各专业单位对综合天花深化图会签。

3.现场交底：根据综合天花深化图（签字版）完成对天花标高线与机电控制线的放线。核实现场完成面尺寸，墙面瓷砖饰面要考虑天花工艺槽深度，避免瓷砖短尺造成天花闪缝，所有天花机电末端点位在天花基层封板前均应做好强制定位工作，墙面机电末端点位居饰面板幅中，并进行强制定位。

施工管控要点

1.安装工序：定位放线 → 隐蔽施工 → 龙骨基层 → 金属嵌条 → 天花涂料 → 墙面瓷砖

2.施工管控：材料进场时应严格把控基层与面层材料验收，按规范要求抽样复查。检查沿墙边处天花表面平整度，确保墙面材料安装顺直，面层材料安装完后墙顶之间留1～2 mm宽白然缝。对金属嵌条安装及瓷砖铺贴进行实时监测，若出现偏差，应及时调整，确保成品效果“平、直、顺、齐、精、准”。

3.品控质检：顶面涂料、墙面瓷砖饰面表面应保证洁净、色泽一致，天花工艺槽应平直顺滑、宽度一致。严格检查点位排布情况，确保点位排布笔直成线，排布均匀，排布间距满足相关规范及设计要求。

实景照片

吊顶涂料与墙面瓷砖收口工艺（Z形内嵌条）

T2 吊顶涂料与墙面硬包收口工艺

T2.1 吊顶涂料与墙面硬包收口工艺（T 形内嵌条）

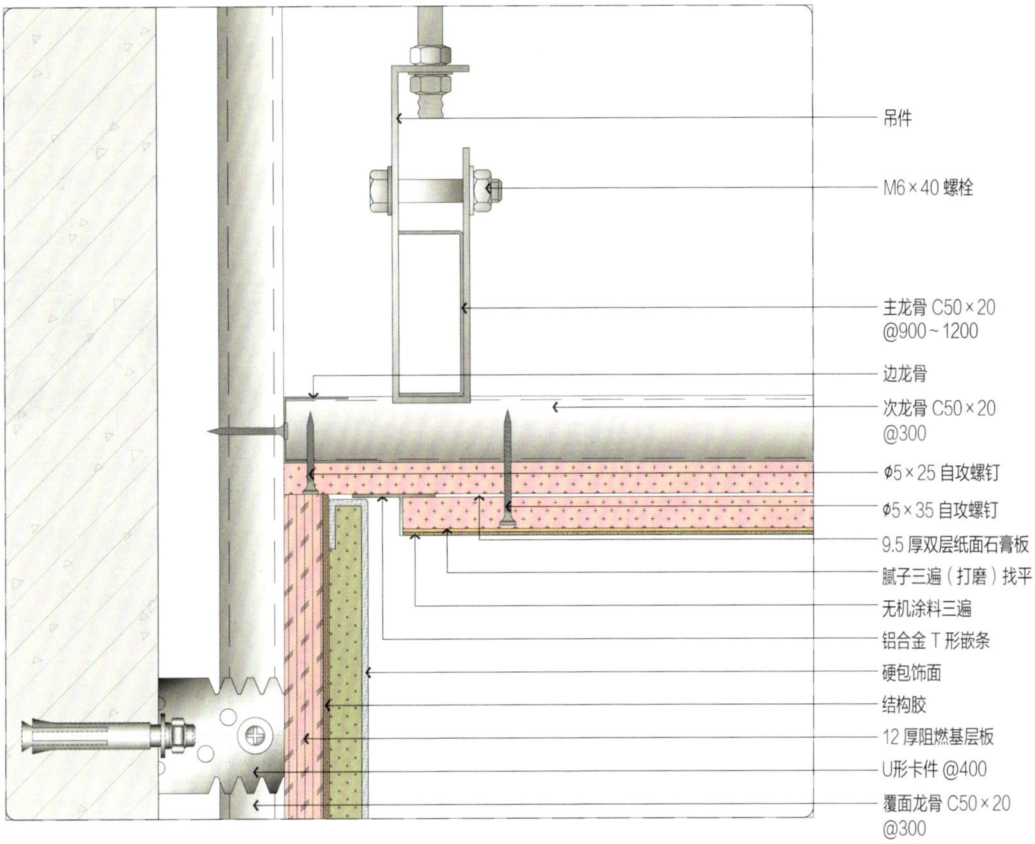

S 吊顶涂料与墙面硬包收口工艺（T形内嵌条）

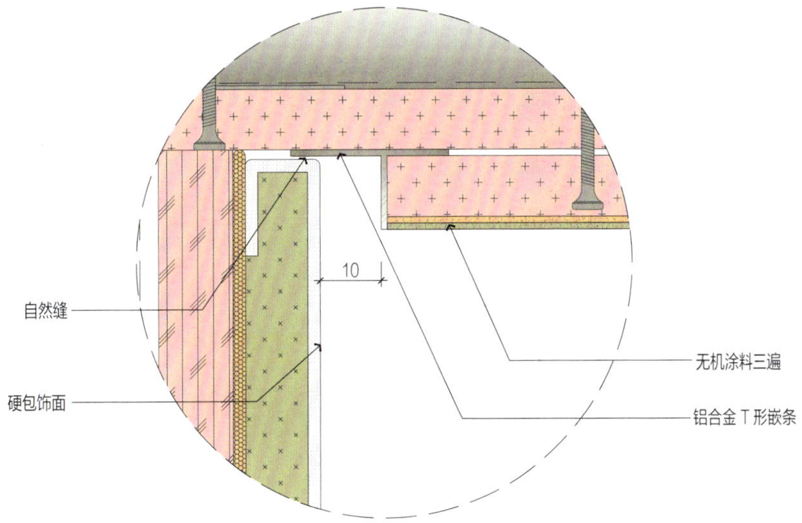

D 吊顶涂料与墙面硬包收口工艺（T形内嵌条）大样图

适用范围

吊顶涂料与墙面硬包T形内嵌条收口工艺，适用范围包括酒店、办公楼、医院等场所的室内装饰空间。吊顶T形内嵌条工艺能够有效收墙面硬包于阴角，增强空间感，使天花板的高度看起来更高，营造出更加宽敞和舒适的氛围。具体的收口方式应根据项目的装饰需求和设计要求来确定。

材料类别

面层材料：无机涂料、硬包饰面、铝合金T形嵌条。

基层材料：主龙骨C50×20 mm、次龙骨C50×20 mm、边龙骨、9.5 mm厚纸面石膏板、吊件、阻燃基层板、覆面龙骨C50×20 mm、U形卡件、自攻螺钉、塑料膨胀螺钉。

材料图片

无机涂料

硬包饰面

纸面石膏板

铝合金T形嵌条

主龙骨

次龙骨

模拟构造

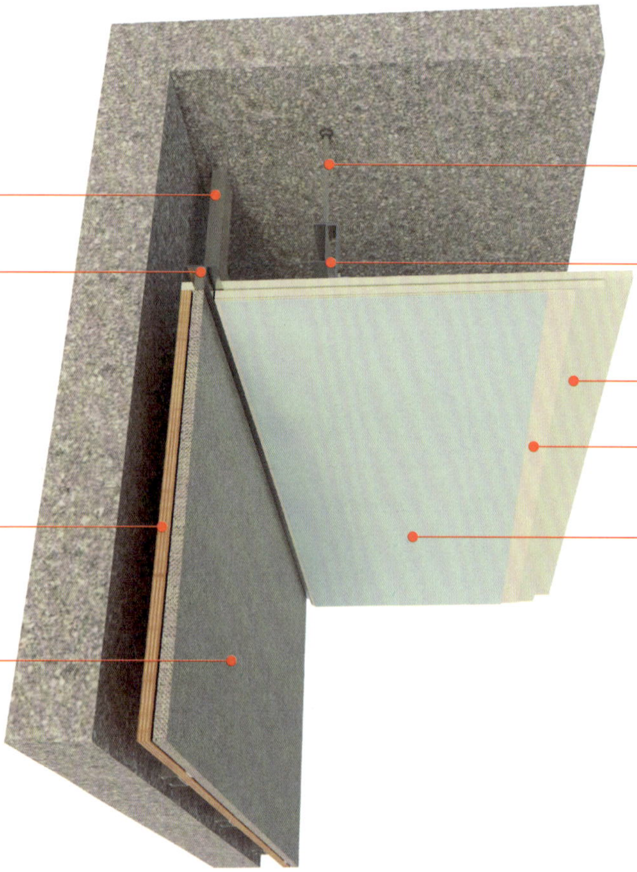

三维构造模型

深化与施工要点

深化收口六字诀

撞 〉 压 〉 嵌 〉 收 〉 断 〉 插

收口“嵌”字诀：嵌式收口应用广，宽窄造型品质讲；合理美化分隔缝，凹凸平顺任君想。

1. 图纸深化：根据材料特性进行面层收口节点优化，依据设计要求及材料规格尺寸，对墙面硬包饰面进行深化排板，并按照规范要求及使用功能对综合机电点位进行排板优化。其中天花石膏板与墙面硬包交接处需预留10 mm×10 mm工艺槽，成品铝合金T形嵌条作为装饰收口型材进行收口。

2. 技术交底：核对现场机电标高尺寸深化综合天花图，核实现场完成面尺寸，对墙面硬包深化排板。铝合金T形嵌条与天花贴合牢靠、平直。施工时应先处理天花基层，并正确安装T形嵌条，然后对天花喷涂涂料，最后安装墙面硬包，一次顺利完工。

深化管控要点

1. 排板策划：根据项目需求及天花造型深化墙顶收口节点，天花沿墙边处的槽口留缝应保证连续贯通。当出现跌级造型方案时，槽口缝需合理拼接，并遵循斜角密拼、视觉弱化、对边对缝的原则。

2. 综合点位：根据各专业点位图及装饰专业天花造型图纸，在符合相关标准和规范的基础上，深化排板综合点位，确保符合点位横平竖直、对称均分等原则。相关专业的图纸包含消防、暖通、空调、强电、弱电、灯光等，组织各专业单位对综合天花深化图会签。

3. 现场交底：根据综合天花深化图（签字版）完成对天花标高线与机电控制线的放线。墙面硬包饰面要考虑天花工艺槽深度，避免硬包短尺造成天花闪缝，所有天花机电末端点位在天花基层封板前均应做好强制定位工作，墙面机电末端点位居饰面板幅中，并进行强制定位。

施工管控要点

1. 安装工序：定位放线 → 隐蔽施工 → 龙骨基层 → 金属嵌条 → 天花涂料 → 墙面硬包

2. 施工管控：材料进场时应严格把控基层与面层材料验收，按规范要求抽样复查。检查沿墙边处天花表面平整度，确保墙面材料安装顺直，面层材料安装完后墙顶之间留1 ~ 2 mm宽自然缝。对金属嵌条及硬包安装进行实时监测，若出现偏差，应及时调整，确保成品效果“平、直、顺、齐、精、准”。

3. 品控质检：顶面涂料、墙面硬包饰面表面应保证洁净、色泽一致，天花工艺槽应平直顺滑、宽度一致。严格检查点位排布情况，确保点位排布笔直成线，排布均匀，排布间距满足相关规范及设计要求。

实景照片

吊顶涂料与墙面硬包收口工艺（T形内嵌条）

T2.2 吊顶涂料与墙面硬包断面工艺（硬包 1 ~ 2 mm 宽自然缝）

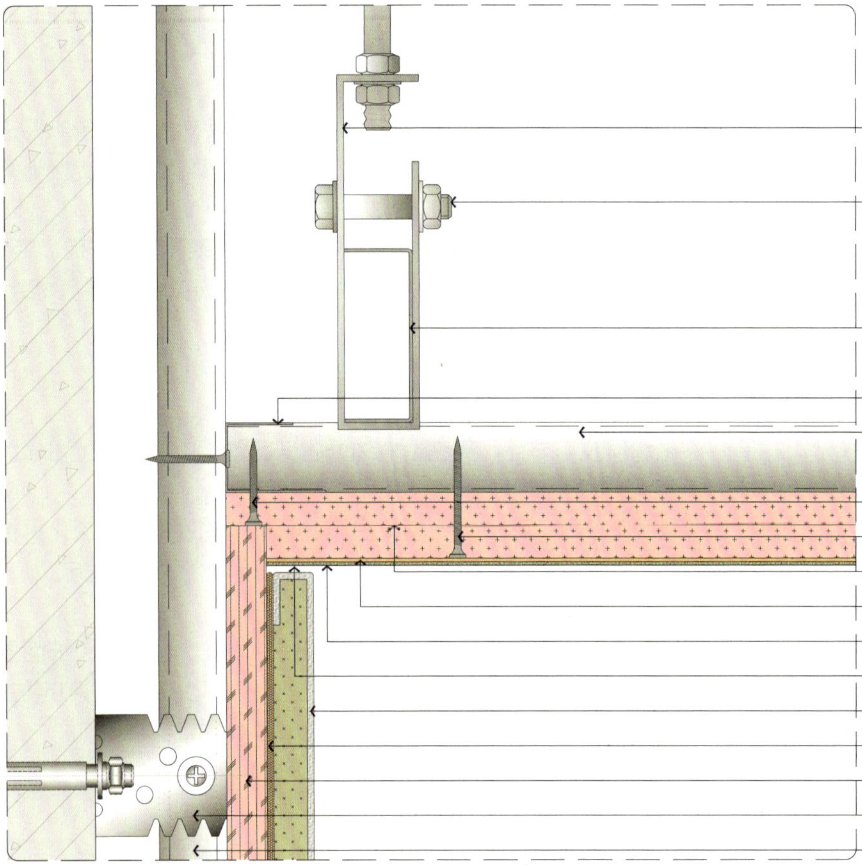

S 吊顶涂料与墙面硬包断面工艺（硬包 1 ~ 2宽自然缝）

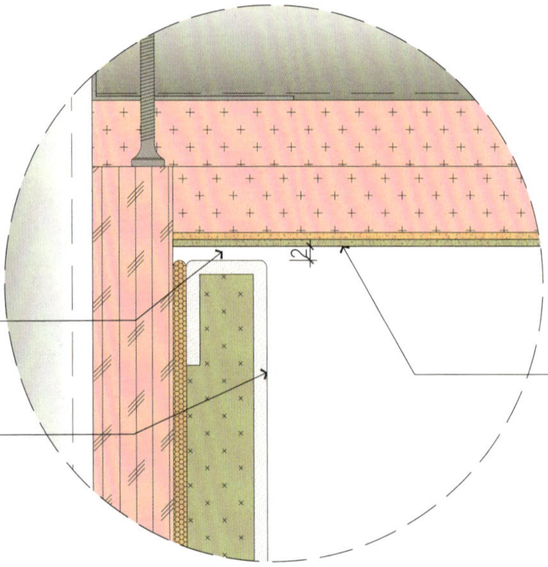

D 吊顶涂料与墙面硬包断面工艺（硬包 1 ~ 2宽自然缝）大样图

适用范围

吊顶涂料与墙面硬包断面工艺的适用范围包括酒店、办公楼、医院等场所的室内装饰空间。墙面硬包与吊顶断面工艺相对简单，能够呈现出一种现代、简约的美感，提升空间的整体质感。具体的收口方式应根据项目的装饰需求和设计要求来确定。

材料类别

面层材料：无机涂料、硬包饰面。

基层材料：主龙骨 C50×20 mm、次龙骨 C50×20 mm、边龙骨、9.5 mm厚纸面石膏板、吊件、阻燃基层板、覆面龙骨 C50×20 mm、U 形卡件、自攻螺钉。

材料图片

无机涂料

硬包饰面

纸面石膏板

阻燃基层板

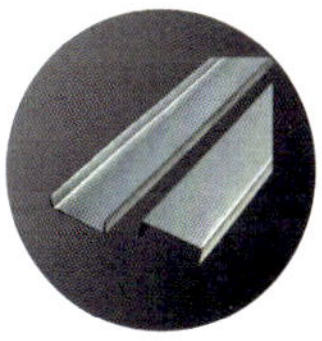
主龙骨

次龙骨

模拟构造

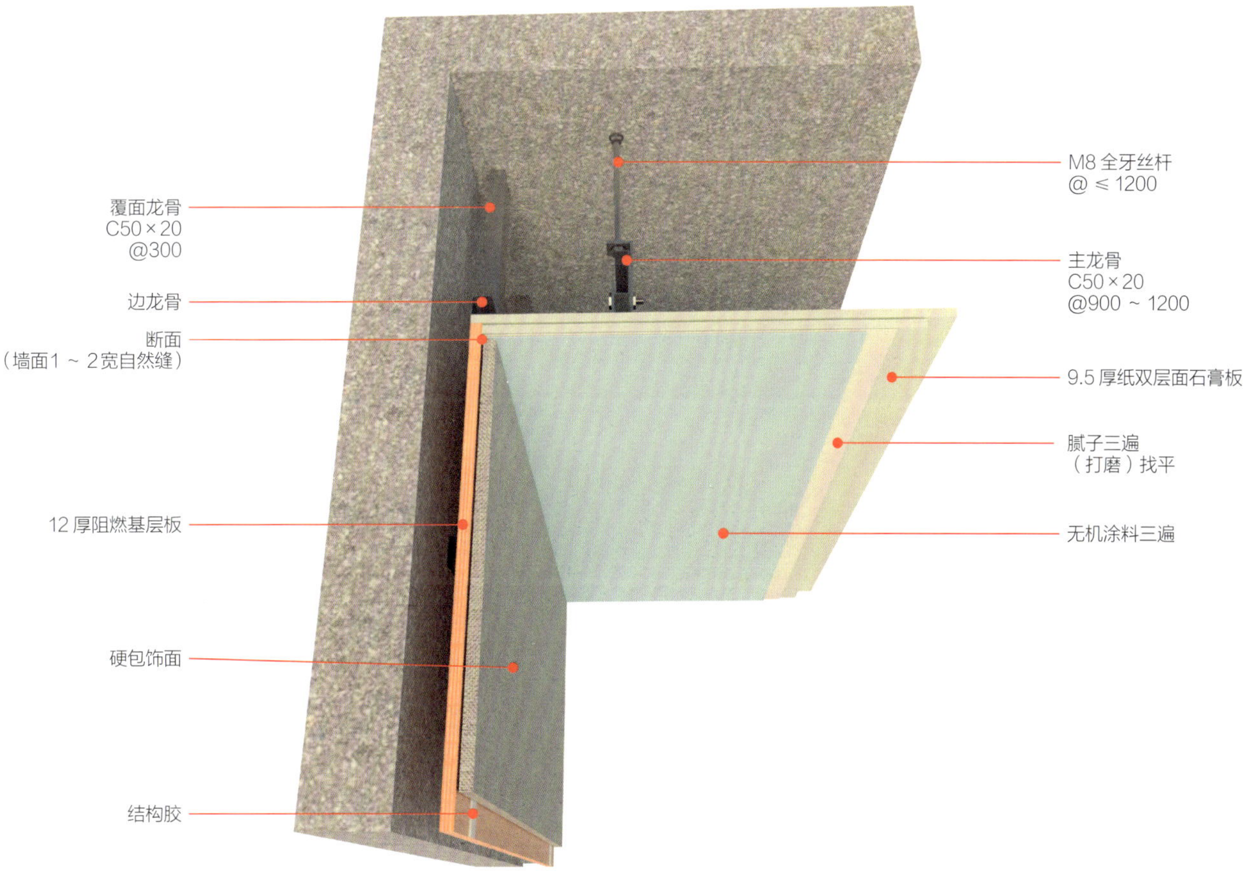

三维构造模型

深化与施工要点

深化收口六字诀

撞 》 压 》 嵌 》 收 》 断 》 插

收口“断”字诀：断缝工艺有个性，以虚当实讲意境；真断似断筋骨连，高大空间较适用。

1.图纸深化：根据材料特性进行面层收口节点优化，依据设计要求及材料规格尺寸，对墙面硬包饰面进行深化排板，并按照规范要求及使用功能对综合机电点位进行排板优化。其中天花石膏板与墙面硬包之间需预留1 ~ 2 mm宽自然断缝，在天花涂料和墙面硬包安装完成后，自然断缝应大小一致且不宜大于2 mm。

2.技术交底：核对现场机电标高尺寸深化综合天花图，核实现场完成面尺寸，对墙面硬包深化排板。在硬包顶部与天花交接处预留2 mm宽的间隙。施工时应先处理天花后处理墙面，一次顺利完工。

深化管控要点

1.排板策划：根据项目需求及天花造型深化墙顶收口节点，对石膏板天花造型深化时，要注重收口、转角、拼接等处细节的处理，保证造型的整体美观度和质量。

2.综合点位：根据各专业点位图及装饰专业天花造型图纸，在符合相关标准和规范的基础上，深化排板综合点位，确保符合点位横平竖直、对称均分等原则。相关专业的图纸包含消防、暖通、空调、强电、弱电、灯光等，组织各专业单位对综合天花深化图会签。

3.现场交底：根据综合天花深化图（签字版）完成对天花标高线与机电控制线的放线。所有天花机电末端点位在天花基层封板前均应做好强制定位工作，墙面机电末端点位居饰面板幅中，并进行强制定位。

施工管控要点

1.安装工序：定位放线 → 隐蔽施工 → 龙骨基层 → 天花涂料 → 墙面硬包

2.施工管控：材料进场时应严格把控基层与面层材料验收，按规范要求抽样复查。检查沿墙边处天花表面平整度，确保墙面材料安装顺直，面层材料安装完后墙顶之间留1 ~ 2 mm宽自然缝。对硬包安装进行实时监测，若出现偏差，应及时调整，确保成品效果“平、直、顺、齐、精、准”。

3.品控质检：顶面涂料、墙面硬包饰面表面应保证洁净、色泽一致，天花与墙面留缝距离应确保大小一致、平整顺直、棱角方正。严格检查点位排布情况，确保点位排布笔直成线，排布均匀，排布间距满足相关规范及设计要求。

实景照片

吊顶涂料与墙面硬包断面工艺（硬包1 ~ 2 mm宽自然缝）

T3 吊顶涂料与墙面木饰面、金属收口工艺

T3.1 吊顶涂料与墙面木饰面收口工艺（T 形内嵌条）

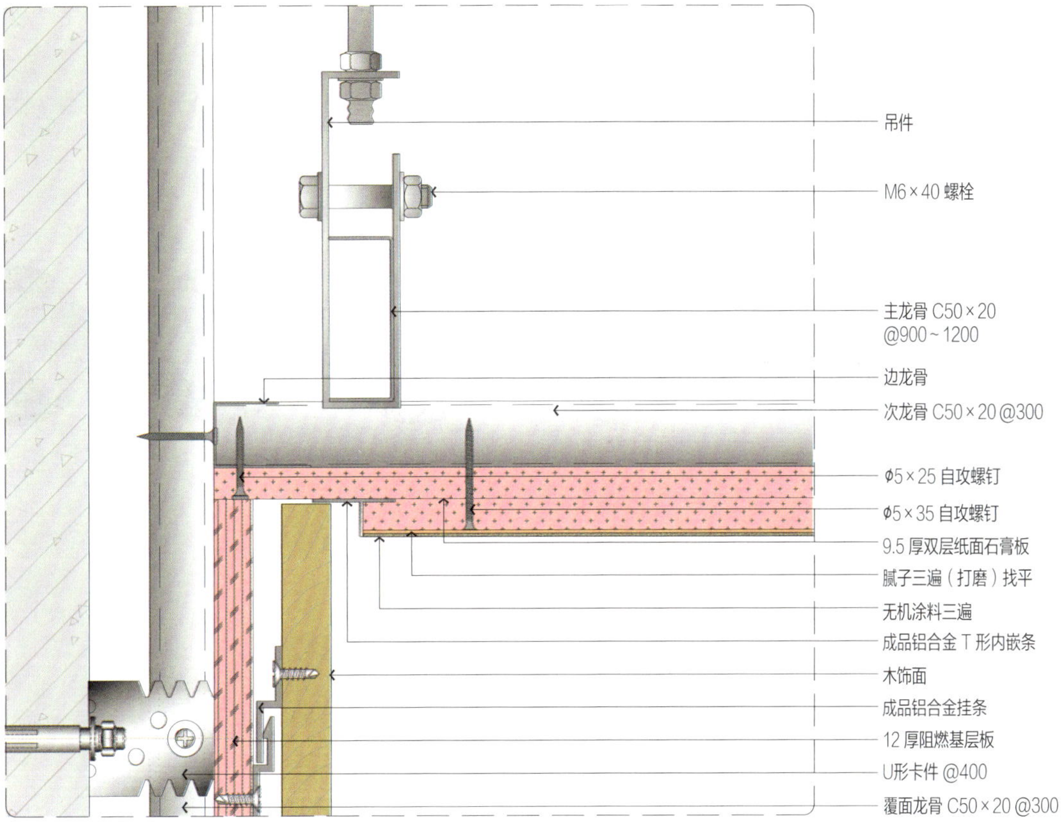

(S) 吊顶涂料与墙面木饰面收口工艺（T形内嵌条）

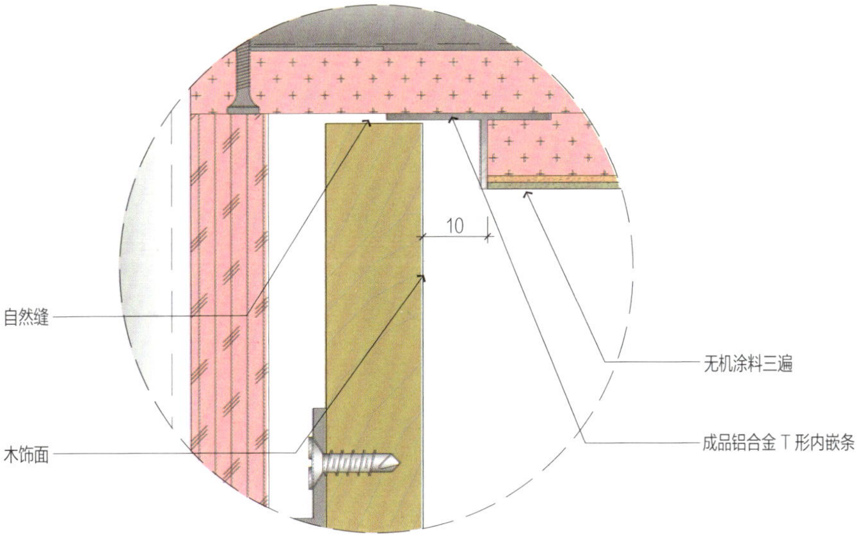

(D) 吊顶涂料与墙面木饰面收口工艺（T形内嵌条）大样图

适用范围

吊顶涂料与墙面木饰面T形内嵌条收口工艺，适用范围包括酒店、办公楼、医院等场所的室内装饰。吊顶与墙面铝合金T形嵌条收口工艺能够有效收墙面木饰面于阴角，营造出更加宽敞和舒适的氛围。具体的收口方式应根据项目的装饰需求和设计要求来确定。

材料类别

面层材料：无机涂料、木饰面、铝合金T形嵌条。

基层材料：主龙骨 C50×20 mm、次龙骨 C50×20 mm、边龙骨、9.5 mm厚纸面石膏板、吊件、阻燃基层板、木挂条、覆面龙骨 C50×20 mm 、U形卡件、自攻螺钉。

材料图片

无机涂料

木饰面

纸面石膏板

铝合金 T 形内嵌条

主龙骨

次龙骨

模拟构造

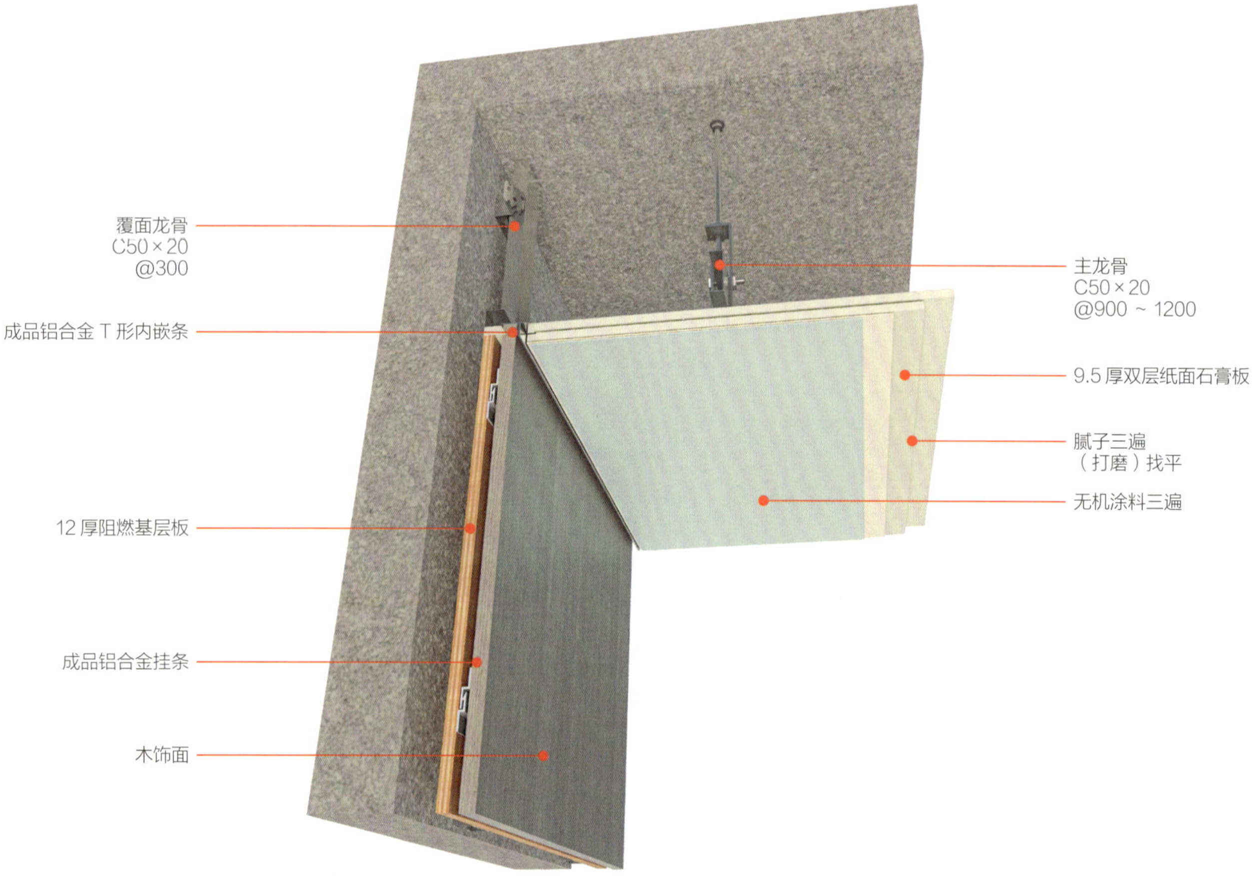

三维构造模型

深化与施工要点

深化收口六字诀

撞 › 压 › 嵌 › 收 › 断 › 插

收口“嵌”字诀：嵌式收口应用广，宽窄造型品质讲；合理美化分隔缝，凹凸平顺任君想。

1. 图纸深化：根据材料特性进行面层收口节点优化，依据设计要求及材料规格尺寸，对墙面木饰面进行深化排板，并按照规范要求及使用功能对综合机电点位进行排板优化。其中天花石膏板与墙面木饰面交接处需预留10 mm × 10 mm工艺槽，成品铝合金T形嵌条作为装饰收口型材进行收口进行收口。

2. 技术交底：核对现场机电标高尺寸深化综合天花图，核实现场完成面尺寸，对墙面木饰面深化排板。控制墙面完成面尺寸，保证铝合金T形嵌条与天花贴合牢靠、平直。施工时应先做天花基层，并正确安装T形内嵌条，待天花涂料施工完后，安装墙面木饰面，一次顺利完工。

深化管控要点

1. 排板策划：根据项目需求及天花造型深化墙顶收口节点，天花沿墙边处槽口留缝应连续贯通，当出现跌级造型方案时槽口缝需合理拼接，遵循斜角密拼、视觉弱化、对边对缝的原则。

2. 综合点位：根据各专业点位图及装饰专业天花造型图纸，在符合相关标准和规范的基础上，深化排板综合点位，确保符合点位横平竖直、对称均分等原则。相关专业的图纸包含消防、暖通、空调、强电、弱电、灯光等，组织各专业单位对综合天花深化图会签。

3. 现场交底：根据综合天花深化图（签字版）完成对天花标高线与机电控制线的放线。墙面木饰面要考虑天花工艺槽深度，避免木饰面短尺造成天花闪缝，所有天花机电末端点位在天花基层封板前均应做好强制定位工作，墙面机电末端点位居饰面板幅中，并进行强制定位。

施工管控要点

1. 安装工序：定位放线 → 隐蔽施工 → 龙骨基层 → 金属嵌条 → 天花涂料 → 墙面木饰面

2. 施工管控：材料进场时应严格把控基层与面层材料验收，按规范要求抽样复查。检查沿墙边处天花表面平整度，确保墙面材料安装顺直，面层材料安装完后墙顶之间留1 ~ 2 mm宽自然缝。对金属嵌条及木饰面安装进行实时监测，若出现偏差，应及时调整，确保成品效果“平、直、顺、齐、精、准”。

3. 品控质检：顶面涂料、墙面木饰面表面应保证洁净、色泽一致，天花工艺槽应平直顺滑、宽度一致。严格检查点位排布情况，确保点位排布笔直成线，排布均匀，排布间距满足相关规范及设计要求。

实景照片

吊顶涂料与墙面木饰面收口工艺（T形内嵌条）

T3.2 吊顶涂料与墙面木饰面断口工艺

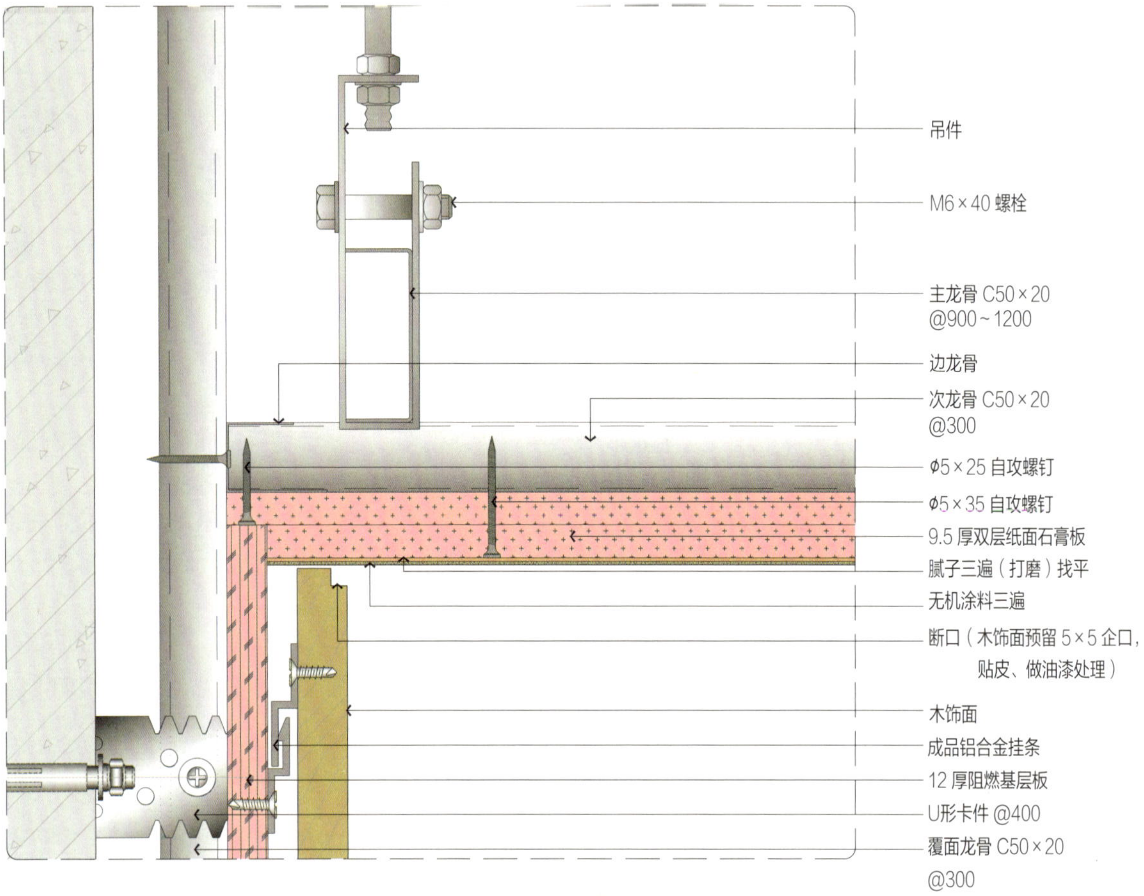

S 吊顶涂料与墙面木饰面断口工艺

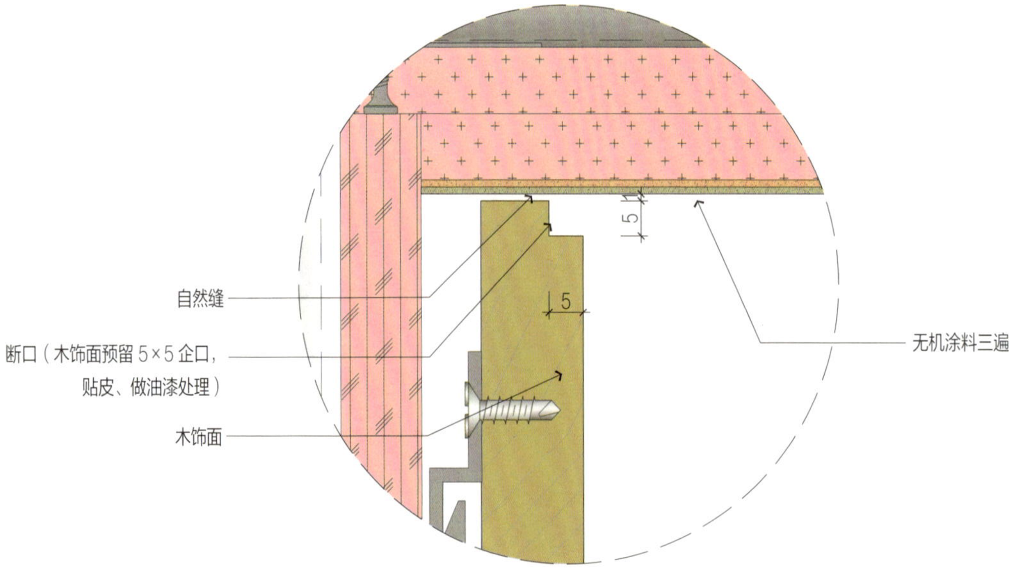

D 吊顶涂料与墙面木饰面断口工艺大样图

适用范围

吊顶涂料与墙面木饰面断口工艺的适用范围包括酒店、办公楼、医院等场所的室内装饰空间。通过吊顶涂料与墙面木饰面断口的结合，可以营造出更加丰富的层次感和立体感，提升整体的美观度，使空间更加精致和时尚。具体的收口方式应根据项目的装饰需求和设计要求来确定。

材料类别

面层材料：无机涂料、木饰面。

基层材料：9.5 mm厚纸面石膏板、主龙骨 C50 × 20 mm、次龙骨 C50 × 20 mm、边龙骨、吊件、阻燃基层板、木挂条、覆面龙骨 C50 × 20 mm 、U 形卡件、自攻螺钉。

材料图片

无机涂料

木饰面

纸面石膏板

阻燃基层板

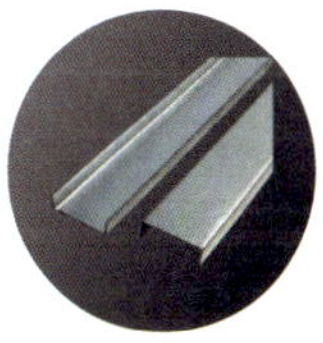
主龙骨

次龙骨

模拟构造

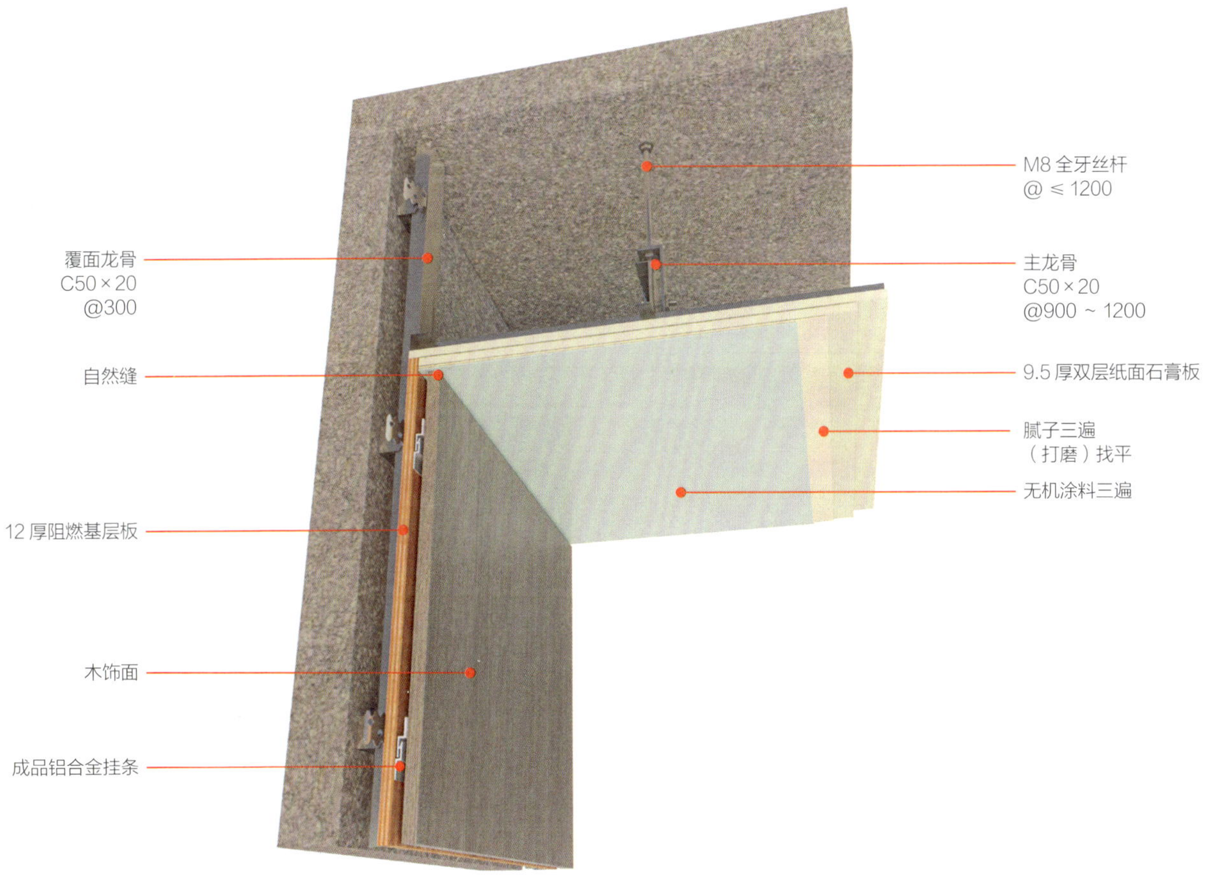

三维构造模型

深化与施工要点

深化收口六字诀

撞 › 压 › 嵌 › 收 › 断 › 插

收口“断”字诀：断缝工艺有个性，以虚当实讲意境；真断似断筋骨连，高大空间较适用。

1.图纸深化：根据材料特性进行面层收口节点优化，依据设计要求及材料规格尺寸，对墙面木饰面进行深化排板，并按照规范要求及使用功能对综合机电点位进行排板优化。其中天花石膏板与墙面木饰面交接处需预留5 mm×5 mm企口，在天花涂料和墙面木饰面安装完成后，断口自然缝应宽度一致且不宜大于2 mm。

2.技术交底：核对现场机电标高尺寸深化综合天花图，核实现场完成面尺寸，对墙面木饰面深化排板，木饰面企口应贴木皮、做油漆处理。施工时应在天花涂料喷涂完后，安装墙面木饰面，一次顺利完工。

深化管控要点

1.排板策划：根据项目需求及天花造型深化墙顶收口节点，石膏板天花造型深化，要注重收口、转角、拼接等处细节的处理，保证造型的整体美观度和质量。

2.综合点位：根据各专业点位图及装饰专业天花造型图纸，在符合相关标准和规范的基础上，深化排板综合点位，确保符合点位横平竖直、对称均分等原则。相关专业的图纸包含消防、暖通、空调、强电、弱电、灯光等，组织各专业单位对综合天花深化图会签。

3.现场交底：根据综合天花深化图（签字版）完成对天花标高线与机电控制线的放线。所有天花机电末端点位在天花基层封板前均应做好强制定位工作，墙面机电末端点位居饰面板幅中，并进行强制定位。

施工管控要点

1.安装工序：定位放线 → 隐蔽施工 → 龙骨基层 → 天花涂料 → 墙面木饰面

2.施工管控：材料进场时应严格把控基层与面层材料验收，按规范要求抽样复查。检查沿墙边处天花表面平整度，确保墙面材料安装顺直，面层材料安装完后墙顶之间留1 ~ 2 mm宽自然缝。对木饰面安装进行实时监测，若出现偏差，应及时调整，确保成品效果“平、直、顺、齐、精、准”。

3.品控质检：顶面涂料、墙面木饰面表面应保证洁净、色泽一致，天花与墙面留缝距离应确保大小一致、平整顺直、棱角方正。严格检查点位排布情况，确保点位排布笔直成线，排布均匀，排布间距满足相关规范及设计要求。

实景照片

吊顶涂料与墙面木饰面断口工艺

T3.3 吊顶涂料与墙面铝板收口工艺（Z 形内嵌条）

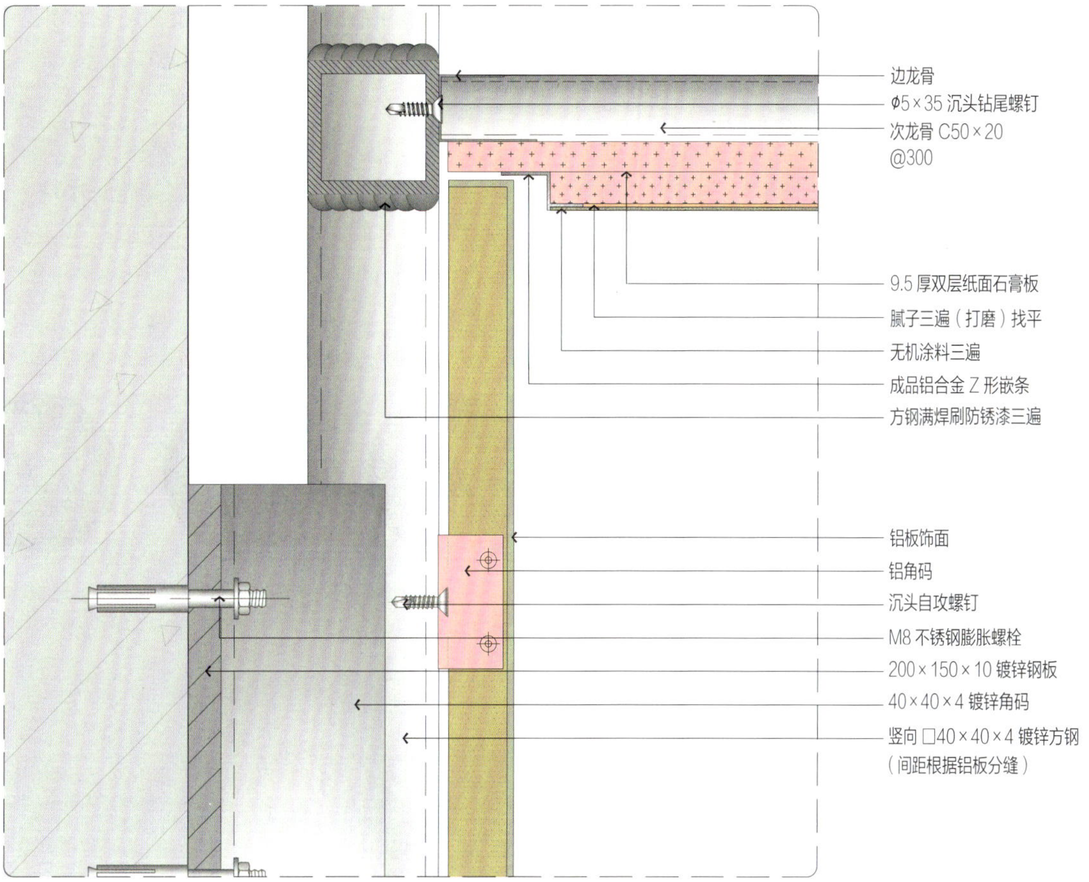

S 吊顶涂料与墙面铝板收口工艺（Z形内嵌条）

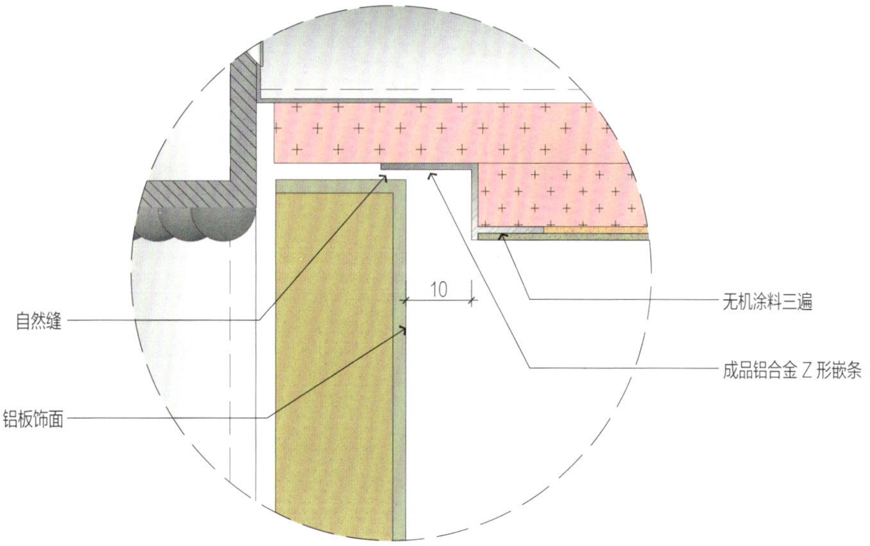

D 吊顶涂料与墙面铝板收口工艺（Z形内嵌条）大样图

适用范围

吊顶涂料与墙面铝板Z形内嵌条收口工艺，适用范围包括酒店、办公楼、医院等场所的室内装饰空间。铝合金Z形嵌条能够有效收墙面铝板于阴角，增强空间感，营造出更加宽敞和舒适的氛围。具体的收口方式应根据项目的装饰需求和设计要求来确定。

材料类别

面层材料：无机涂料、铝板饰面、铝合金Z形嵌条。

基层材料：9.5 mm厚纸面石膏板、主龙骨C50×20 mm、次龙骨C50×20 mm、边龙骨、吊件、铝角码、□40 mm×40 mm×4 mm镀锌方钢、40 mm×40 mm×4 mm镀锌角码、200 mm×150 mm×10 mm镀锌钢板、Ø5 mm×35 mm沉头钻尾螺钉、沉头自攻螺钉。

材料图片

无机涂料

铝板饰面

纸面石膏板

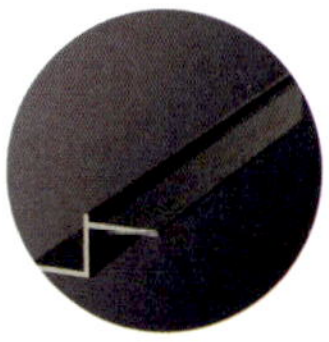
铝合金Z形嵌条

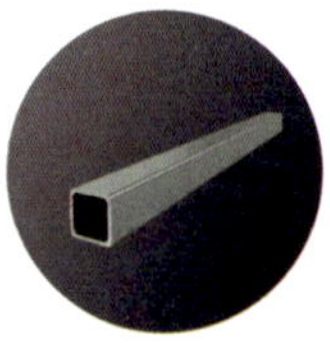
镀锌方钢

主龙骨

模拟构造

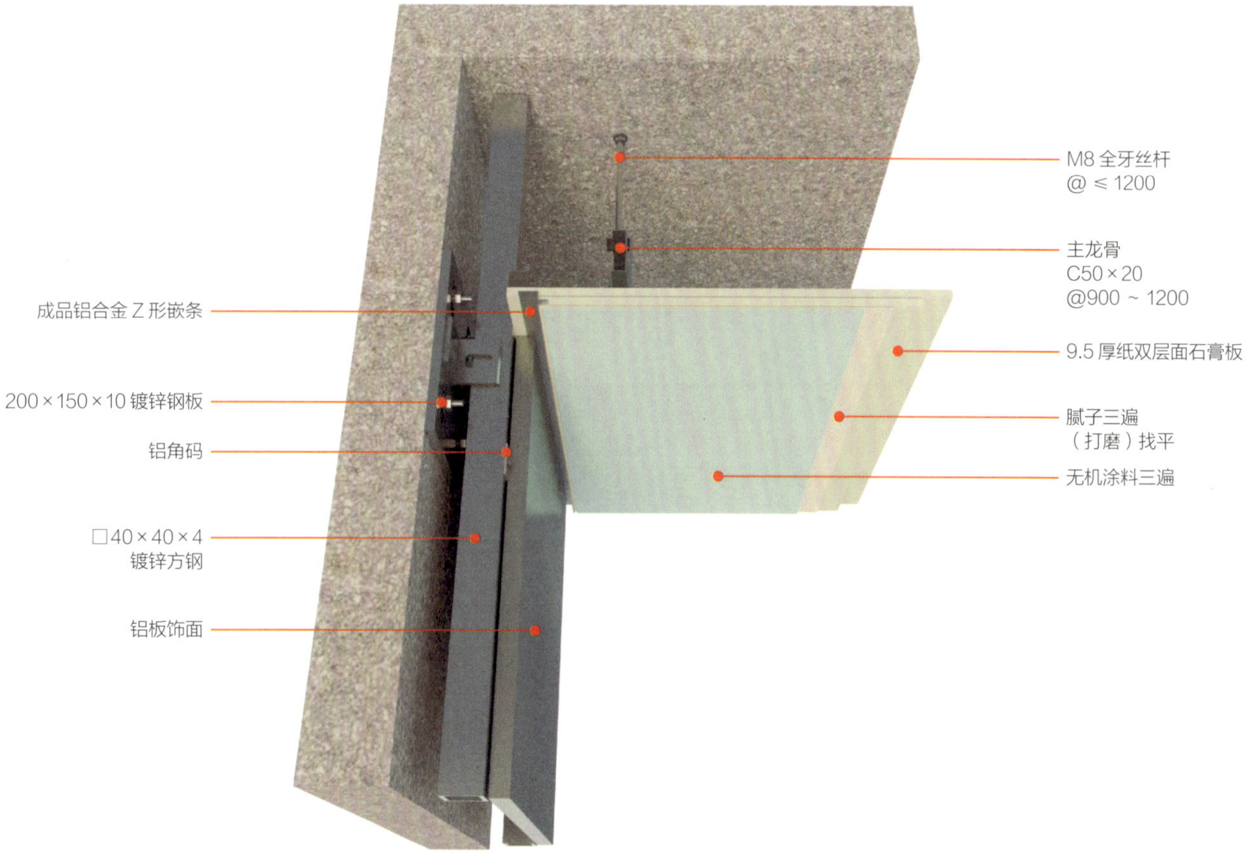

三维构造模型

深化与施工要点

深化收口六字诀

撞 》 压 》 嵌 》 收 》 断 》 插

收口"嵌"字诀：嵌式收口应用广，宽窄造型品质讲；合理美化分隔缝，凹凸平顺任君想。

1.图纸深化：根据材料特性进行面层收口节点优化，依据设计要求及材料规格尺寸，对墙面铝板饰面进行深化排板，并按照规范要求及使用功能对综合机电点位排板优化。其中天花石膏板与墙面铝板交接处需预留10 mm×10 mm工艺槽，成品铝合金Z形嵌条作为装饰收口型材进行收口。墙面铝板与天花板需留缝安装，自然留缝宽度不宜大于2 mm。

2.技术交底：核对现场机电标高尺寸深化综合天花图，核实现场完成面尺寸，对墙面铝板深化排板，铝合金Z形嵌条与天花贴合牢靠、平直。施工时应先处理隔墙龙骨，并将天花基层固定在隔墙龙骨上，且正确安装Z形嵌条，待天花涂料喷涂后，安装墙面铝板，一次顺利完工。

深化管控要点

1.排板策划：根据项目需求及天花造型深化墙顶收口节点，天花沿墙边处槽口留缝应连续贯通，当出现跌级造型方案时槽口缝需合理拼接，遵循斜角密拼、视觉弱化、对边对缝的原则。

2.综合点位：根据各专业点位图及装饰专业天花造型图纸，在符合相关标准和规范的基础上，深化排板综合点位，确保符合点位横平竖直、对称均分等原则。相关专业的图纸包含消防、暖通、空调、强电、弱电、灯光等，组织各专业单位对综合天花深化图会签。

3.现场交底：根据综合天花深化图（签字版）完成对天花标高线与机电控制线的放线。墙面铝板饰面要考虑天花工艺槽深度，避免铝板短尺造成天花闪缝，所有天花机电末端点位在天花基层封板前均应做好强制定位工作，墙面机电末端点位居饰面板幅中，并进行强制定位。

施工管控要点

1.安装工序：定位放线 → 隐蔽施工 → 龙骨基层 → 金属嵌条 → 天花涂料 → 墙面铝板

2.施工管控：材料进场时应严格把控基层与面层材料验收，按规范要求抽样复查。检查沿墙边处天花表面平整度，确保墙面材料安装顺直，面层材料安装完后墙顶之间留1～2 mm宽自然缝。对铝板安装进行实时监测，若出现偏差，应及时调整，确保成品效果"平、直、顺、齐、精、准"。

3.品控质检：顶面涂料、墙面铝板饰面表面应保证洁净、色泽一致，天花工艺槽应平直顺滑、宽度一致。严格检查点位排布情况，确保点位排布笔直成线，排布均匀，排布间距满足相关规范及设计要求。

实景照片

吊顶涂料与墙面铝板收口工艺（Z形内嵌条）

T3.4 吊顶涂料与墙面铝板断面工艺（铝板 1 ~ 2 mm 宽自然缝）

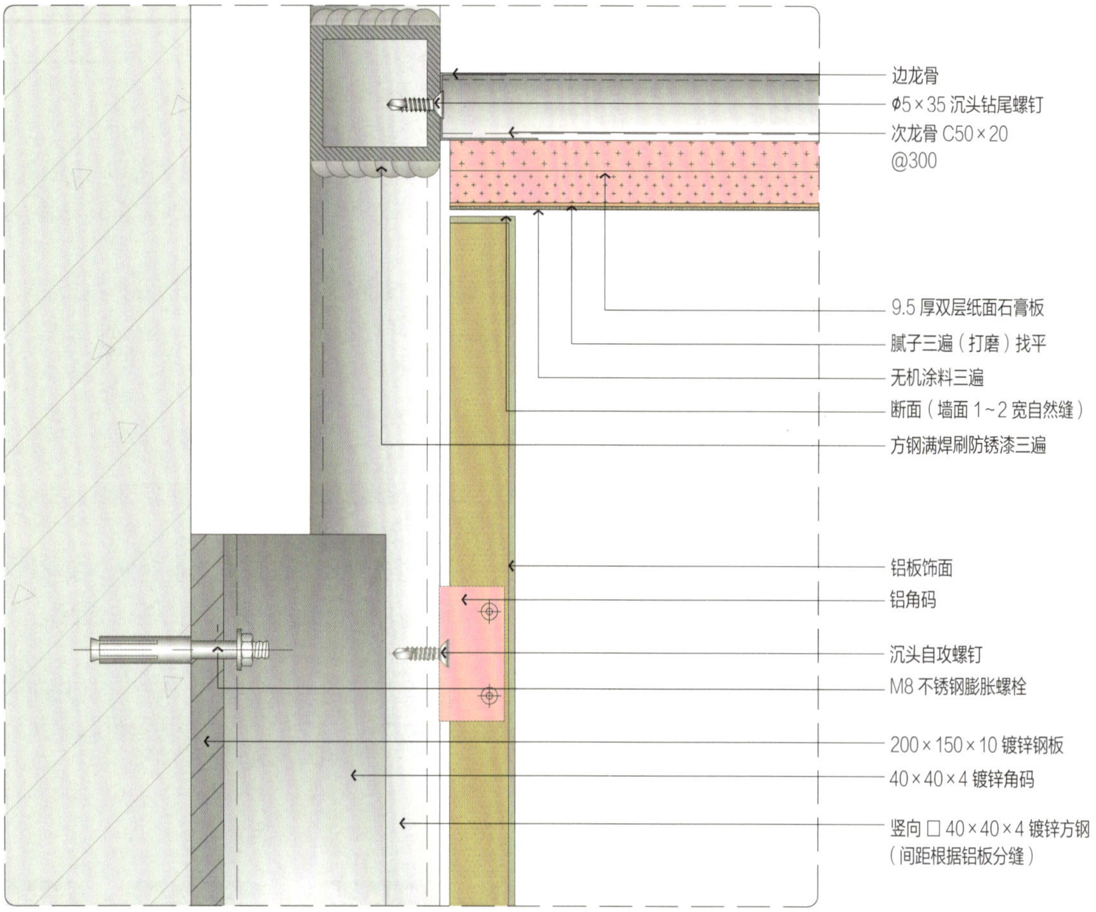

S 吊顶涂料与墙面铝板断面工艺（铝板 1 ~ 2 宽自然缝）

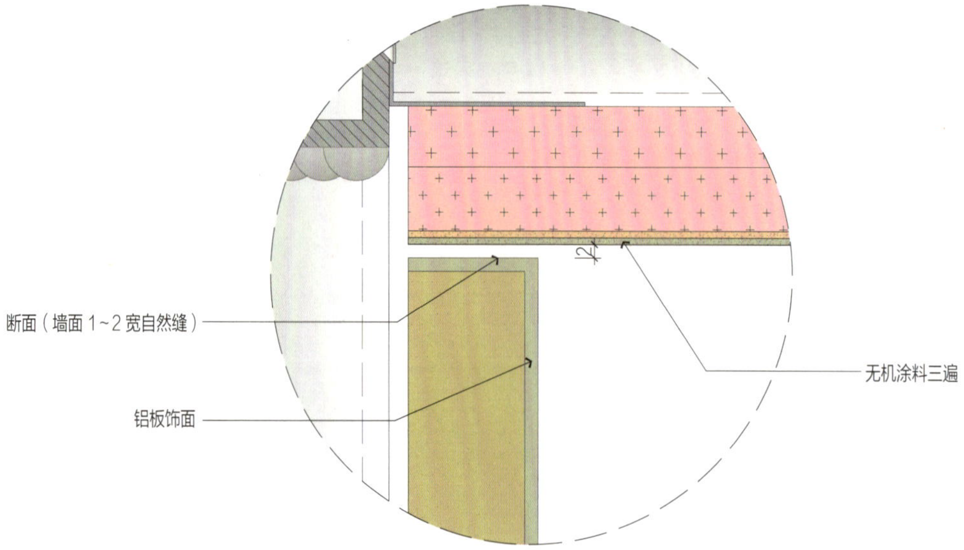

D 吊顶涂料与墙面铝板断面工艺（铝板 1 ~ 2宽自然缝）大样图

适用范围

吊顶涂料与墙面铝板断面工艺的适用范围包括酒店、办公楼、医院等场所的室内装饰空间。墙面铝板与吊顶断面工艺施工相对简单，能够呈现出一种现代、简约的美感，提升空间的整体质感。具体的收口方式应根据项目的装饰需求和设计要求来确定。

材料类别

面层材料：无机涂料、铝板饰面。

基层材料：主龙骨 C50×20 mm、次龙骨 C50×20 mm、边龙骨、9.5 mm厚纸面石膏板、吊件、铝角码、□40 mm×40 mm×4 mm镀锌方钢、40 mm×40 mm×4 mm镀锌角码、200 mm×150 mm×10 mm镀锌钢板、Ø5 mm×35 mm沉头钻尾螺钉、沉头自攻螺钉。

材料图片

无机涂料

铝板饰面

纸面石膏板

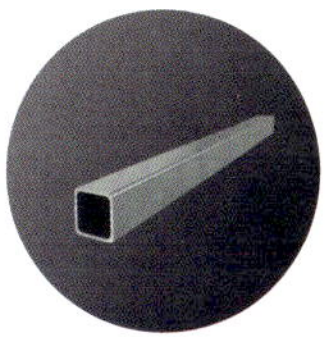
镀锌方钢

主龙骨

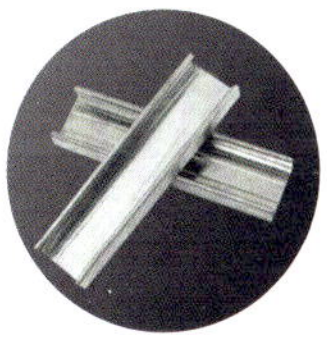
次龙骨

模拟构造

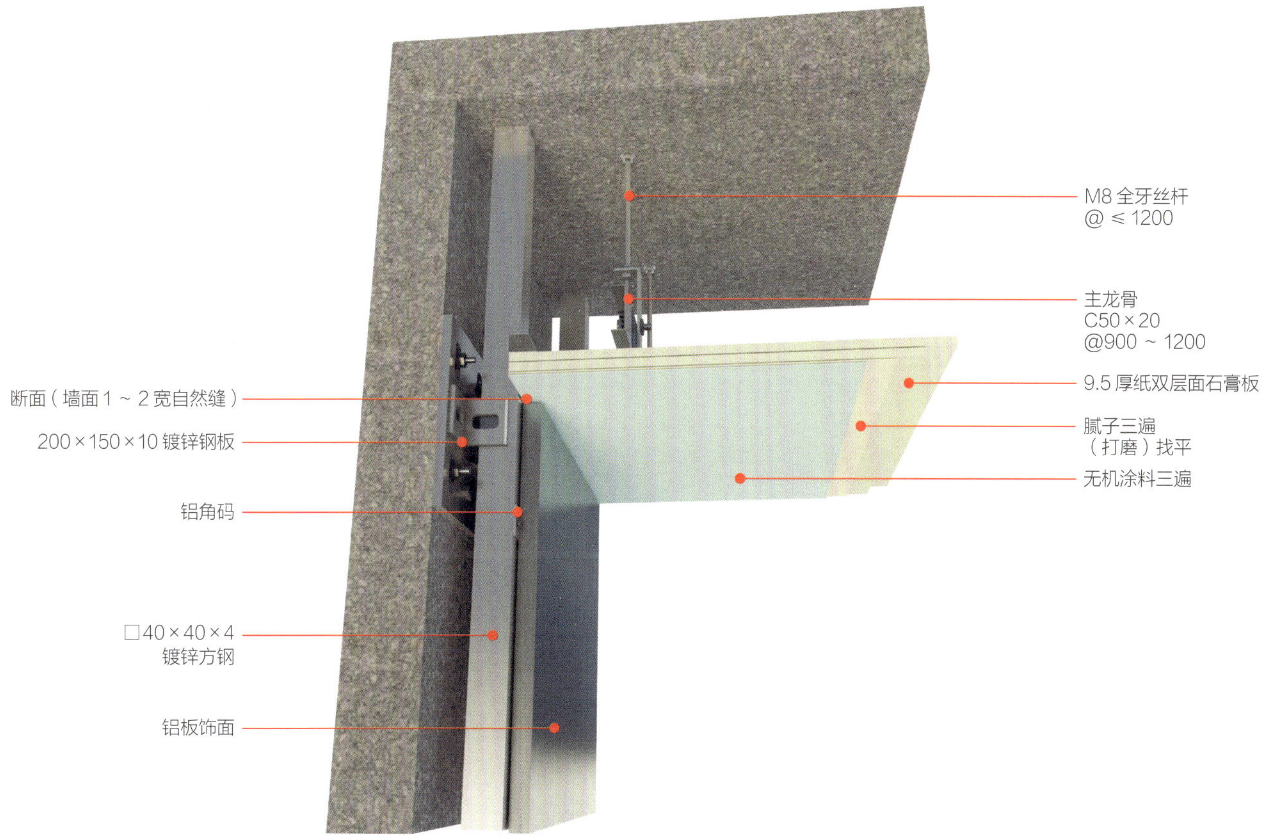

三维构造模型

深化与施工要点

深化收口六字诀

撞 › 压 › 嵌 › 收 › 断 › 插

收口“断”字诀：断缝工艺有个性，以虚当实讲意境；真断似断筋骨连，高大空间较适用。

1.图纸深化：根据材料特性进行面层收口节点优化，依据设计要求及材料规格尺寸，对墙面铝板饰面进行深化排板，并按照规范要求及使用功能对综合机电点位进行排板优化。其中天花石膏板与墙面铝板之间需预留2 mm宽自然断缝，在天花涂料和墙面铝板安装完成后，自然断缝应保证宽度一致且不宜大于2 mm。

2.技术交底：核对现场机电标高尺寸深化综合天花图，核实现场完成面尺寸，对墙面铝板深化排板。施工时应先处理隔墙龙骨，并将天花基层固定在隔墙龙骨上，待天花涂料喷涂后，安装墙面铝板，一次顺利完工。

深化管控要点

1.排板策划：根据项目需求及天花造型深化墙顶收口节点，石膏板天花造型深化，要注重收口、转角、拼接等处细节的处理，保证造型的整体美观度和质量。

2.综合点位：根据各专业点位图及装饰专业天花造型图纸，在符合相关标准和规范的基础上，深化排板综合点位，确保符合点位横平竖直、对称均分等原则。相关专业的图纸包含消防、暖通、空调、强电、弱电、灯光等，组织各专业单位对综合天花深化图会签。

3.现场交底：根据综合天花深化图（签字版）完成对天花标高线与机电控制线的放线。墙面铝板按照编号和顺序安装，铝板之间的缝隙要均匀一致。所有天花机电末端点位在天花基层封板前均应做好强制定位工作，墙面机电末端点位居饰面板幅中，并进行强制定位。

施工管控要点

1.安装工序：定位放线 → 隐蔽施工 → 龙骨基层 → 天花涂料 → 墙面铝板

2.施工管控：材料进场时应严格把控基层与面层材料验收，按规范要求抽样复查。检查沿墙边处天花表面平整度，确保墙面材料安装顺直，面层材料安装完后墙顶之间留1 ~ 2 mm宽自然缝。对铝板安装进行实时监测，若出现偏差，应及时调整，确保成品效果“平、直、顺、齐、精、准”。

3.品控质检：顶面涂料、墙面铝板饰面表面应保证洁净、色泽一致，墙面铝板安装时，应控制好完成面的尺寸，并保证沿墙处天花平整，天花与墙面之间缝隙大小一致、平整顺直。

实景照片

吊顶涂料与墙面铝板断面工艺（铝板 1 ~ 2 mm 宽自然缝）

T3.5 吊顶涂料与墙面不锈钢收口工艺（T 形内嵌条）

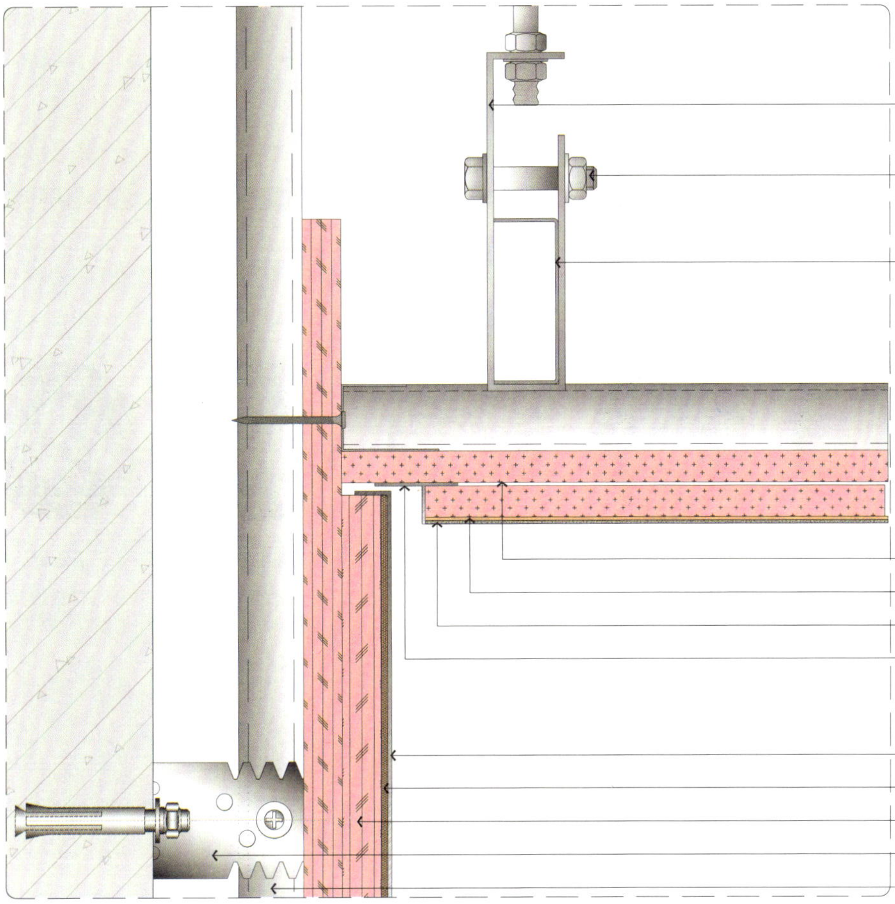

S 吊顶涂料与墙面不锈钢收口工艺（T 形内嵌条）

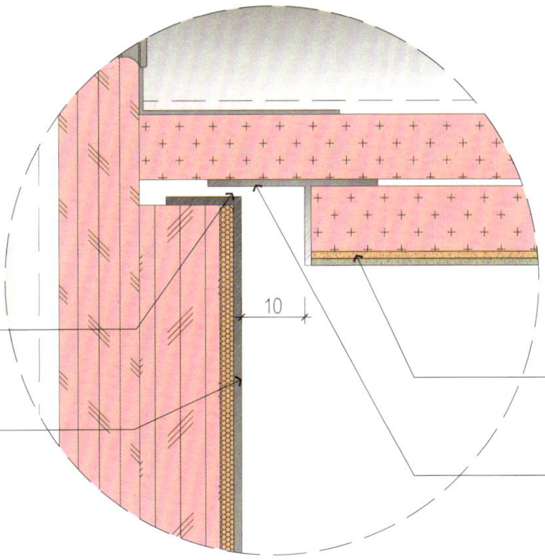

D 吊顶涂料与墙面不锈钢收口工艺（T 形内嵌条）大样图

适用范围

吊顶涂料与墙面不锈钢T形内嵌条收口工艺，适用范围包括酒店、办公楼、医院等场所的室内装饰空间。铝合金T形嵌条能够有效收墙面不锈钢于阴角，增强空间感，营造出更加宽敞和舒适的氛围。具体的收口方式应根据项目的装饰需求和设计要求来确定。

材料类别

面层材料：无机涂料、不锈钢饰面、铝合金 T 形嵌条。

基层材料：主龙骨 C50 × 20 mm、覆面龙骨 C50 × 20 mm、9.5 mm 厚纸面石膏板、吊件、阻燃基层板、结构胶、U 形卡件。

材料图片

无机涂料

不锈钢饰面

纸面石膏板

阻燃基层板

铝合金 T 形嵌条

主龙骨

模拟构造

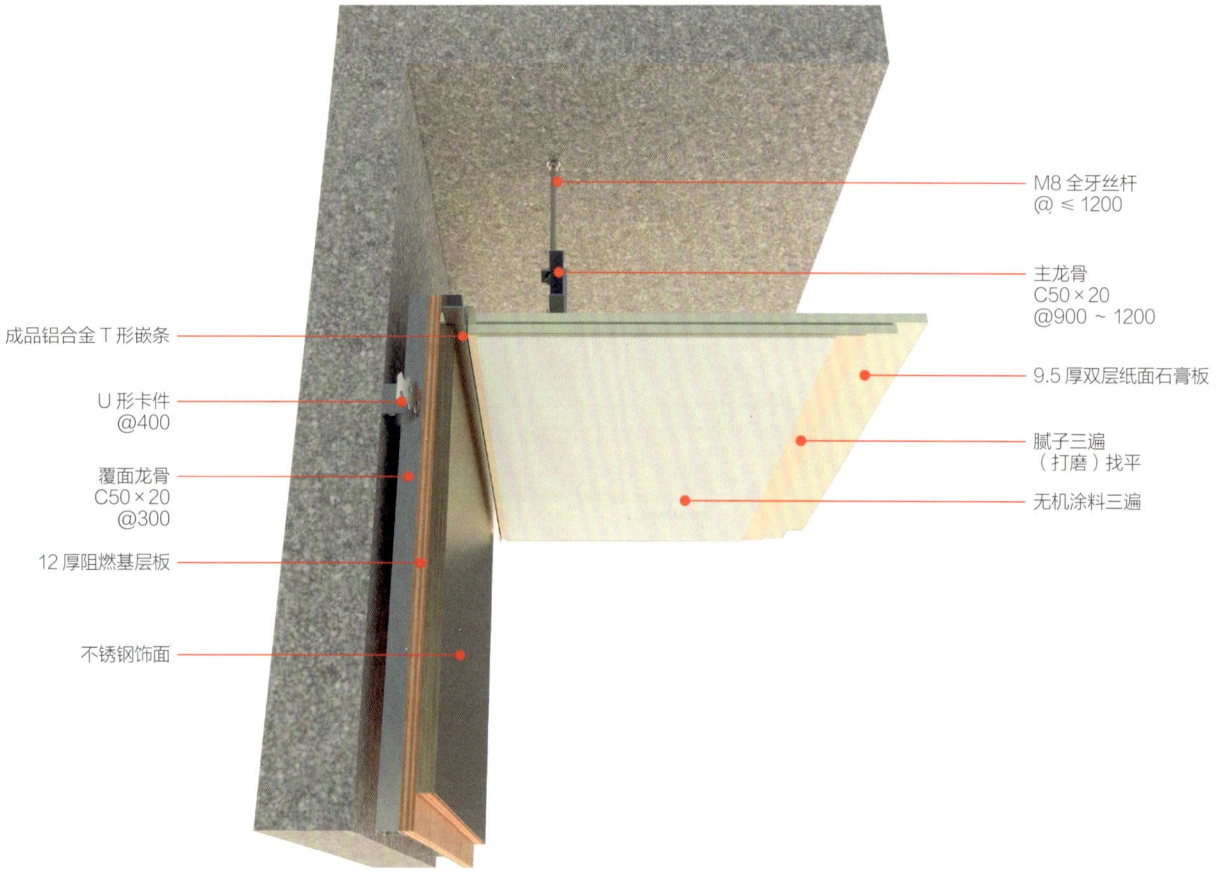

三维构造模型

深化与施工要点

深化收口六字诀

撞 》 压 》 嵌 》 收 》 断 》 插

收口“嵌”字诀：嵌式收口应用广，宽窄造型品质讲；合理美化分隔缝，凹凸平顺任君想。

1. 图纸深化：根据材料特性进行面层收口节点优化，依据设计要求及材料规格尺寸，对墙面不锈钢饰面进行深化排板，并按照规范要求及使用功能对综合机电点位进行排板优化。其中天花石膏板与墙面不锈钢交接处需预留10 mm×10 mm工艺槽，成品铝合金T形嵌条作为装饰收口型材进行收口。不锈钢墙面与天花板留缝安装时，自然留缝宽度不宜大于2 mm。

2. 技术交底：核对现场机电标高尺寸深化综合天花图，核实现场完成面尺寸，对墙面不锈钢深化排板。铝合金T形嵌条与天花贴合牢靠、平直，施工时应先处理隔墙龙骨及阻燃板基层，并将T形嵌条固定在阻燃板基层上，待天花涂料施工完后，安装墙面不锈钢，一次顺利完工。

深化管控要点

1. 排板策划：根据项目需求及天花造型深化墙顶收口节点，天花沿墙边处槽口留缝应连续贯通，当出现跌级造型方案时槽口缝需合理拼接，遵循斜角密拼、视觉弱化、对边对缝的原则。

2. 综合点位：根据各专业点位图及装饰专业天花造型图纸，在符合相关标准和规范的基础上，深化排板综合点位，确保符合点位横平竖直、对称均分等原则。相关专业的图纸包含消防、暖通、空调、强电、弱电、灯光等，组织各专业单位对综合天花深化图会签。

3. 现场交底：根据综合天花深化图（签字版）完成对天花标高线与机电控制线的放线。墙面不锈钢饰面要考虑天花工艺槽深度，避免不锈钢短尺造成天花闪缝，所有天花机电末端点位在天花基层封板前均应做好强制定位工作，墙面机电末端点位居饰面板幅中，并进行强制定位。

施工管控要点

1. 安装工序：定位放线 → 隐蔽施工 → 龙骨基层 → 金属嵌条 → 天花涂料 → 墙面不锈钢

2. 施工管控：材料进场时应严格把控基层与面层材料验收，按规范要求抽样复查。检查沿墙边处天花表面平整度，确保墙面材料安装顺直，面层材料安装完后墙顶之间留1 ~ 2 mm宽自然缝。对金属嵌条及不锈钢安装进行实时监测，若出现偏差，应及时调整，确保成品效果“平、直、顺、齐、精、准”。

3. 品控质检：顶面涂料、墙面不锈钢饰面表面应保证洁净、色泽一致，天花工艺槽应平直顺滑、宽度一致。严格检查点位排布情况，确保点位排布笔直成线，排布均匀，排布间距满足相关规范及设计要求。天花与不锈钢墙面之间10 mm的留缝距离应确保大小一致、平整顺直、棱角方正。

实景照片

吊顶涂料与墙面不锈钢收口工艺（T形内嵌条）

T3.6 吊顶涂料与墙面不锈钢断口工艺

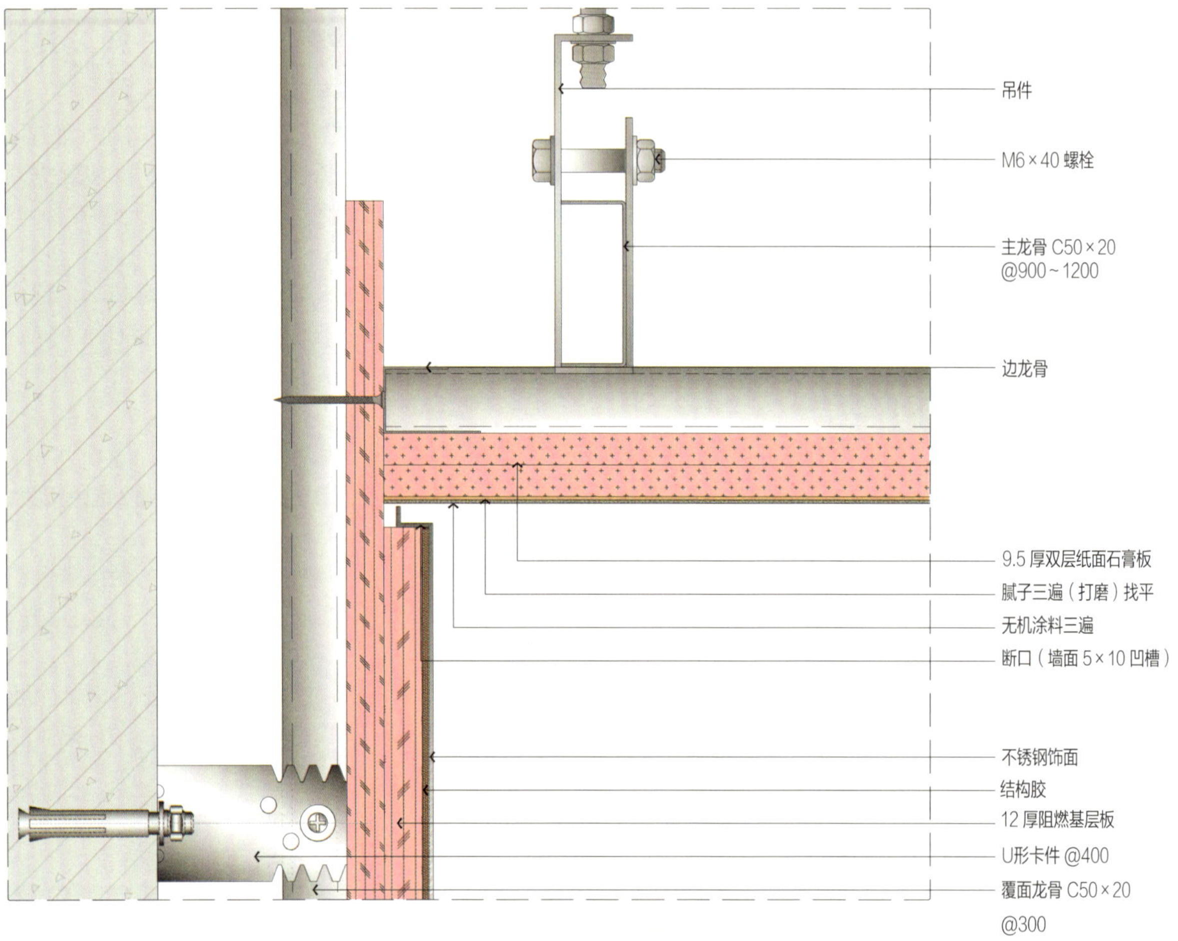

Ⓢ 吊顶涂料与墙面不锈钢断口工艺

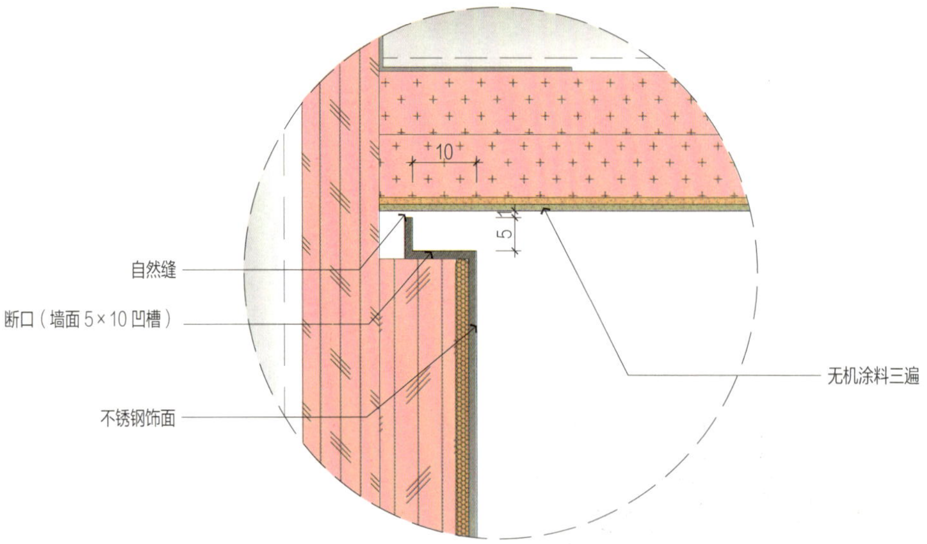

Ⓓ 吊顶涂料与墙面不锈钢断口工艺大样图

适用范围

吊顶涂料与墙面不锈钢断口工艺的适用范围包括酒店、办公楼、医院等场所的室内装饰空间。通过吊顶涂料与墙面不锈钢断口的结合，可以营造出更加丰富的层次感和立体感，提升整体的美观度，使空间更加精致和时尚。具体的收口方式应根据项目的装饰需求和设计要求来确定。

材料类别

面层材料：无机涂料、不锈钢饰面。

基层材料：主龙骨 C50 × 20 mm、次龙骨 C50 × 20 mm、9.5 mm厚纸面石膏板、吊件、阻燃基层板、覆面龙骨 C50 × 20 mm 、结构胶、U 形卡件。

材料图片

无机涂料

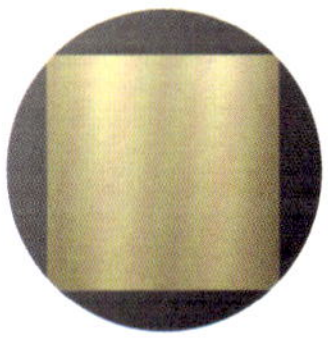
不锈钢饰面

纸面石膏板

主龙骨

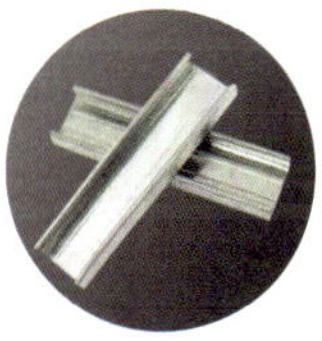
次龙骨

阻燃基层板

模拟构造

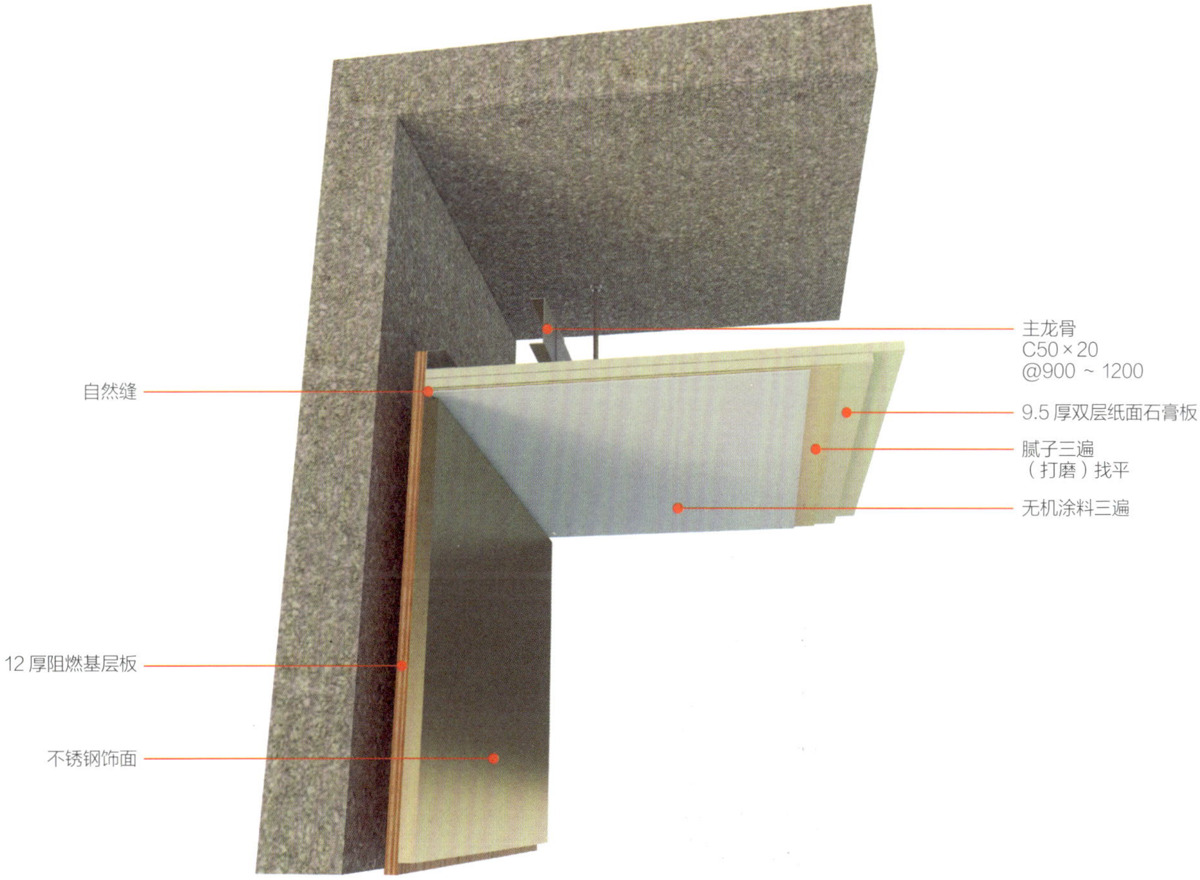

三维构造模型

深化与施工要点

深化收口六字诀

撞 ＞ 压 ＞ 嵌 ＞ 收 ＞ 断 ＞ 插

收口“断”字诀：断缝工艺有个性，以虚当实讲意境；真断似断筋骨连，高大空间较适用。

1.图纸深化：根据材料特性进行面层收口节点优化，依据设计要求及材料规格尺寸，对墙面不锈钢饰面进行深化排板，并按照规范要求及使用功能对综合机电点位进行排板优化。其中天花石膏板与墙面不锈钢交接处需预留5 mm×10 mm断槽，成品铝合金T形嵌条作为装饰收口型材进行收口。不锈钢墙面与天花板留缝安装时，断边留缝宽度不宜大于2 mm。

2.技术交底：核对现场机电标高尺寸深化综合天花图，核实现场完成面尺寸，对墙面不锈钢深化排板。施工时应先处理隔墙龙骨及阻燃板基层，并将天花基层固定在阻燃板基层上，待天花涂料喷涂完后，安装墙面不锈钢，一次顺利完工。

深化管控要点

1.排板策划：根据项目需求及天花造型深化墙顶收口节点，石膏板天花造型深化，要注重收口、转角、拼接等处细节的处理，保证造型的整体美观度和质量。

2.综合点位：根据各专业点位图及装饰专业天花造型图纸，在符合相关标准和规范的基础上，深化排板综合点位，确保符合点位横平竖直、对称均分等原则。相关专业的图纸包含消防、暖通、空调、强电、弱电、灯光等。

3.现场交底：根据综合天花深化图（签字版）完成对天花标高线与机电控制线的放线。墙面基层根据不锈钢排板图留槽，保证不锈钢折边插入基层里，所有天花机电末端点位在天花基层封板前均应做好强制定位工作，墙面机电末端点位居饰面板幅中，并进行强制定位。

施工管控要点

1.安装工序：定位放线 → 隐蔽施工 → 龙骨基层 → 天花涂料 → 墙面不锈钢

2.施工管控：材料进场时应严格把控基层与面层材料验收，按规范要求抽样复查。检查沿墙边处天花表面平整度，确保墙面材料安装顺直，面层材料安装完后墙顶之间留1 ~ 2 mm宽自然缝。对不锈钢安装进行实时监测，若出现偏差，应及时调整，确保成品效果“平、直、顺、齐、精、准”。

3.品控质检：顶面涂料、墙面不锈钢饰面表面应保证洁净、色泽一致，天花与墙面留缝距离应确保大小一致、平整顺直、棱角方正。严格检查点位排布情况，确保点位排布笔直成线，排布均匀，排布间距满足相关规范及设计要求。

实景照片

吊顶涂料与墙面不锈钢断口工艺

T4　吊顶涂料与墙面玻璃、涂料 / 壁纸收口工艺

T4.1　吊顶涂料与墙面烤漆玻璃收口工艺（T 形内嵌条）

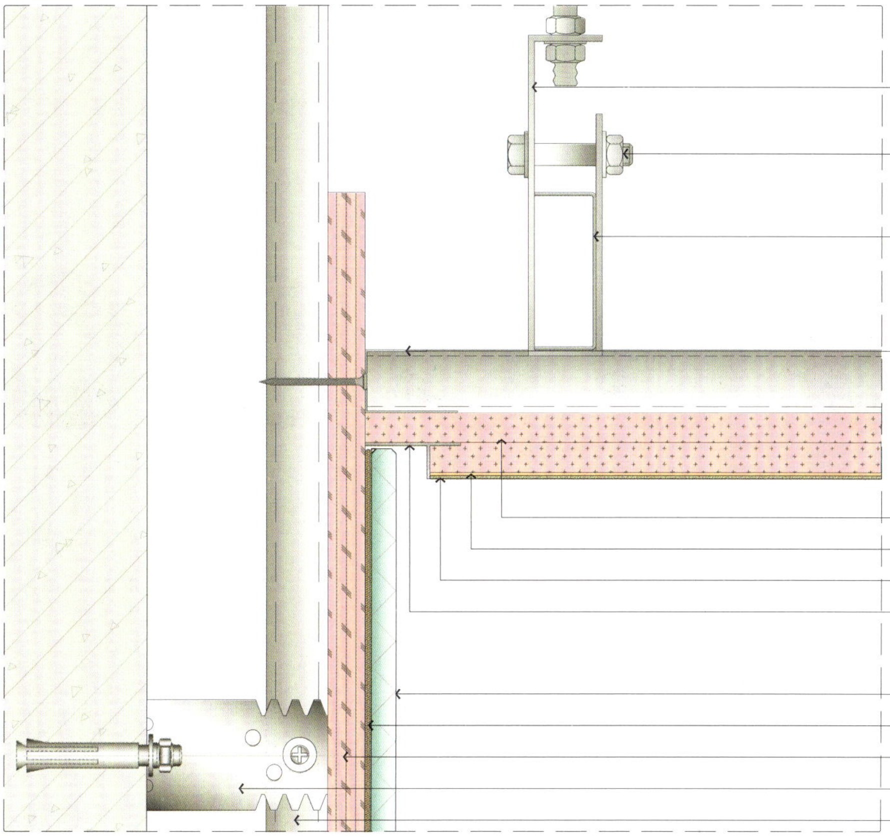

(S) 吊顶涂料与墙面烤漆玻璃收口工艺（T形内嵌条）

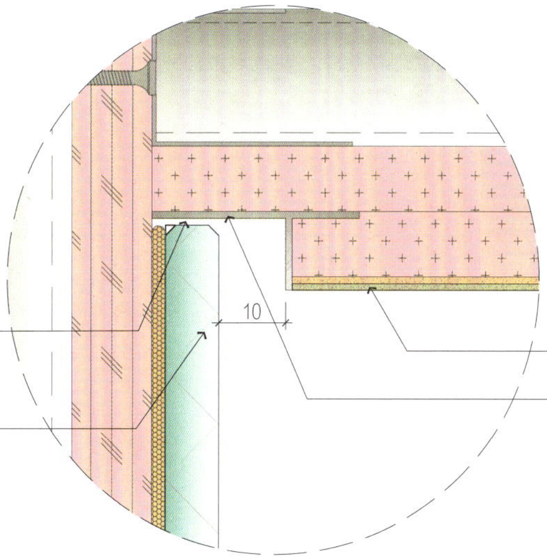

(D) 吊顶涂料与墙面烤漆玻璃收口工艺（T形内嵌条）大样图

适用范围

吊顶涂料与墙面玻璃T形内嵌条收口工艺，适用范围包括酒店、办公楼、医院等场所的室内装饰空间。吊顶铝合金T形嵌条收口，能够有效收墙面玻璃于阴角，增强空间感，使天花板的高度看起来更高，营造出更加宽敞和舒适的氛围。具体的收口方式应根据项目的装饰需求和设计要求来确定。

材料类别

面层材料：无机涂料、烤漆玻璃、铝合金T形内嵌条。

基层材料：主龙骨 C50×20 mm、次龙骨 C50×20 mm、9.5 mm厚纸面石膏板、吊件、阻燃基层板、覆面龙骨 C50×20 mm、中性玻璃胶、U形卡件。

材料图片

无机涂料

烤漆玻璃

纸面石膏板

阻燃基层板

铝合金T形内嵌条

主龙骨

模拟构造

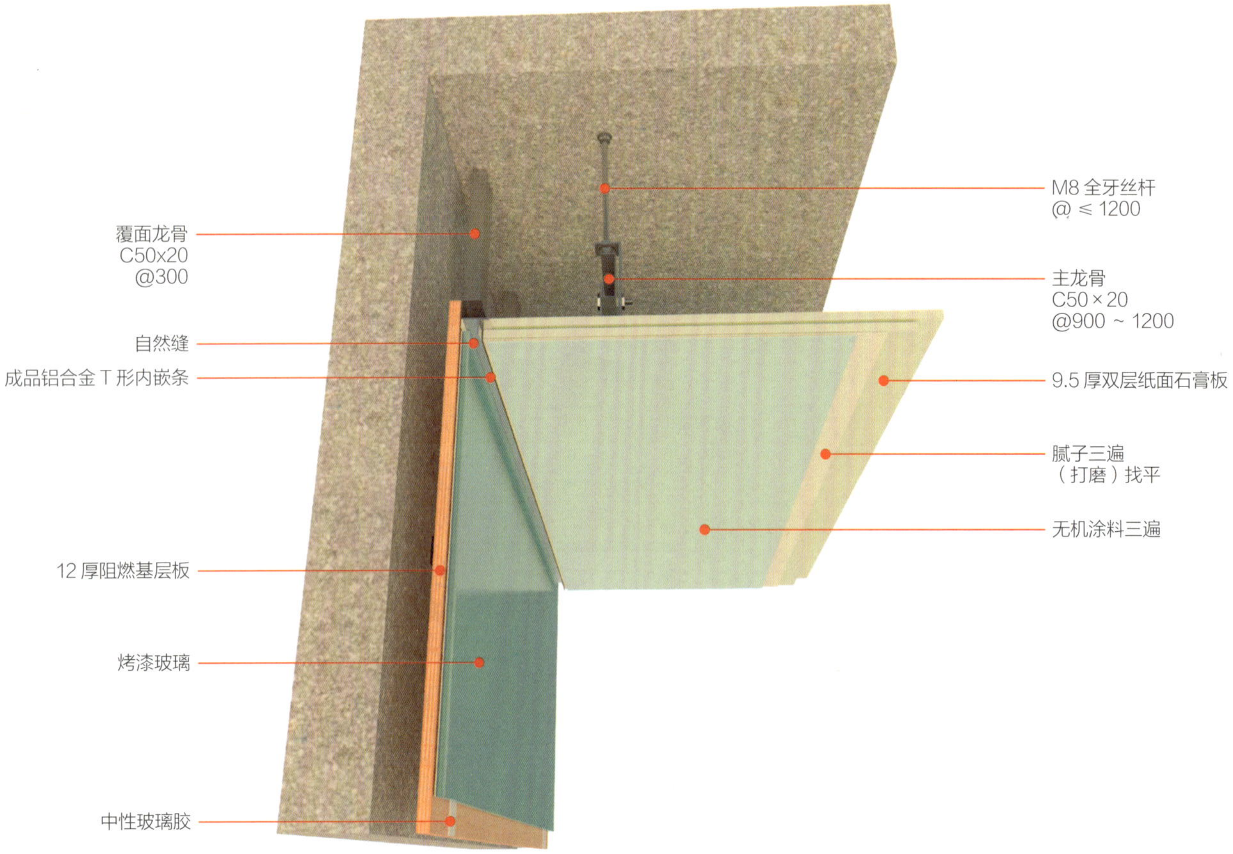

三维构造模型

深化与施工要点

深化收口六字诀

撞 》 压 》 嵌 》 收 》 断 》 插

收口“嵌”字诀：嵌式收口应用广，宽窄造型品质讲；合理美化分隔缝，凹凸平顺任君想。

1. 图纸深化：根据材料特性进行面层收口节点优化，依据设计要求及材料规格尺寸，对墙面烤漆玻璃饰面进行深化排板，并按照规范要求及使用功能对综合机电点位进行排板优化。其中天花石膏板与墙面玻璃交接处需预留10 mm×10 mm工艺槽，成品铝合金T形嵌条作为装饰收口型材进行收口。

2. 技术交底：核对现场机电标高尺寸深化综合天花图，核实现场完成面尺寸，对墙面烤漆玻璃深化排板，铝合金T形嵌条与天花贴合牢靠、平直。施工时应先处理隔墙龙骨及阻燃板基层，并将T形嵌条固定在阻燃板基层上，待天花涂料喷涂完后，安装墙面玻璃，一次顺利完工。

深化管控要点

1. 排板策划：根据项目需求及天花造型深化墙顶收口节点，天花沿墙边处槽口留缝应连续贯通，当出现跌级造型方案时槽口缝需合理拼接，遵循斜角密拼、视觉弱化、对边对缝的原则。

2. 综合点位：根据各专业点位图及装饰专业天花造型图纸，在符合相关标准和规范的基础上，深化排板综合点位，确保符合点位横平竖直、对称均分等原则。相关专业的图纸包含消防、暖通、空调、强电、弱电、灯光等，组织各专业单位对综合天花深化图会签。

3. 现场交底：根据综合天花深化图（签字版）完成对天花标高线与机电控制线的放线。墙面烤漆玻璃饰面要考虑天花工艺槽深度，避免玻璃短尺造成天花闪缝，所有天花机电末端点位在天花基层封板前均应做好强制定位工作，墙面机电末端点位居饰面板幅中，并进行强制定位。

施工管控要点

1. 安装工序：定位放线 → 隐蔽施工 → 龙骨基层 → 金属嵌条 → 天花涂料 → 墙面玻璃

2. 施工管控：材料进场时应严格把控基层与面层材料验收，按规范要求抽样复查。检查沿墙边处天花表面平整度，确保墙面材料安装顺直，面层材料安装完后墙顶之间留1 ~ 2 mm宽自然缝。对金属嵌条及玻璃安装进行实时监测，若出现偏差，应及时调整，确保成品效果“平、直、顺、齐、精、准”。

3. 品控质检：顶面涂料、墙面烤漆玻璃饰面表面应保证洁净、色泽一致，天花工艺槽应平直顺滑、宽度一致。严格检查点位排布情况，确保点位排布笔直成线，排布均匀，排布间距满足相关规范及设计要求。

实景照片

吊顶涂料与墙面烤漆玻璃收口工艺（T形内嵌条）

T4.2 吊顶涂料与墙面烤漆玻璃收口工艺（L 形不锈钢嵌条）

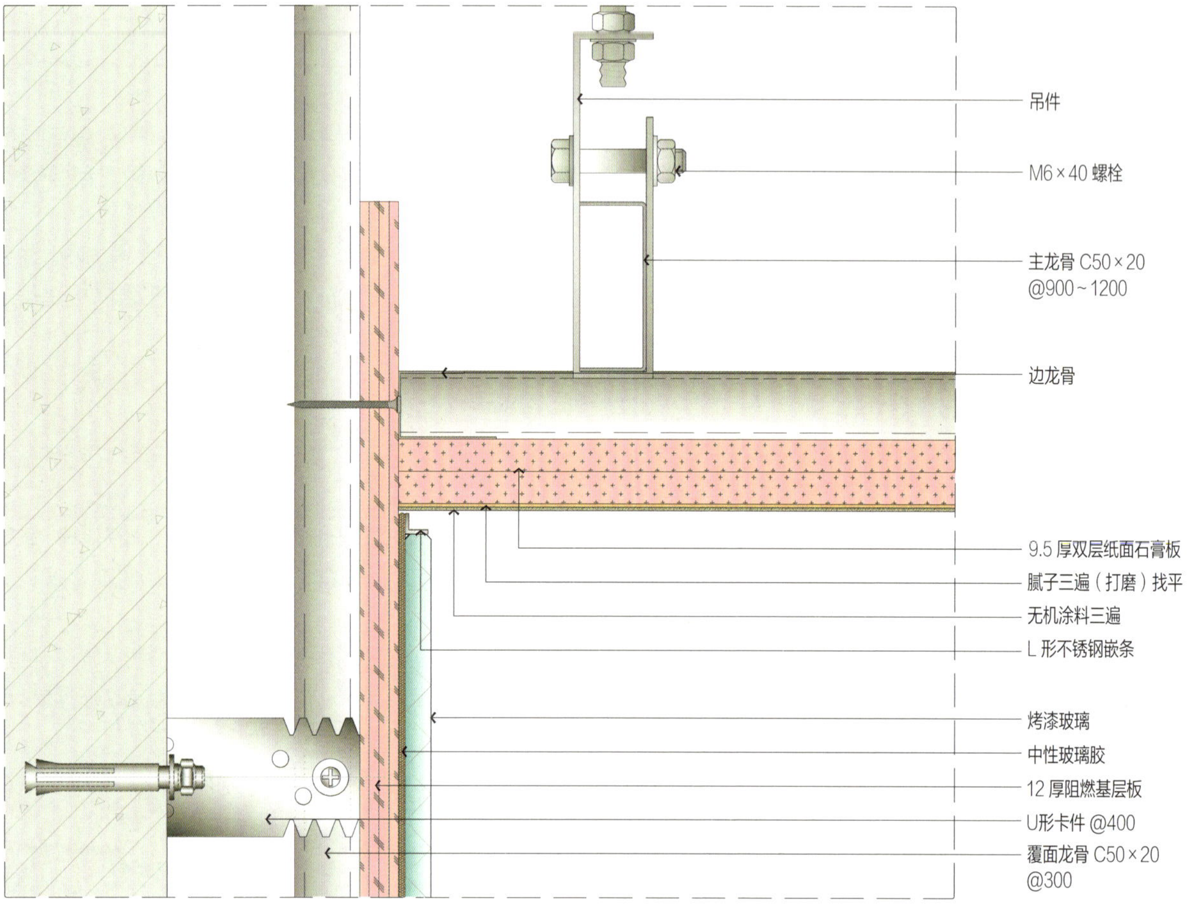

S 吊顶涂料与墙面烤漆玻璃收口工艺（L 形不锈钢嵌条）

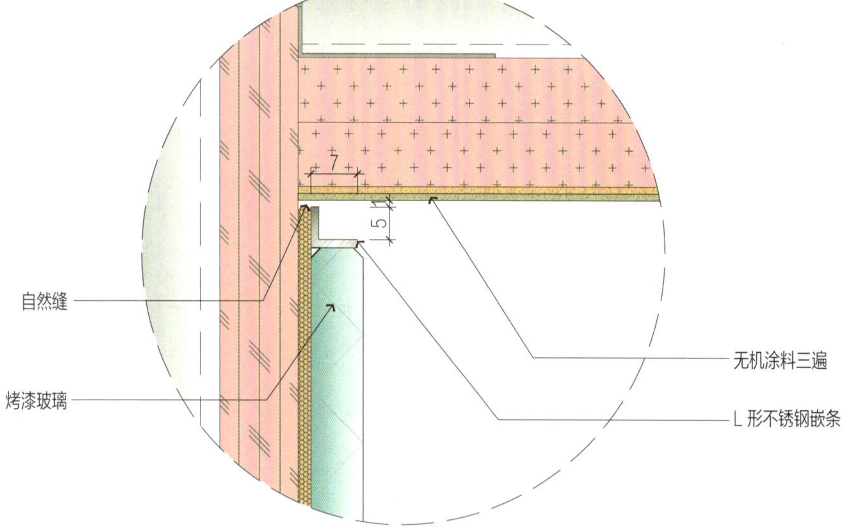

D 吊顶涂料与墙面烤漆玻璃收口工艺（L 形不锈钢嵌条）大样图

适用范围

吊顶涂料与墙面烤漆玻璃L形不锈钢嵌条收口工艺，适用范围包括酒店、办公楼、医院等场所的室内装饰空间；不锈钢内嵌条工艺的施工相对简单，可以根据需要进行定制和调整，能够呈现出简洁、现代化的外观，提升空间的美观度和时尚感。具体的收口方式应根据项目的装饰需求和设计要求来确定。

材料类别

面层材料：无机涂料、烤漆玻璃、不锈钢嵌条。

基层材料：主龙骨 C50×20 mm、次龙骨 C50×20 mm、9.5 mm厚纸面石膏板、吊件、阻燃基层板、覆面龙骨 C50×20 mm、中性玻璃胶、U 形卡件。

材料图片

无机涂料

烤漆玻璃

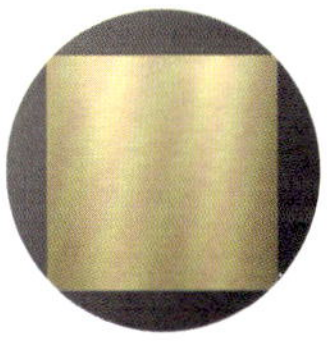
古铜拉丝不锈钢

纸面石膏板

阻燃基层板

主龙骨

模拟构造

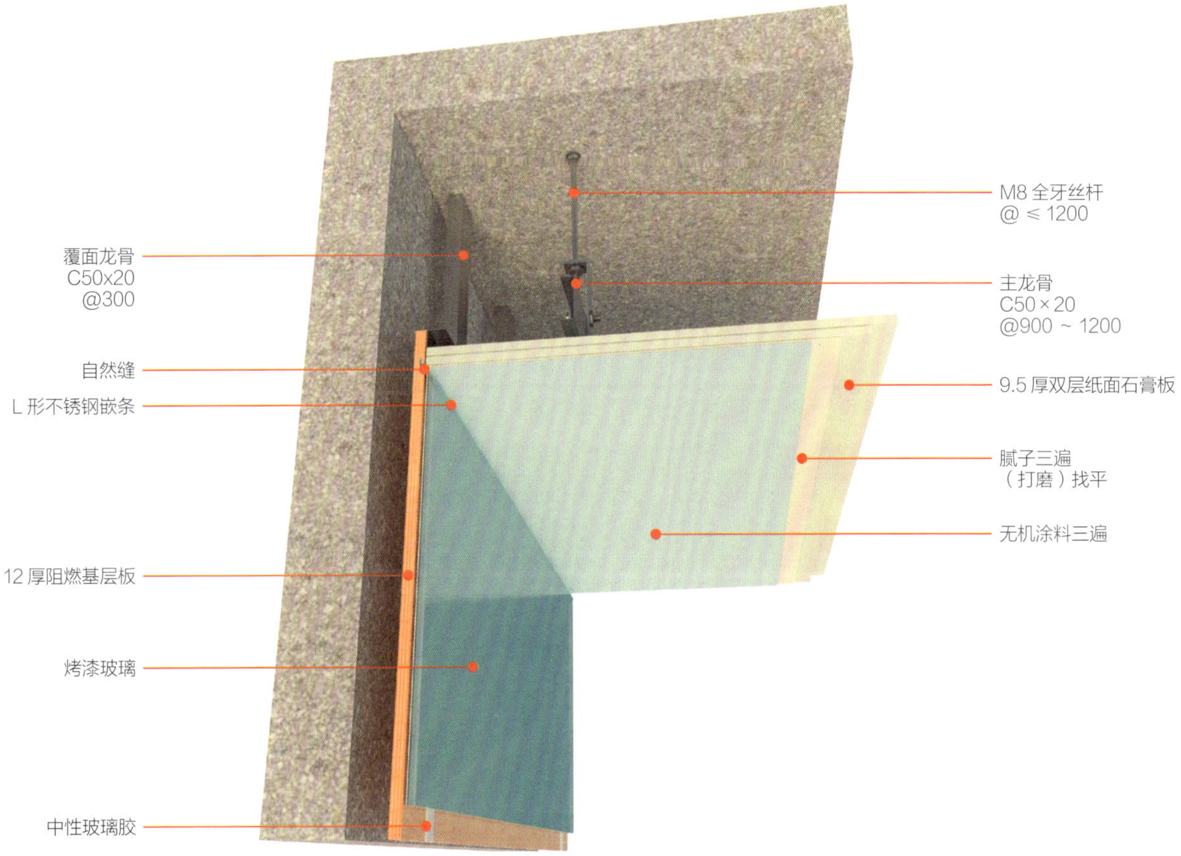

三维构造模型

深化与施工要点

深化收口六字诀

撞 › 压 › 嵌 › 收 › 断 › 插

收口“嵌”字诀：嵌式收口应用广，宽窄造型品质讲；合理美化分隔缝，凹凸平顺任君想。

1.图纸深化：根据材料特性进行面层收口节点优化，依据设计要求及材料规格尺寸，对墙面烤漆玻璃饰面进行深化排板，并按照规范要求及使用功能对综合机电点位进行排板优化。其中天花石膏板与墙面玻璃交接处需预留7 mm×6 mm嵌槽，在天花涂料和墙面玻璃安装完成后，再嵌入L形不锈钢嵌条，不锈钢嵌条厚度不宜小于1.2 mm。

2.技术交底：核对现场机电标高尺寸深化综合天花图，核实现场完成面尺寸，对墙面烤漆玻璃深化排板，不锈钢条与阻燃板基层固定牢靠、平直。施工时应先处理天花后做墙面，最后采用不锈钢嵌条收尾。

深化管控要点

1.排板策划：根据项目需求及天花造型深化墙顶收口节点，石膏板天花造型深化，要注重收口、转角、拼接等处细节的处理，保证造型的整体美观度和质量。

2.综合点位：根据各专业点位图及装饰专业天花造型图纸，在符合相关标准和规范的基础上，深化排板综合点位，确保符合点位横平竖直、对称均分等原则。相关专业的图纸包含消防、暖通、空调、强电、弱电、灯光等，组织各专业单位对综合天花深化图会签。

3.现场交底：根据综合天花深化图（签字版）完成对天花标高线与机电控制线的放线。安装墙面烤漆玻璃饰面要考虑不锈钢线条尺寸，避免烤漆玻璃未缩尺造成线条安装不上。所有天花机电末端点位在天花基层封板前均应做好强制定位工作，墙面机电末端点位居饰面板幅中，并进行强制定位。

施工管控要点

1.安装工序：定位放线 → 隐蔽施工 → 龙骨基层 → 天花涂料 → 墙面玻璃 → 金属嵌条

2.施工管控：材料进场时应严格把控基层与面层材料验收，按规范要求抽样复查。检查沿墙边处天花表面平整度，确保墙面材料安装顺直，面层材料安装完后墙顶之间留1 ~ 2 mm宽自然缝。对不锈钢条及玻璃安装进行实时监测，若出现偏差，应及时调整，确保成品效果“平、直、顺、齐、精、准”。

3.品控质检：顶面涂料、墙面烤漆玻璃饰面表面应保证洁净、色泽一致，沿墙处天花平整，天花收口条应平直、宽度一致。严格检查点位排布情况，确保点位排布笔直成线，排布均匀，排布间距满足相关规范及设计要求。

实景照片

吊顶涂料与墙面烤漆玻璃收口工艺（L形不锈钢嵌条）

T4.3 吊顶涂料与墙面涂料 / 壁纸收口工艺（Z 形内嵌条）

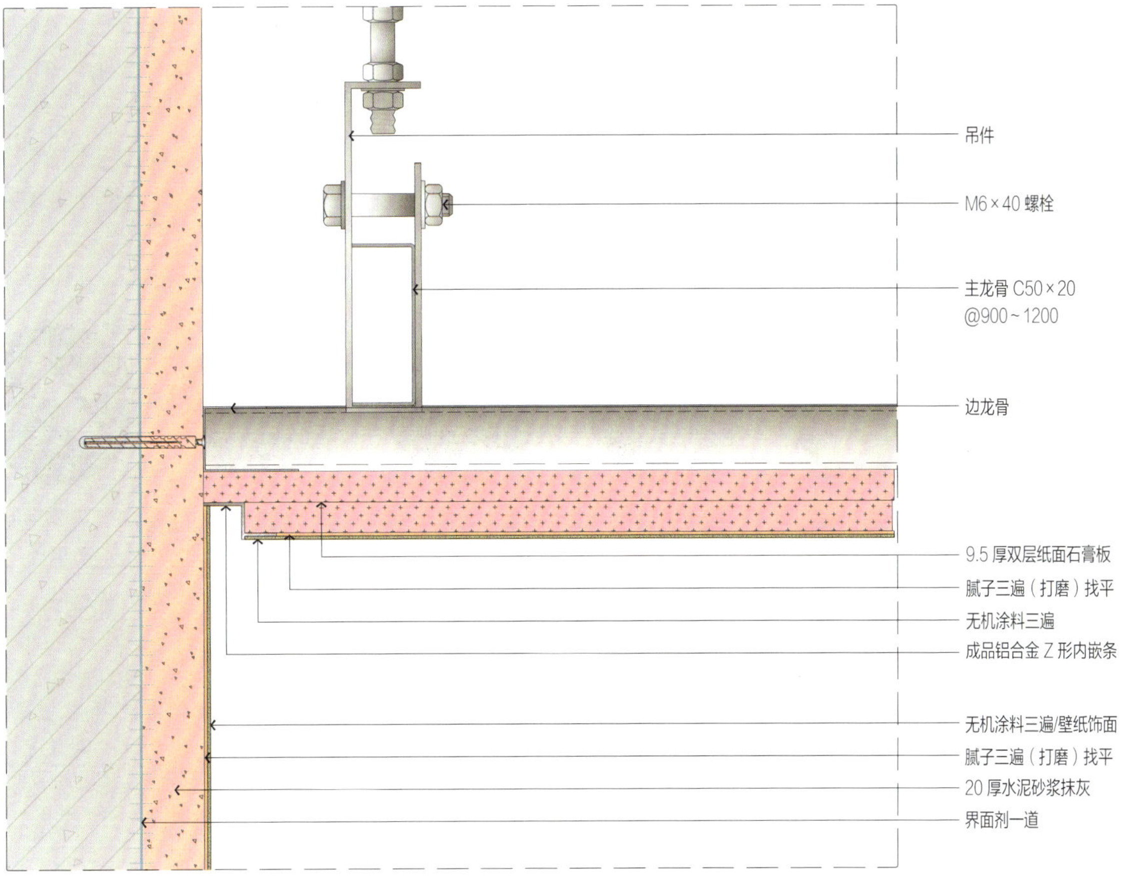

S 吊顶涂料与墙面涂料 / 壁纸收口工艺（Z形内嵌条）

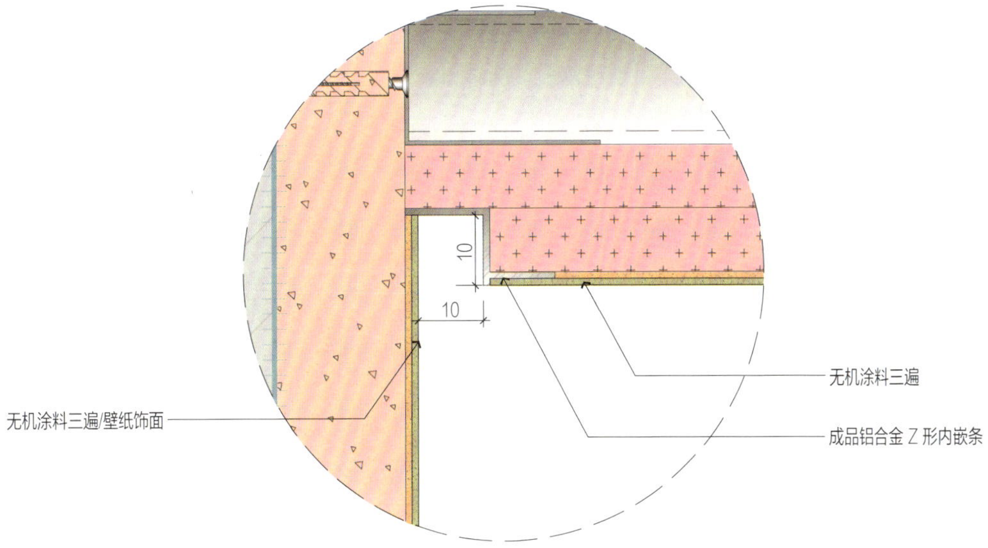

D 吊顶涂料与墙面涂料 / 壁纸收口工艺（Z形内嵌条）大样图

适用范围

吊顶涂料与墙面涂料/壁纸Z形内嵌条收口工艺，适用范围包括办公楼、医院等场所的室内顶、墙面装饰。铝合金Z形内嵌条能够有效收墙面涂料/壁纸于阴角，增强空间感，营造出更加宽敞和舒适的氛围。具体的收口方式应根据项目的装饰需求和设计要求来确定。

材料类别

面层材料：无机涂料、壁纸饰面、铝合金Z形嵌条。

基层材料：主龙骨 C50×20 mm、次龙骨 C50×20 mm、边龙骨、9.5 mm厚纸面石膏板、吊件、界面剂。

材料图片

无机涂料

壁纸饰面

纸面石膏板

铝合金Z形内嵌条

主龙骨

次龙骨

模拟构造

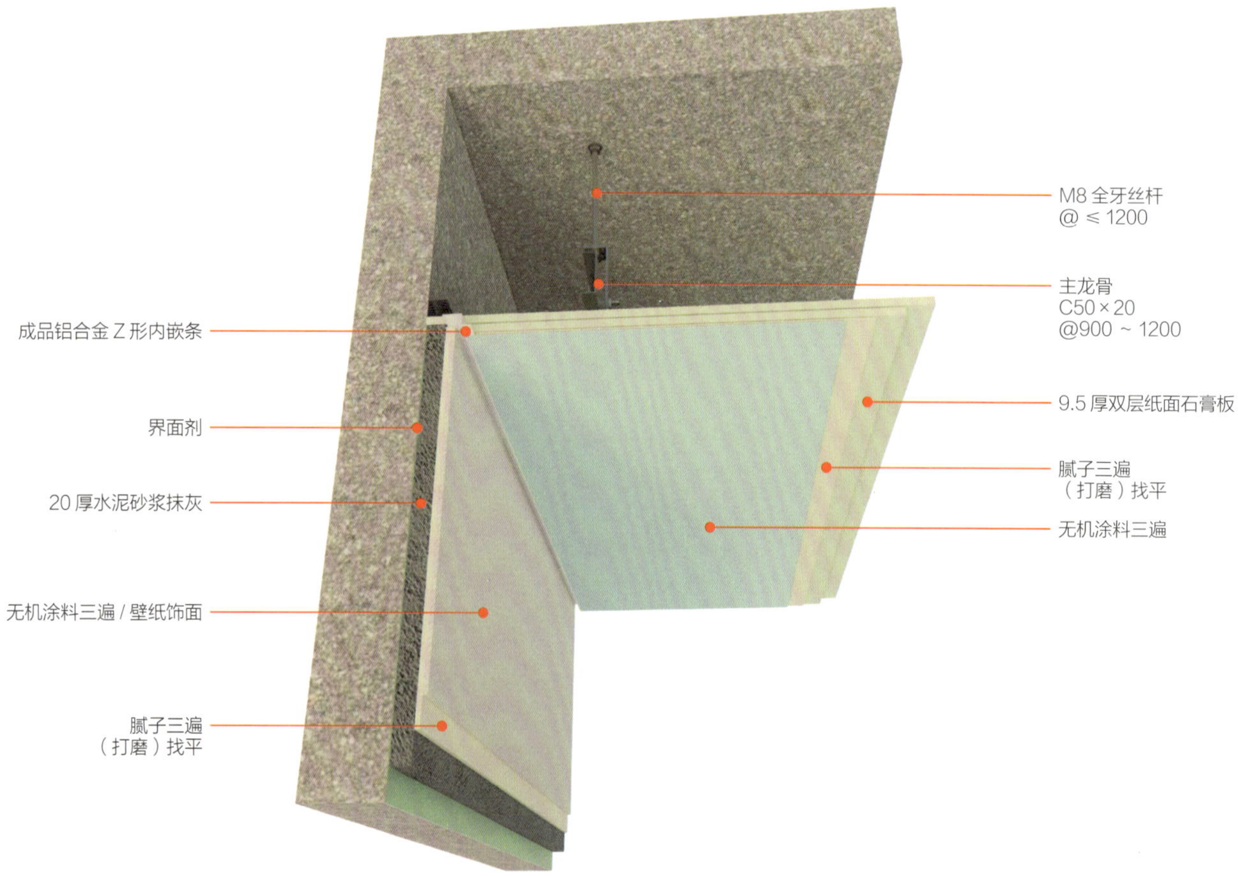

三维构造模型

深化与施工要点

深化收口六字诀

撞 ＞ 压 ＞ 嵌 ＞ 收 ＞ 断 ＞ 插

收口“嵌”字诀：嵌式收口应用广，宽窄造型品质讲；合理美化分隔缝，凹凸平顺任君想。

1.图纸深化：根据材料特性进行面层收口节点优化，按照规范要求及使用功能，对综合机电点位进行排板优化。其中天花石膏板与墙面壁纸交接处需预留10 mm×10 mm工艺槽，成品铝合金Z形嵌条作为装饰收口型材进行收口。

2.技术交底：核对现场机电标高尺寸深化综合天花图，原建筑墙面粉刷找平，顶面与墙面阴角处第一层纸面石膏板与第二层纸面石膏板错位封板，第二层纸面石膏板距墙控制缝宽为13 ~ 18 mm，在天花涂料喷涂前保证L形铝合金嵌条施工完成，最后进行墙面壁纸作业。

深化管控要点

1.排板策划：根据项目需求及天花造型深化墙顶收口节点，天花沿墙边处槽口留缝应连续贯通，当出现跌级造型方案时槽口缝需合理拼接，遵循斜角密拼、视觉弱化、对边对缝的原则。

2.综合点位：根据各专业点位图及装饰专业天花造型图纸，在符合相关标准和规范的基础上，深化排板综合点位，确保符合点位横平竖直、对称均分等原则。相关专业的图纸包含消防、暖通、空调、强电、弱电、灯光等，组织各专业单位对综合天花深化图会签。

3.现场交底：根据综合天花深化图（签字版）完成对天花标高线与机电控制线的放线。所有天花机电末端点位在天花基层封板前均应做好强制定位工作，墙面机电末端点位居饰面板幅中，并进行强制定位。

施工管控要点

1.安装工序：定位放线 → 隐蔽施工 → 龙骨基层 → 金属嵌条 → 天花涂料 → 墙面壁纸

2.施工管控：材料进场时应严格把控基层与面层材料验收，按规范要求抽样复查。对龙骨与石膏板安装进行实时监测，检查墙面与顶面涂料基层表面平整度，若出现偏差，应及时调整，确保成品效果“平、直、顺、齐、精、准”。

3.品控质检：顶面与墙面涂料、壁纸饰面表面应保证洁净、色泽一致且平整无破损、无裂缝，天花工艺槽应平直顺滑、宽度一致。严格检查点位排布情况，确保点位排布笔直成线，排布均匀，排布间距满足相关规范及设计要求。

实景照片

吊顶涂料与墙面壁纸收口工艺（Z形内嵌条）

T4.4 吊顶涂料与墙面涂料 / 壁纸普通收口工艺（直撞）

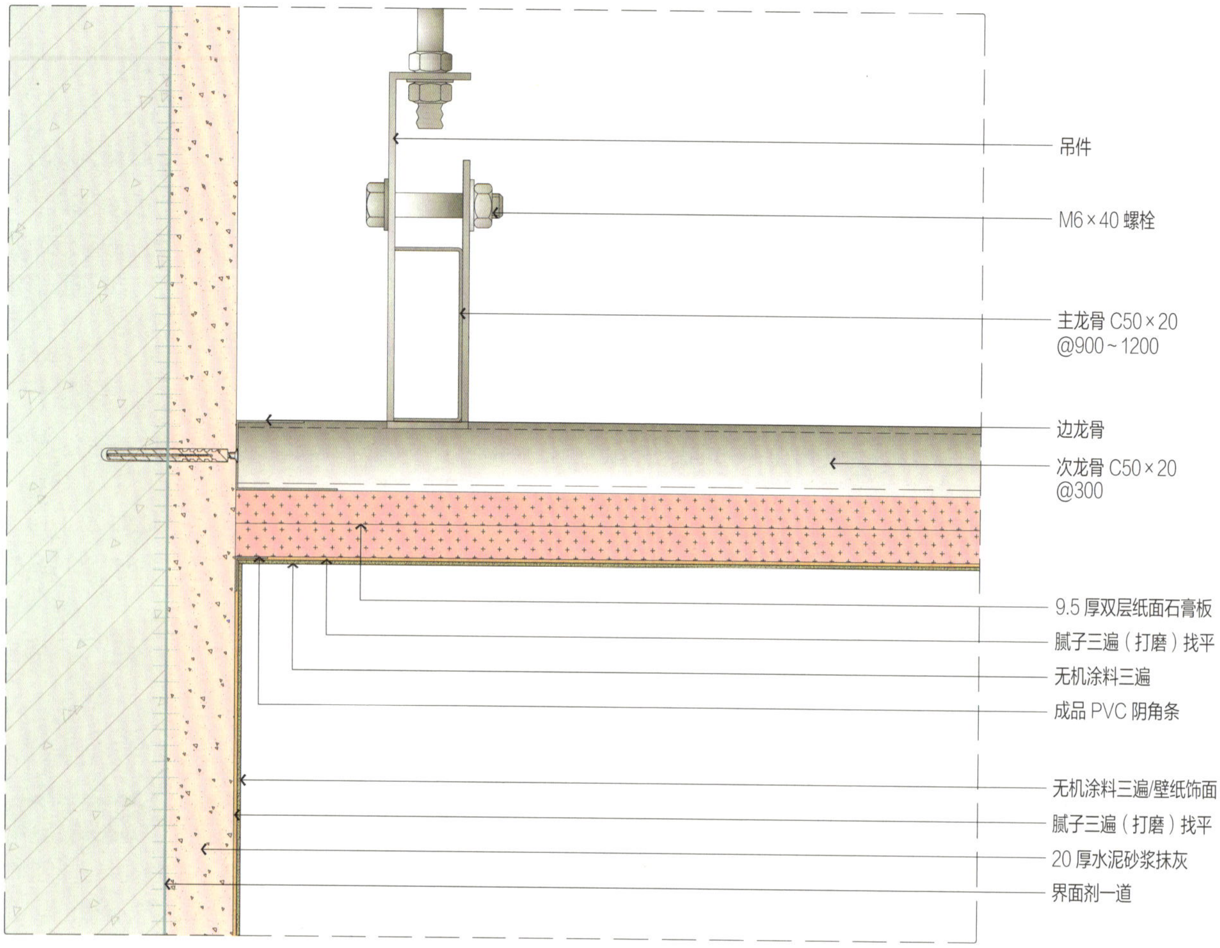

Ⓢ 吊顶涂料与墙面涂料 / 壁纸普通收口工艺（直撞）

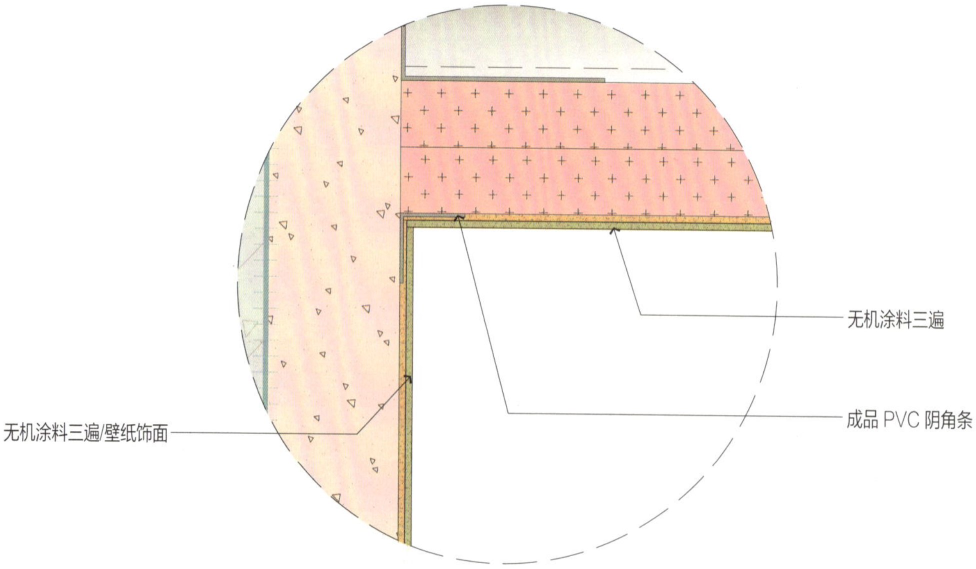

Ⓓ 吊顶涂料与墙面涂料 / 壁纸普通收口工艺（直撞）大样图

适用范围

吊顶涂料与墙面涂料/壁纸普通收口工艺的适用范围包括酒店与商业后场、住宅、办公楼、医院等场所的室内装饰空间，工艺相对简单，施工方便快捷。具体的收口方式应根据项目的装饰需求和设计要求来确定。

材料类别

面层材料：无机涂料、壁纸饰面。

基层材料：主龙骨 C50×20 mm、次龙骨 C50×20 mm、边龙骨、9.5 mm厚纸面石膏板、PVC阴角条、吊件、界面剂。

材料图片

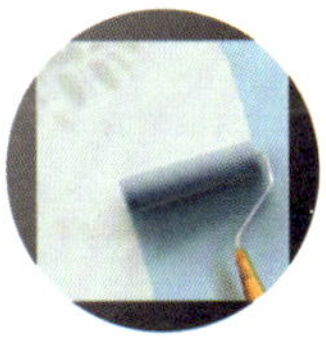
无机涂料

壁纸饰面

纸面石膏板

主龙骨

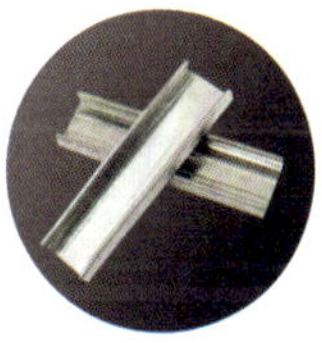
次龙骨

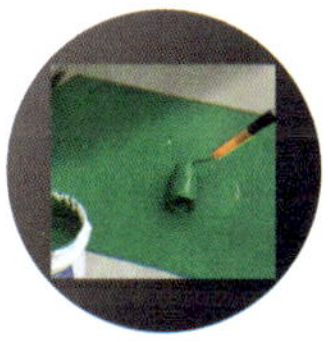
界面剂

模拟构造

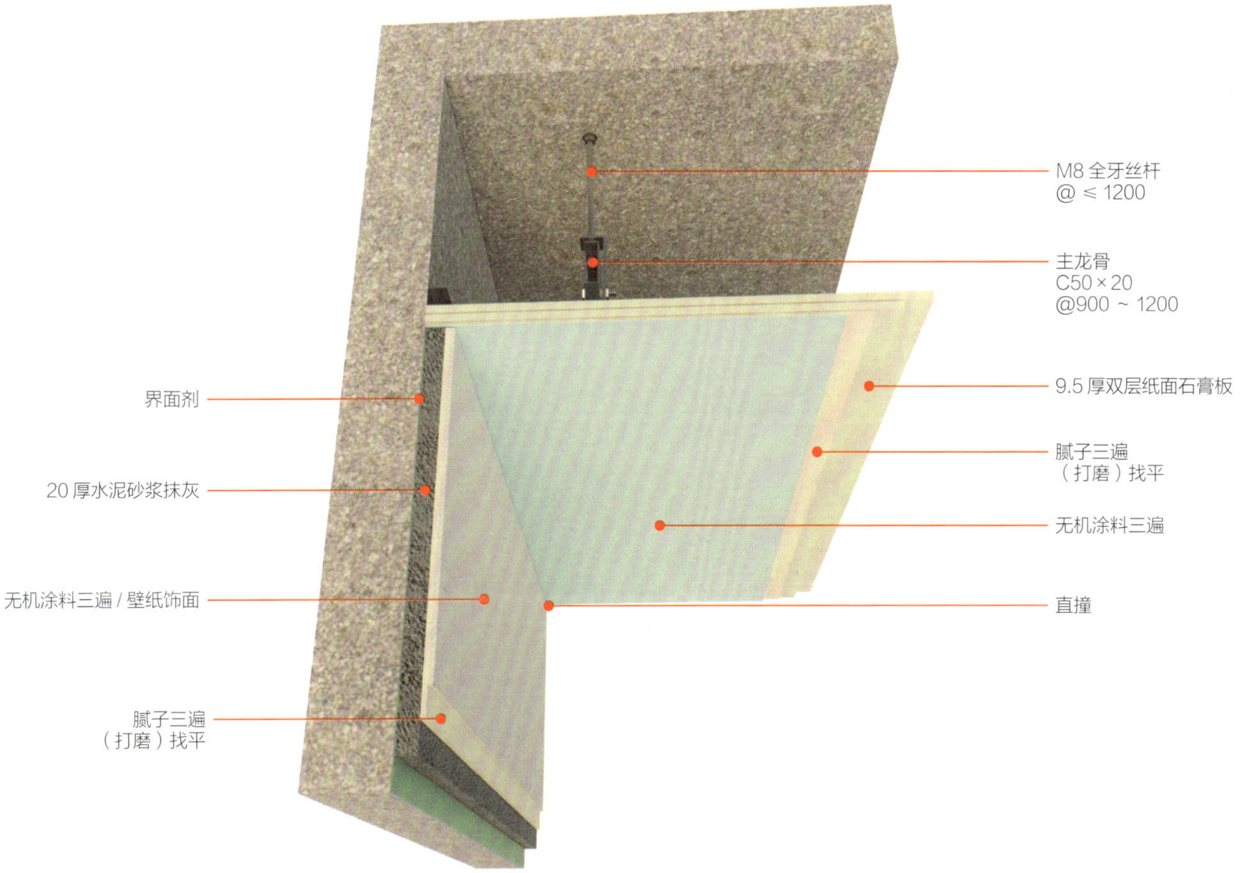

三维构造模型

深化与施工要点

深化收口六字诀

撞 › 压 › 嵌 › 收 › 断 › 插

收口“撞”字诀：撞接收口自常在，不同质地软撞硬；密缝无胶收阴角，不留维保后遗症。

1.图纸深化：根据材料特性进行面层收口节点优化，按照规范要求及使用功能，对综合机电点位进行排板优化。其中天花石膏板与墙面涂料阴角直撞，为避免天花与墙面交界处开裂，应增设PVC阴角条进行加固处理。

2.技术交底：核对现场尺寸与机电标高深化综合天花图，原建筑墙面粉刷找平，膨胀螺钉固定天花边龙骨，天花双层石膏板封板后，石膏板与墙面接缝处采用PVC阴角条加固，施工顺序先做天花涂料喷涂，后做墙面涂料喷涂。

深化管控要点

1.排板策划：根据项目需求及天花造型深化墙顶收口节点，石膏板天花造型深化，要注重收口、转角、拼接等处细节的处理，保证造型的整体美观度和质量。阴角施工前应规矩找方，横线找平，立线吊直，弹出基准线。抹阴角时应随时检查角的方正，不平整处及时修正。

2.综合点位：根据各专业点位图及装饰专业天花造型图纸，在符合相关标准和规范的基础上，深化排板综合点位，确保符合点位横平竖直、对称均分等原则。相关专业的图纸包含消防、暖通、空调、强电、弱电、灯光等，组织各专业单位对综合天花深化图会签。

3.现场交底：根据综合天花深化图（签字版）完成对天花标高线与机电控制线的放线。所有天花机电末端点位在天花基层封板前均应做好强制定位工作，墙面机电末端点位居饰面板幅中，并进行强制定位。

施工管控要点

1.安装工序：定位放线 → 隐蔽施工 → 基层施工 → 天花涂料 → 墙面涂料／壁纸

2.施工管控：材料进场时应严格把控基层与面层材料验收，按规范要求抽样复查。对龙骨与石膏板安装进行实时监测，检查墙面与顶面涂料基层表面平整度，若出现偏差，应及时调整，确保成品效果“平、直、顺、齐、精、准”。

3.品控质检：顶面与墙面涂料/壁纸饰面表面应保证洁净、色泽一致，表面平整无破损、无裂缝，严格检查点位排布情况，确保点位排布笔直成线，排布均匀，排布间距满足相关规范及设计要求。

实景照片

吊顶涂料与墙面涂料普通收口工艺（直撞）

T5 吊顶铝板与墙面石材、瓷砖收口工艺

T5.1 吊顶铝板与墙面石材收口工艺（W 形收边条）

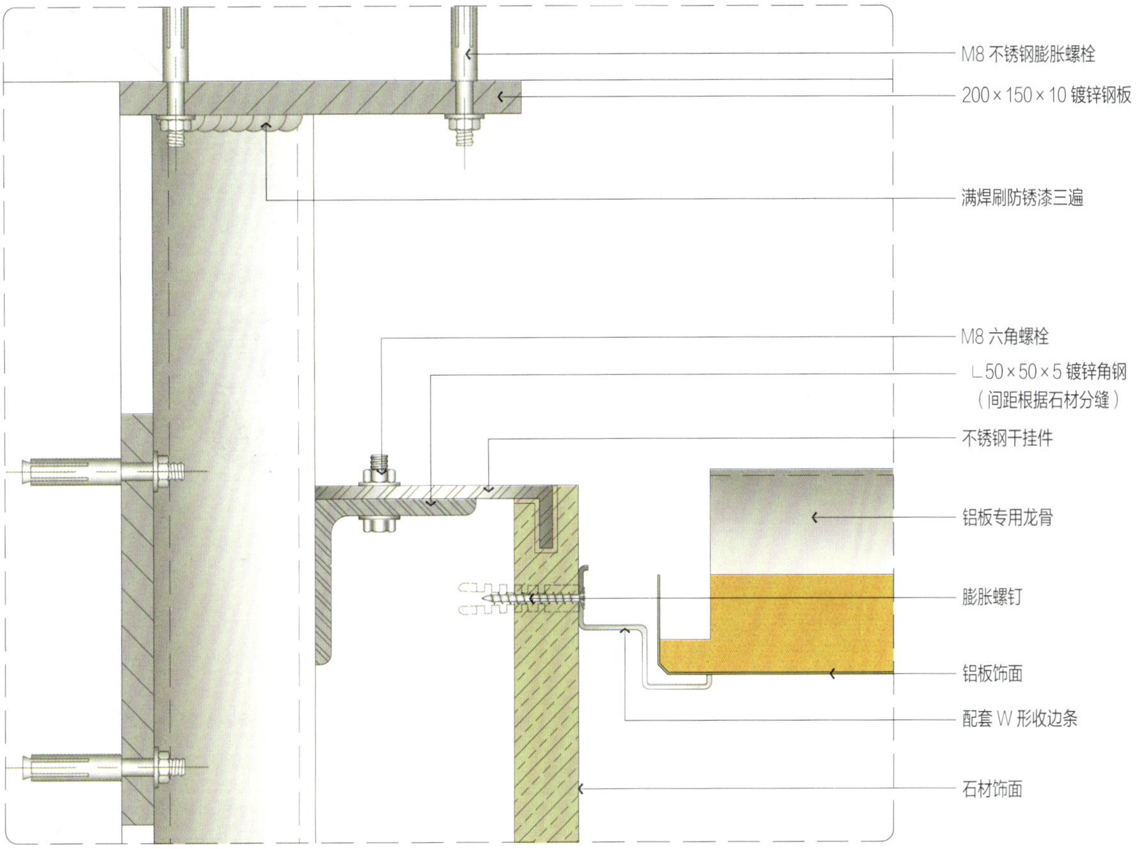

S 吊顶铝板与墙面石材收口工艺（W 形收边条）

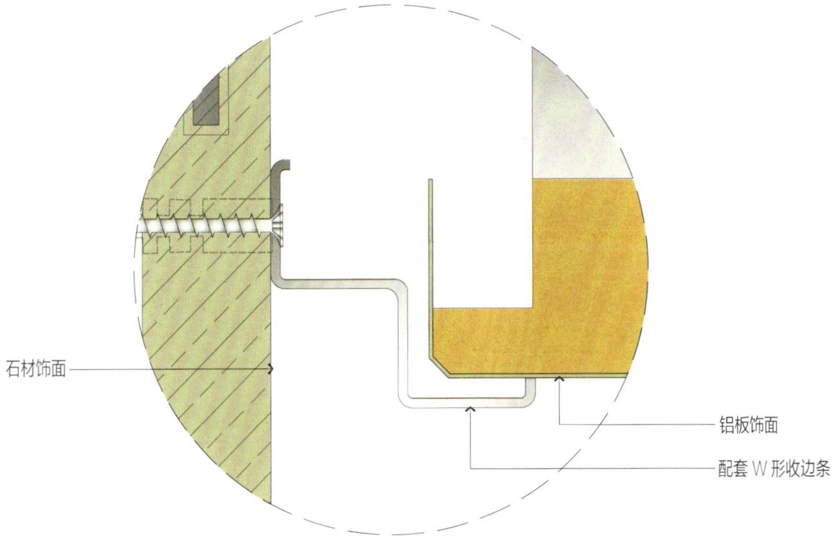

D 吊顶铝板与墙面石材收口工艺（W 形收边条）大样图

适用范围

吊顶铝板与墙面石材W形收边条收口工艺，适用范围包括酒店、办公楼、医院等场所的室内装饰空间。W形收边条安装简单，可以增强空间感，营造出更加宽敞和舒适的氛围。具体的收口方式应根据项目的装饰需求和设计要求来确定。

材料类别

面层材料：铝板饰面、石材饰面、配套W形收边条。

基层材料：L50 mm×50 mm×5 mm镀锌角钢、□50 mm×50 mm×5 mm镀锌方钢、不锈钢干挂件、M8六角螺栓、200 mm×150 mm×10 mm镀锌钢板、主龙骨C50×20 mm、铝板专用龙骨、铝板卡件、吊件、膨胀螺钉。

材料图片

铝板饰面

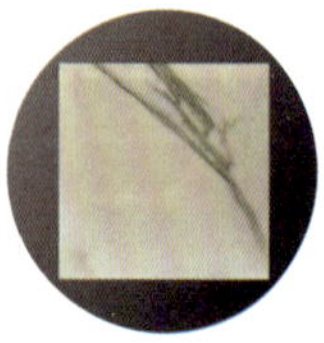
石材饰面

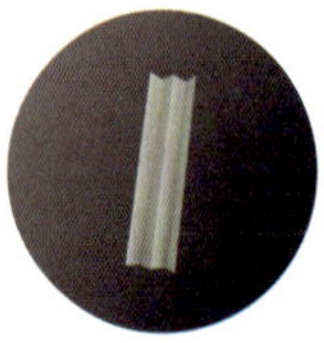
W 形收边条

镀锌方钢

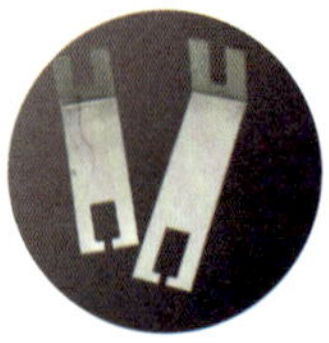
铝板卡件

主龙骨

模拟构造

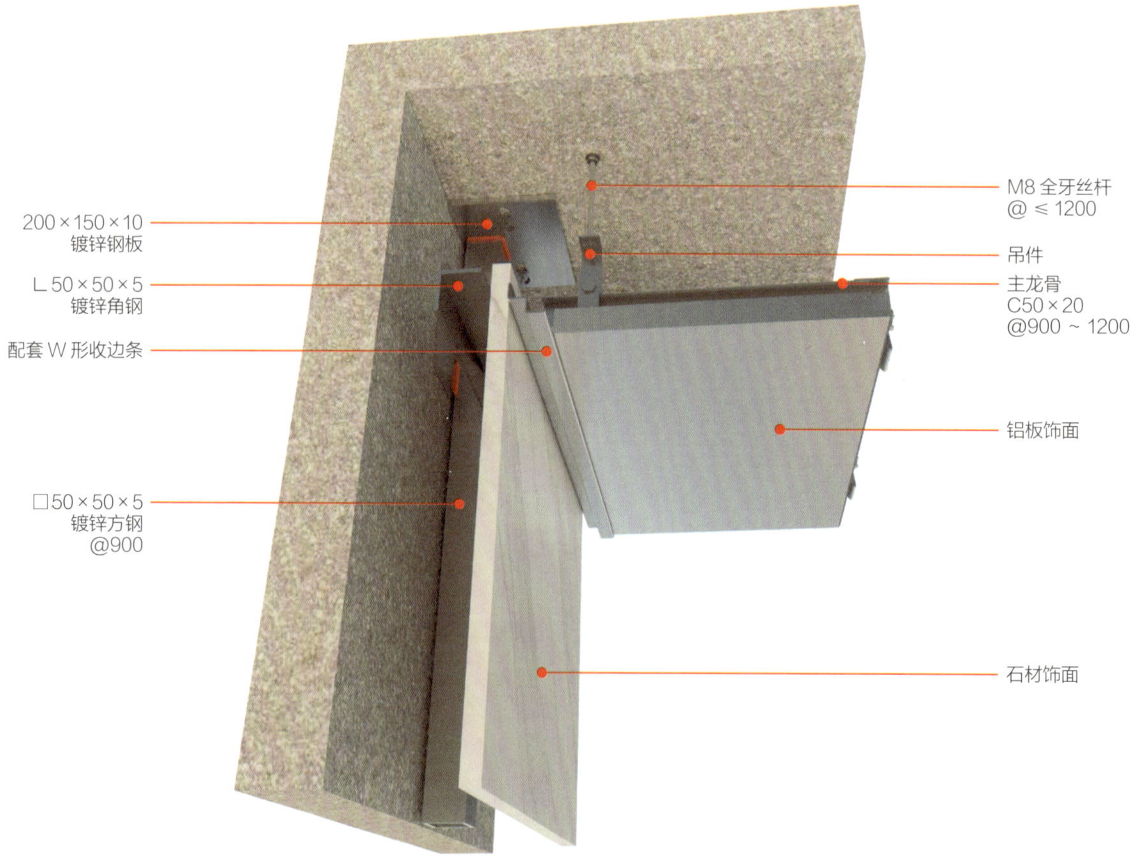

三维构造模型

深化与施工要点

深化收口六字诀

撞 》 压 》 嵌 》 收 》 断 》 插

收口“收”字诀：吊顶收边应用早，空间闭合顺墙跑；材质变化随主材，找平到位效果好。

1. 图纸深化：根据材料特性进行面层收口节点优化，依据设计要求及材料规格尺寸，对墙面石材与顶面铝板饰面进行深化排板，并按照规范要求及使用功能对综合机电点位进行排板优化。其中墙面干挂石材上部应安装至铝板吊顶以内，铝板吊顶配套W形收边条固定于墙面石材上。

2. 技术交底：核对现场机电标高尺寸深化综合天花图，核实现场完成面尺寸，对墙面石材、顶面铝板深化排板。根据顶面造型及检修要求深化铝板安装节点，龙骨形式要与铝板配套，顶面上的灯具、风口、设备等应与铝板尺寸吻合，保证接缝严密。加工后的石材单元板块均应做好六面防护工作，石材背面涂胶满铺纤维网片。

深化管控要点

1. 排板策划：根据项目需求及天花造型深化墙顶收口节点，按照设计要求选择合适的铝板规格和配套龙骨，保证铝板的质量和造型效果。同一沿线上的W形收边条应连续贯通，当出现跌级造型方案时，W形收边条需合理拼接，遵循斜角密拼、视觉弱化的原则。

2. 综合点位：根据各专业点位图及装饰专业天花造型图纸，在符合相关标准和规范的基础上，深化排板综合点位，确保符合点位横平竖直、对称均分等原则。相关专业的图纸包含消防、暖通、空调、强电、弱电、灯光等，组织各专业单位对综合天花深化图会签。

3. 现场交底：根据综合天花深化图（签字版）完成对天花标高线与机电控制线的放线。根据铝板排板图安装主次龙骨，铝板之间的缝隙要均匀一致。所有天花机电末端点位在天花基层封板前均应做好强制定位工作，墙面机电末端点位居饰面板幅中，并进行强制定位。

施工管控要点

1. 安装工序：定位放线 → 隐蔽施工 → 墙面石材 → 金属收边 → 天花铝板

2. 施工管控：材料进场时应严格把控基层与面层材料验收，按规范要求抽样复查。墙面石材应加尺超过天花完成面50 mm，确保石材安装平整、阴阳角方正。对铝板与石材安装进行实时监测，若出现偏差，应及时调整，确保成品效果“平、直、顺、齐、精、准”。

3. 品控质检：墙面石材、顶面铝板饰面表面应保证平整洁净、色泽一致，收口条应平直、宽度一致。严格检查点位排布情况，确保点位排布笔直成线，排布均匀，排布间距满足相关规范及设计要求。

实景照片

吊顶铝板与墙面石材收口工艺（W形收边条）

T5.2 吊顶铝板与墙面石材收口工艺（直撞）

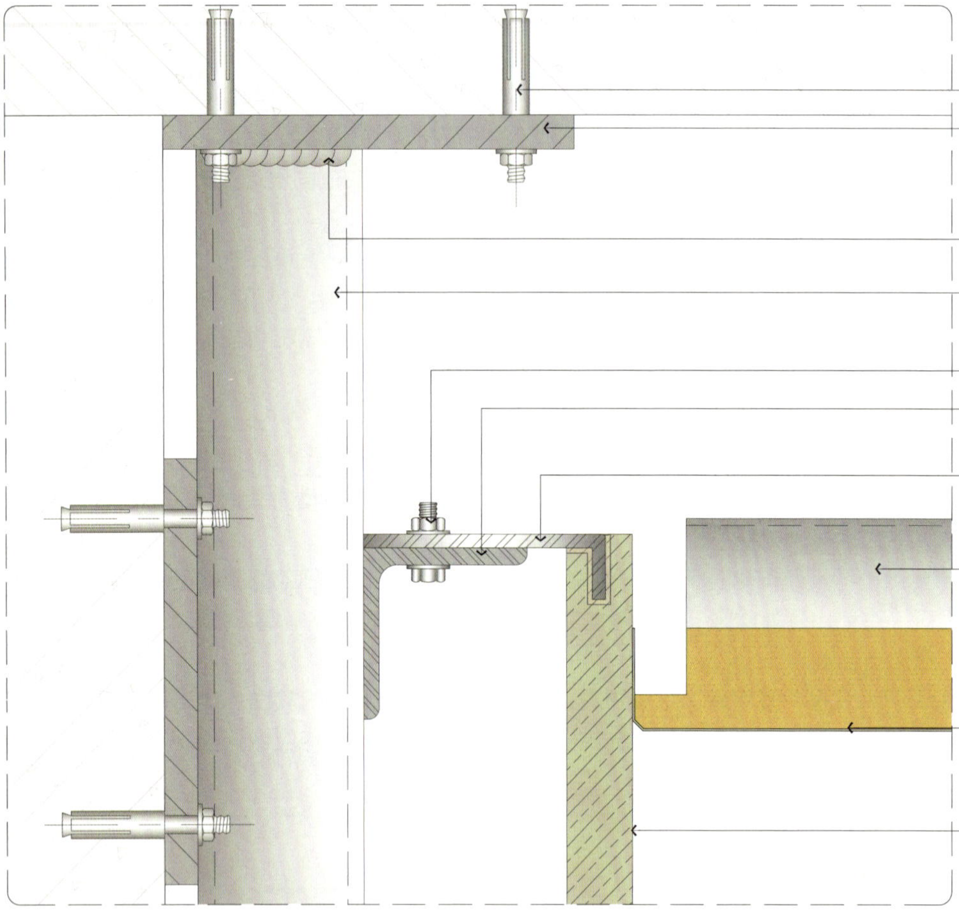

S 吊顶铝板与墙面石材收口工艺（直撞）

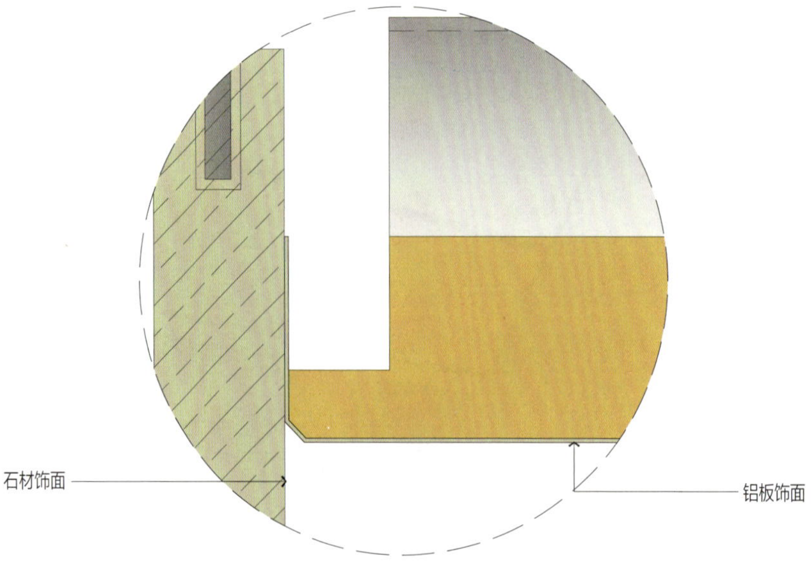

D 吊顶铝板与墙面石材收口工艺（直撞）大样图

适用范围

吊顶铝板与墙面石材直撞工艺的适用范围包括酒店、办公楼、医院等场所的室内装饰空间。吊顶铝板与墙面石材直撞工艺施工相对简单，能够呈现出简洁、大气的外观，营造出一种现代、时尚的氛围。具体的收口方式应根据项目的装饰需求和设计要求来确定。

材料类别

面层材料：铝板饰面、石材饰面。

基层材料：∟50 mm×50 mm×5 mm镀锌角钢、□50 mm×50 mm×5 mm镀锌方钢、不锈钢干挂件、M8六角螺栓、200 mm×150 mm×10 mm镀锌钢板、主龙骨C50×20 mm、铝板专用龙骨、铝板卡件、吊件。

材料图片

铝板饰面

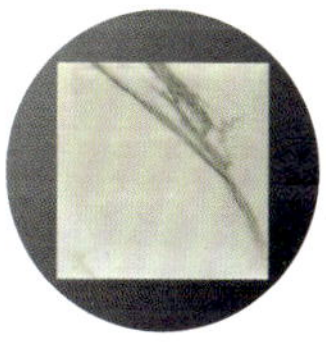
石材饰面

镀锌角钢

镀锌方钢

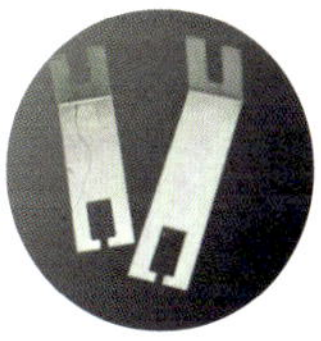
铝板卡件

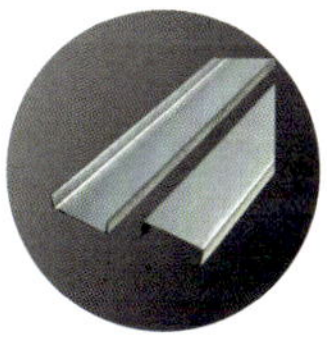
主龙骨

模拟构造

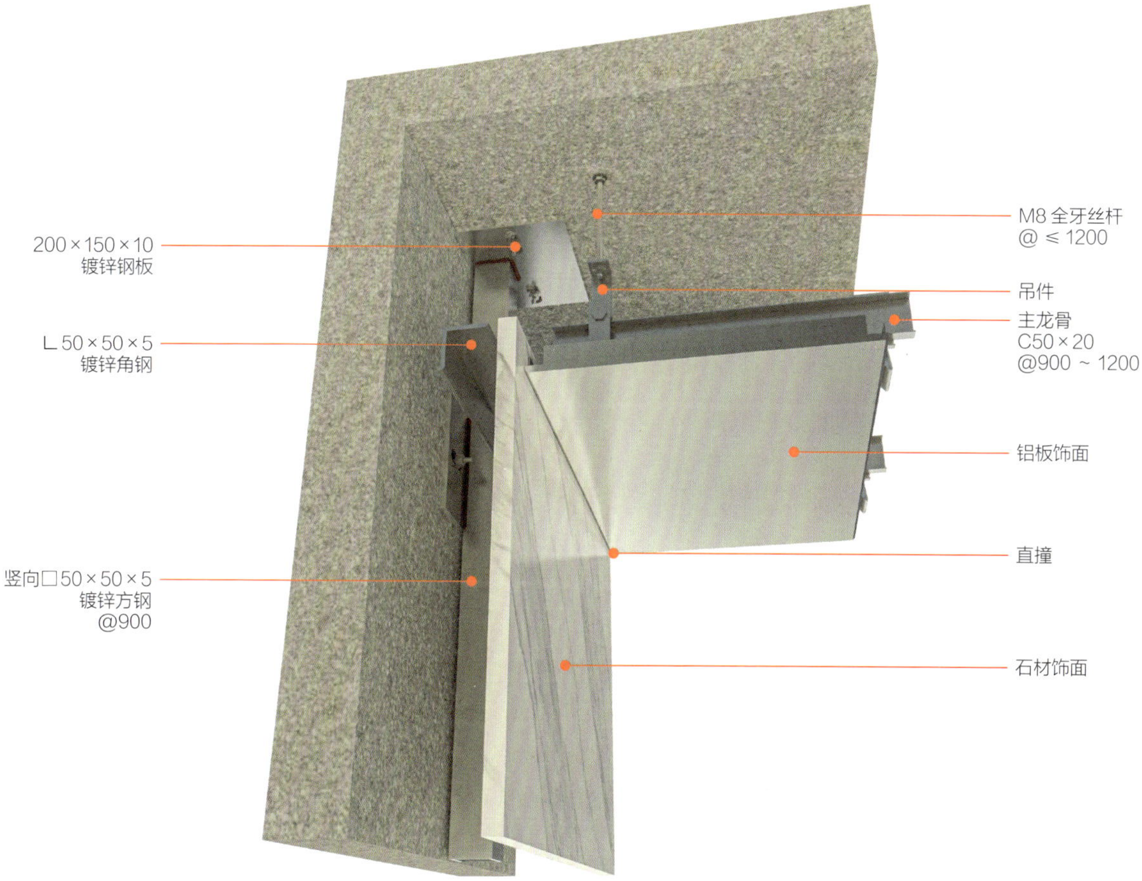

三维构造模型

深化与施工要点

深化收口六字诀

撞 〉 压 〉 嵌 〉 收 〉 断 〉 插

收口“撞”字诀：撞接收口自常在，不同质地软撞硬；密缝无胶收阴角，不留维保后遗症。

1.图纸深化：根据材料特性进行面层收口节点优化，依据设计要求及材料规格尺寸，对墙面石材与顶面铝板饰面进行深化排板，并按照规范要求及使用功能对综合机电点位进行排板优化。其中墙面干挂石材上部需安装至铝板吊顶以内，铝板吊顶撞接墙面石材。

2.技术交底：核对现场机电标高尺寸深化综合天花图，核实现场完成面尺寸，对墙面石材、顶面铝板深化排板。根据顶面造型及检修要求深化铝板安装节点，龙骨形式要与铝板配套，顶面上的灯具、风口、设备等应与铝板尺寸吻合，保证接缝严密。加工后的石材单元板块均应做好六面防护工作，石材背面涂胶满铺纤维网片。

深化管控要点

1.排板策划：根据项目需求及天花造型深化墙顶收口节点，按照设计要求选择合适的铝板规格和配套龙骨，保证铝板的质量和造型效果；制定合适的安装工艺和顺序，确保铝板安装牢固、平整。

2.综合点位：根据各专业点位图及装饰专业天花造型图纸，在符合相关标准和规范的基础上，深化排板综合点位，确保符合点位横平竖直、对称均分等原则。相关专业的图纸包含消防、暖通、空调、强电、弱电、灯光等，组织各专业单位对综合天花深化图会签。

3.现场交底：根据综合天花深化图（签字版）完成对天花标高线与机电控制线的放线。根据铝板排板图安装主次龙骨，铝板之间的缝隙要均匀一致。所有天花机电末端点位在天花基层封板前均应做好强制定位工作，墙面机电末端点位居饰面板幅中，并进行强制定位。

施工管控要点

1.安装工序：定位放线 → 隐蔽施工 → 钢架安装 → 墙面石材 → 天花铝板

2.施工管控：材料进场时应严格把控基层与面层材料验收，按规范要求抽样复查。墙面石材应加尺超过天花完成面50 mm，确保石材安装平整、阴阳角方正。对铝板与石材安装进行实时监测，若出现偏差，应及时调整，确保成品效果“平、直、顺、齐、精、准”。

3.品控质检：墙面石材、顶面铝板饰面表面应保证洁净、色泽一致，铝板安装应保证平整度，尺寸精准。严格检查点位排布情况，确保点位排布笔直成线，排布均匀，排布间距满足相关规范及设计要求。

实景照片

吊顶铝板与墙面石材收口工艺（直撞）

T5.3 吊顶铝板与墙面瓷砖收口工艺（W 形收边条）

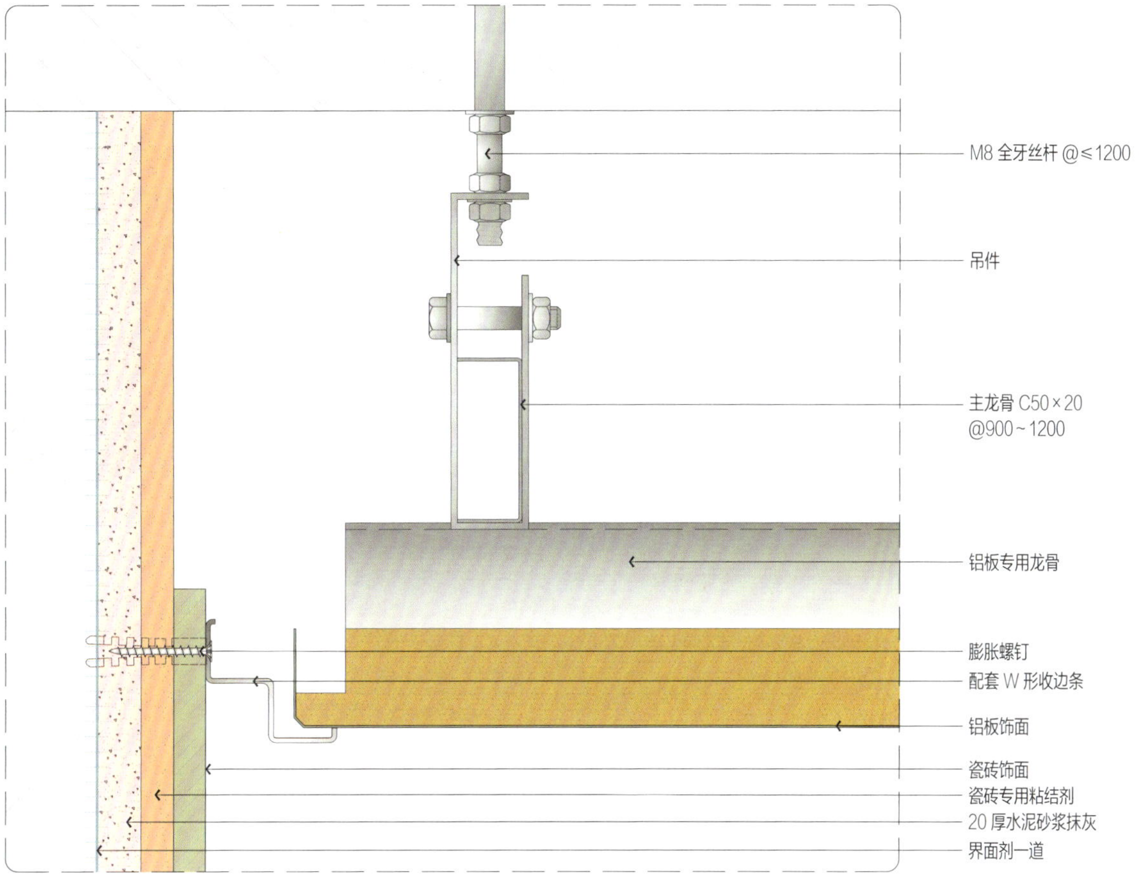

Ⓢ 吊顶铝板与墙面瓷砖收口工艺（W 形收边条）

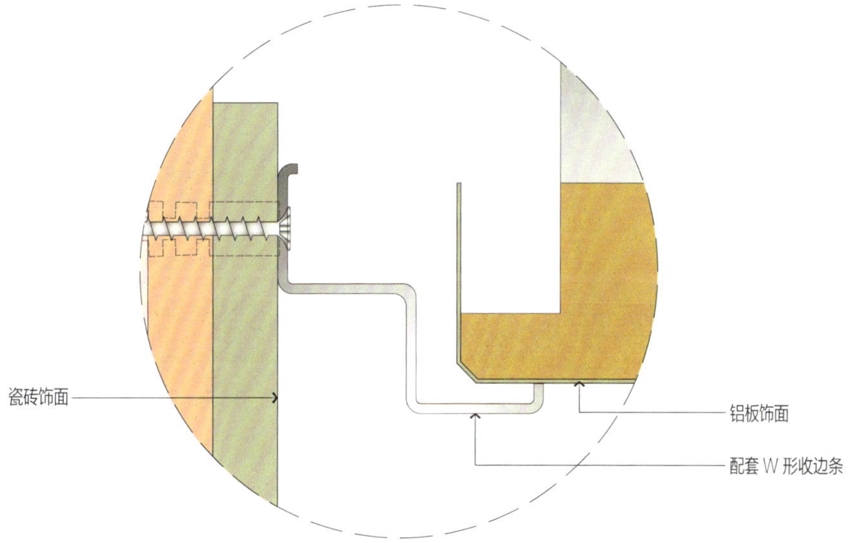

Ⓓ 吊顶铝板与墙面瓷砖收口工艺（W 形收边条）大样图

适用范围

吊顶铝板与墙面瓷砖W形收边条收口工艺的适用范围包括酒店、办公楼、医院等场所的室内装饰空间。W形收边条安装简单，可以增强空间感，营造出更加宽敞和舒适的氛围。具体的收口方式应根据项目的装饰需求和设计要求来确定。

材料类别

面层材料：铝板饰面、瓷砖饰面、配套W形收边条。

基层材料：主龙骨C50×20 mm、铝板专用龙骨、铝板卡件、吊件、瓷砖专用粘结剂、界面剂、膨胀螺钉。

材料图片

铝板饰面

瓷砖饰面

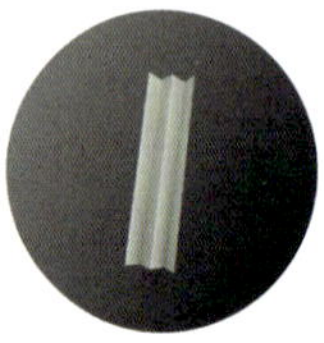
W 形收边条

瓷砖专用粘结剂

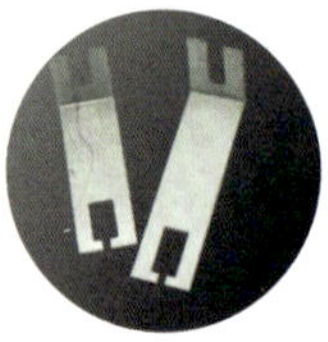
铝板卡件

主龙骨

模拟构造

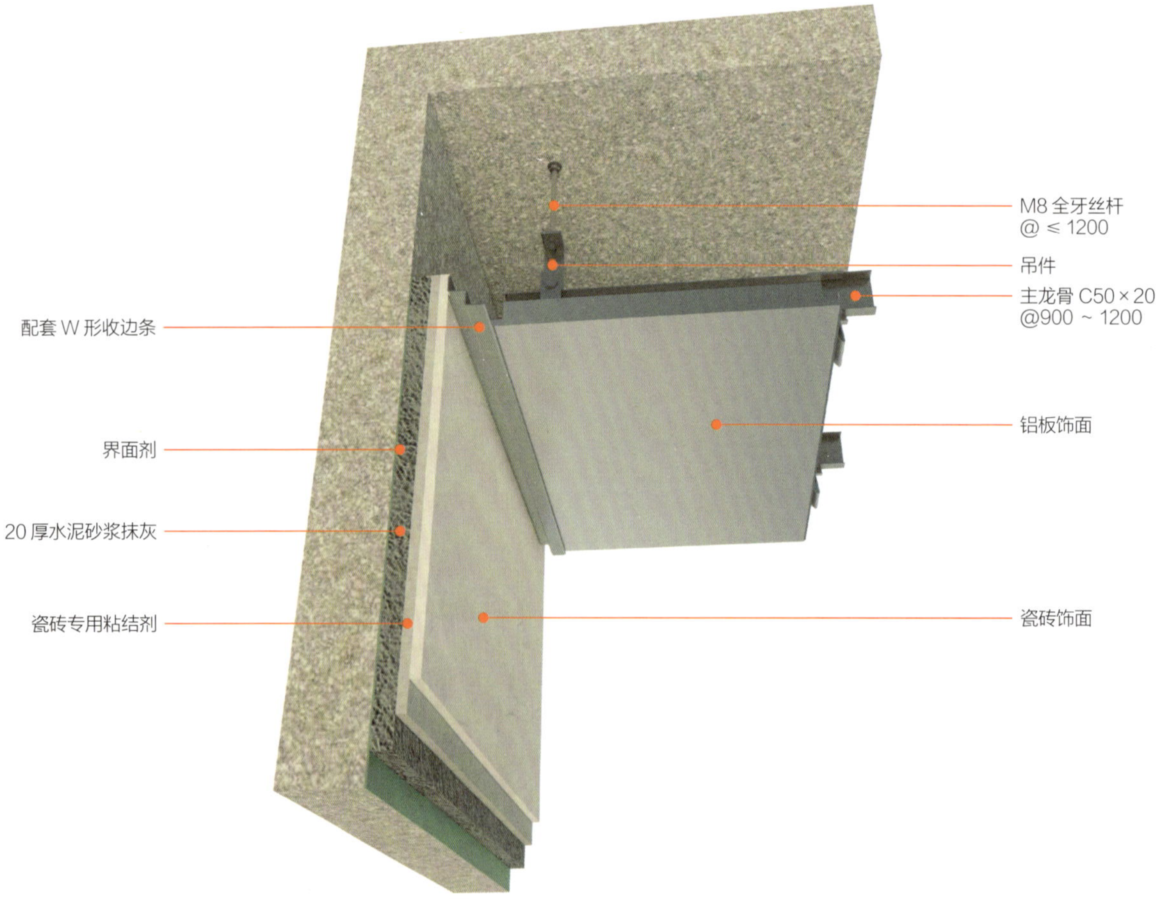

三维构造模型

深化与施工要点

深化收口六字诀

撞 》 压 》 嵌 》 收 》 断 》 插

收口“收”字诀：吊顶收边应用早，空间闭合顺墙跑；材质变化随主材，找平到位效果好。

1.图纸深化：根据材料特性进行面层收口节点优化，依据设计要求及材料规格尺寸，对墙面瓷砖与顶面铝板饰面进行深化排板，并按照规范要求及使用功能对综合机电点位进行排板优化。其中墙面瓷砖上部应安装至铝板吊顶以内，铝板吊顶配套W形收边条固定于墙面瓷砖之上。

2.技术交底：核对现场机电标高尺寸深化综合天花图，核实现场完成面尺寸，对墙面瓷砖、顶面铝板深化排板。根据顶面造型及检修要求深化铝板安装节点，龙骨形式要与铝板配套，顶面上的灯具、风口、设备等应与铝板尺寸吻合，保证接缝严密。此类工艺做法仅适用于光面瓷砖墙面，不得用于麻面瓷砖墙面。非整砖及阳角瓷砖宜在工厂进行统一切割加工，保证边缘整齐，避免瓷砖釉面或边缘损坏。

深化管控要点

1.排板策划：根据项目需求及天花造型深化墙顶收口节点，按照设计要求选择合适的铝板规格和配套龙骨，保证铝板的质量和造型效果。同一沿线上的W形收边条应连续贯通，当出现跌级造型方案时，W形收边条需合理拼接，遵循斜角密拼、视觉弱化的原则。

2.综合点位：根据各专业点位图及装饰专业天花造型图纸，在符合相关标准和规范的基础上，深化排板综合点位，确保符合点位横平竖直、对称均分等原则。相关专业的图纸包含消防、暖通、空调、强电、弱电、灯光等，组织各专业单位对综合天花深化图会签。

3.现场交底：根据综合天花深化图（签字版）完成对天花标高线与机电控制线的放线。根据铝板排板图安装主次龙骨，铝板之间的缝隙要均匀一致。所有天花机电末端点位在天花基层封板前均应做好强制定位工作，墙面机电末端点位居饰面板幅中，并进行强制定位。

施工管控要点

1.安装工序：定位放线 → 隐蔽施工 → 龙骨基层 → 墙面瓷砖 → 金属收边 → 天花铝板

2.施工管控：材料进场时应严格把控基层与面层材料验收，按规范要求抽样复查。墙面瓷砖应加尺超过天花完成面50 mm，确保瓷砖安装平整、阴阳角方正。对瓷砖铺贴与铝板安装进行实时监测，若出现偏差，应及时调整，确保成品效果“平、直、顺、齐、精、准”。

3.品控质检：墙面瓷砖、顶面铝板饰面表面应保证平整洁净、色泽一致，收口条应平直、宽度一致。严格检查点位排布情况，确保点位排布笔直成线，排布均匀，排布间距满足相关规范及设计要求。

实景照片

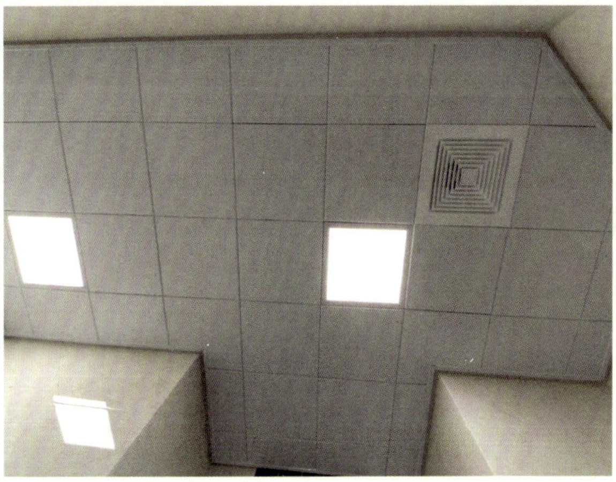

吊顶铝板与墙面瓷砖收口工艺（W形收边条）

T5.4 吊顶铝板与墙面瓷砖收口工艺（L 形收边条）

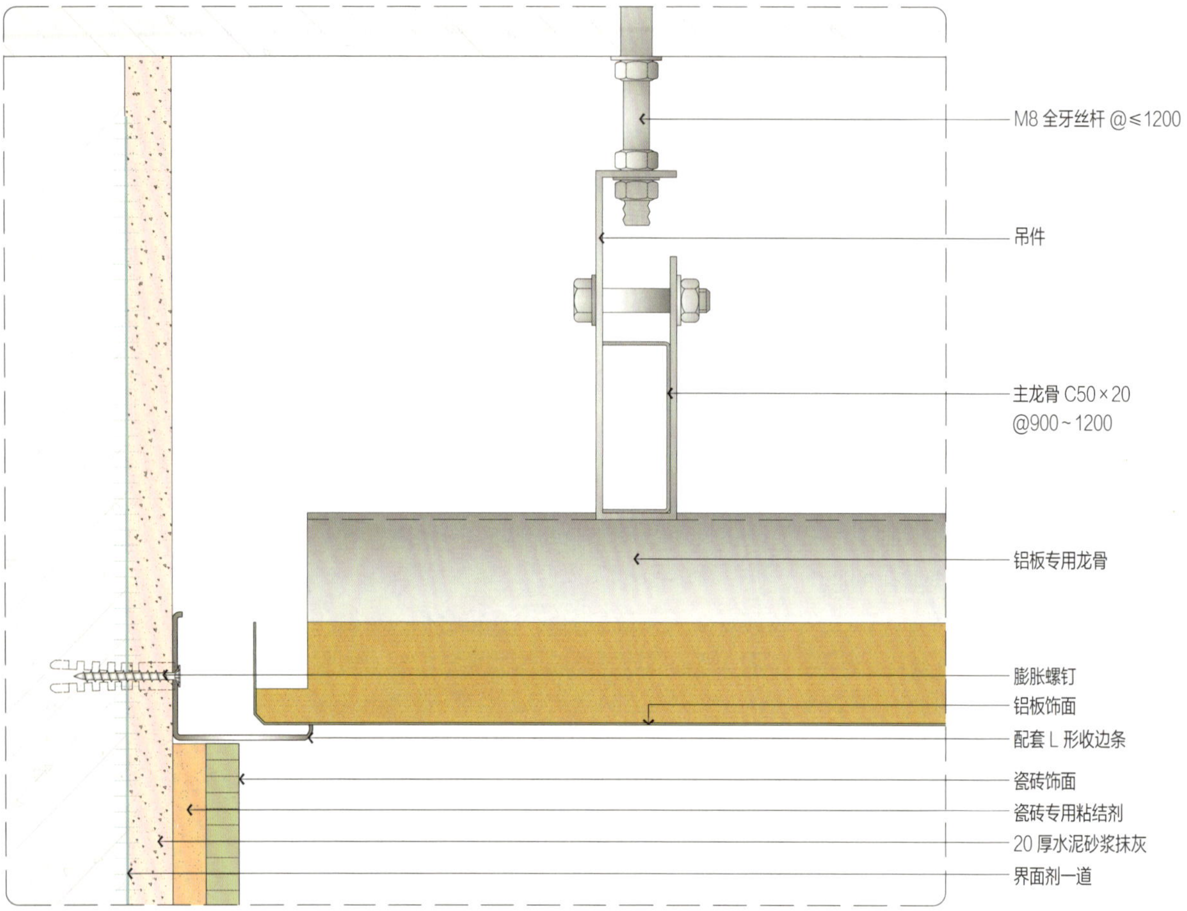

Ⓢ 吊顶铝板与墙面瓷砖收口工艺（L 形收边条）

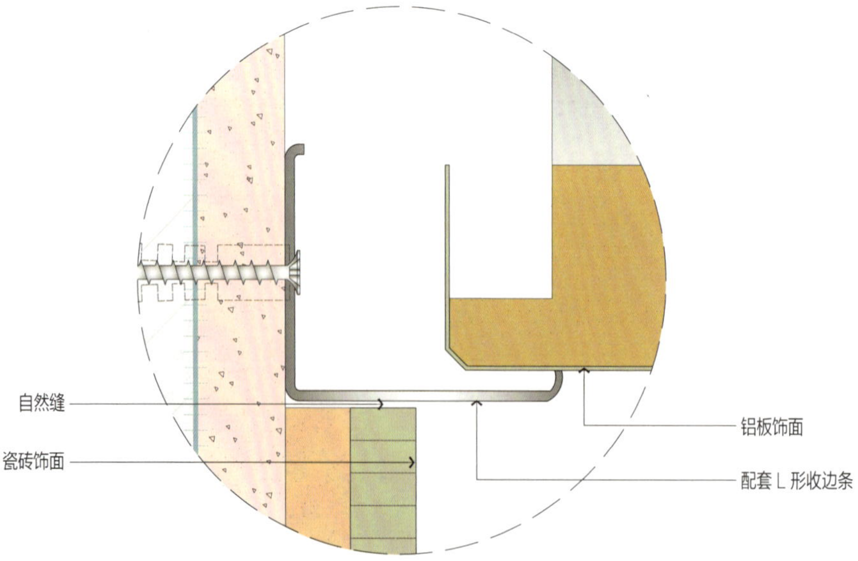

Ⓓ 吊顶铝板与墙面瓷砖收口工艺（L形收边条）大样图

适用范围

吊顶铝板与墙面瓷砖L形收边条收口工艺的适用范围包括酒店、办公楼、医院等场所的室内装饰空间。L形收边条安装过程相对简单，可以根据需要进行定制和调整。收边条与吊顶铝板的颜色和质感相协调，可提升整体的美观度。具体的收口方式应根据项目的装饰需求和设计要求来确定。

材料类别

面层材料：铝板饰面、瓷砖饰面、配套L形收边条。

基层材料：主龙骨C50×20 mm、铝板专用龙骨、瓷砖专用粘结剂、界面剂、铝板卡件、吊件、膨胀螺钉。

材料图片

铝板饰面

瓷砖饰面

L形收边条

瓷砖专用粘结剂

铝板卡件

主龙骨

模拟构造

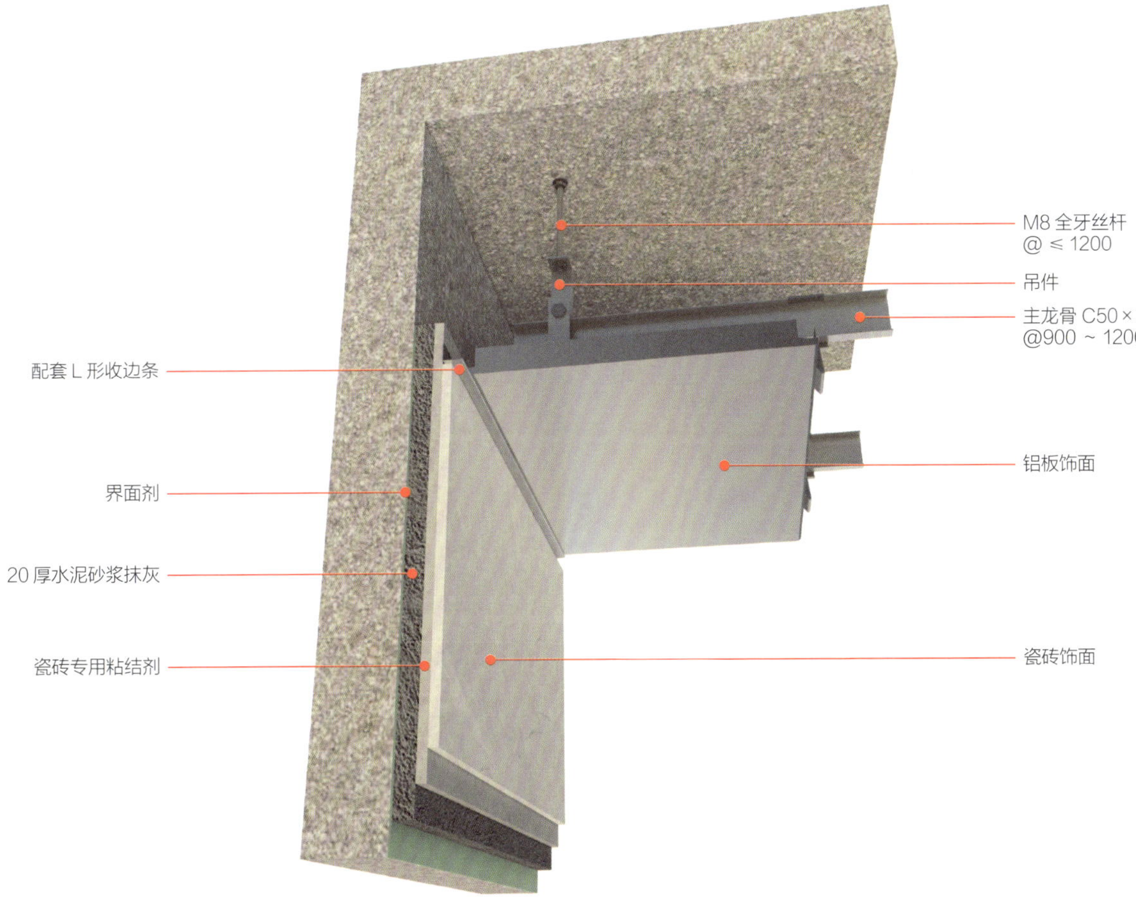

三维构造模型

深化与施工要点

深化收口六字诀

撞 〉 压 〉 嵌 〉 收 〉 断 〉 插

收口“收”字诀：吊顶收边应用早，空间闭合顺墙跑；材质变化随主材，找平到位效果好。

1.图纸深化：根据材料特性进行面层收口节点优化，依据设计要求及材料规格尺寸，对墙面瓷砖与顶面铝板饰面进行深化排板，并按照规范要求及使用功能对综合机电点位进行排板优化。其中铝板吊顶配套L形收边条应采用膨胀螺钉固定于找平墙面，墙面瓷砖上部用L形收边条贴合安装。

2.技术交底：核对现场机电标高尺寸深化综合天花图，核实现场完成面尺寸，深化墙面瓷砖、顶面铝板排板。根据顶面造型及检修要求深化铝板安装节点，龙骨形式要与铝板配套，顶面上的灯具、风口、设备等应与铝板尺寸吻合，保证接缝严密。非整砖及阳角瓷砖宜在工厂进行统一切割加工，保证边缘整齐，避免瓷砖釉面或边缘损坏。

深化管控要点

1.排板策划：根据项目需求及天花造型深化墙顶收口节点，按照设计要求选择合适的铝板规格和配套龙骨，保证铝板的质量和造型效果。同一沿线上的L形收边条应连续贯通，当出现跌级造型方案时，L形收边条需合理拼接，遵循斜角密拼、视觉弱化的原则。

2.综合点位：根据各专业点位图及装饰专业天花造型图纸，在符合相关标准和规范的基础上，深化排板综合点位，确保符合点位横平竖直、对称均分等原则。相关专业的图纸包含消防、暖通、空调、强电、弱电、灯光等，组织各专业单位对综合天花深化图会签。

3.现场交底：根据综合天花深化图（签字版）完成对天花标高线与机电控制线的放线。根据铝板排板图安装主次龙骨，铝板之间的缝隙要均匀一致。所有天花机电末端点位在天花基层封板前均应做好强制定位工作，墙面机电末端点位居饰面板幅中，并进行强制定位。

施工管控要点

1.安装工序：定位放线 → 隐蔽施工 → 墙面瓷砖 → 龙骨安装 → 金属收边 → 天花铝板

2.施工管控：材料进场时应严格把控基层与面层材料验收，按规范要求抽样复查。瓷砖铺贴应平整、阴阳角方正，对瓷砖铺贴与铝板安装进行实时监测，若出现偏差，应及时调整，确保成品效果“平、直、顺、齐、精、准”。

3.品控质检：墙面瓷砖、顶面铝板饰面表面应保证平整洁净、色泽一致，收口条应平直、宽度一致。严格检查点位排布情况，确保点位排布笔直成线，排布均匀，排布间距满足相关规范及设计要求。

实景照片

吊顶铝板与墙面瓷砖收口工艺（L 形收边条）

T6 吊顶铝板与墙面木饰面收口工艺

T6.1 吊顶铝板与墙面木饰面收口工艺（W 形收边条）

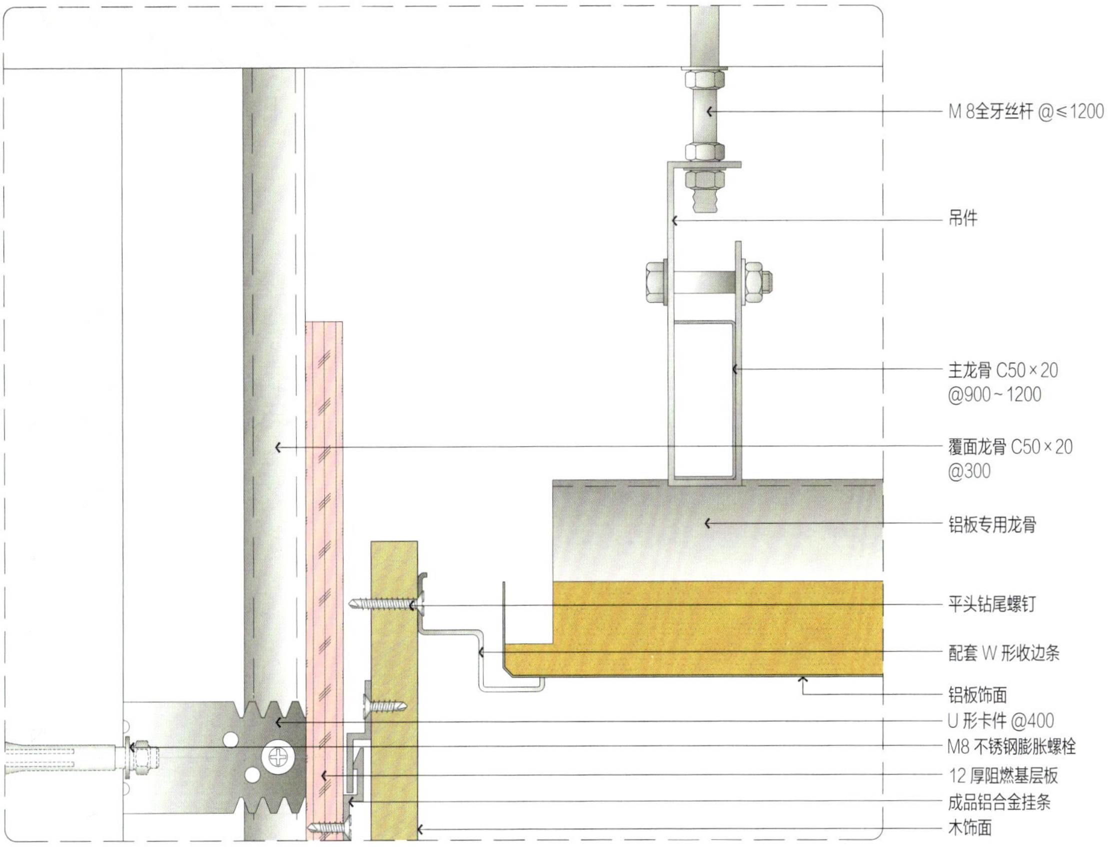

S 吊顶铝板与墙面木饰面收口工艺（W 形收边条）

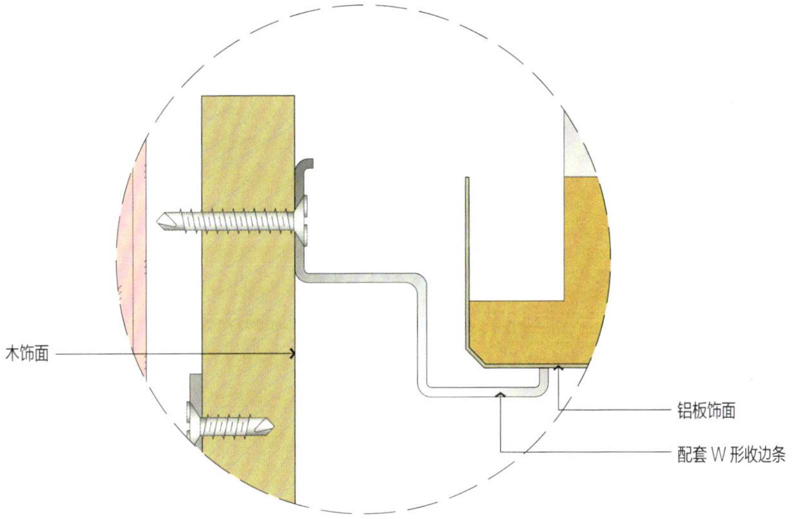

D 吊顶铝板与墙面木饰面收口工艺（W 形收边条）大样图

适用范围

吊顶铝板与墙面木饰面W形收边条收口工艺，适用范围包括酒店、办公楼、医院等场所的室内空间装饰。W形收边条安装简单，可以增强空间感，营造出更加宽敞和舒适的氛围。具体的收口方式应根据项目的装饰需求和设计要求来确定。

材料类别

面层材料：铝板饰面、木饰面、配套W形收边条。

基层材料：主龙骨C50×20 mm、覆面龙骨C50×20 mm、铝板专用龙骨、阻燃基层板、木挂条、平头钻尾螺钉、U形卡件、铝板卡件、吊件。

材料图片

铝板饰面

木饰面

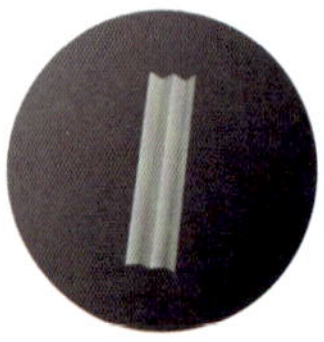
W形收边条

阻燃基层板

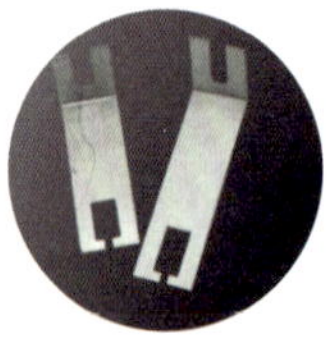
铝板卡件

主龙骨

模拟构造

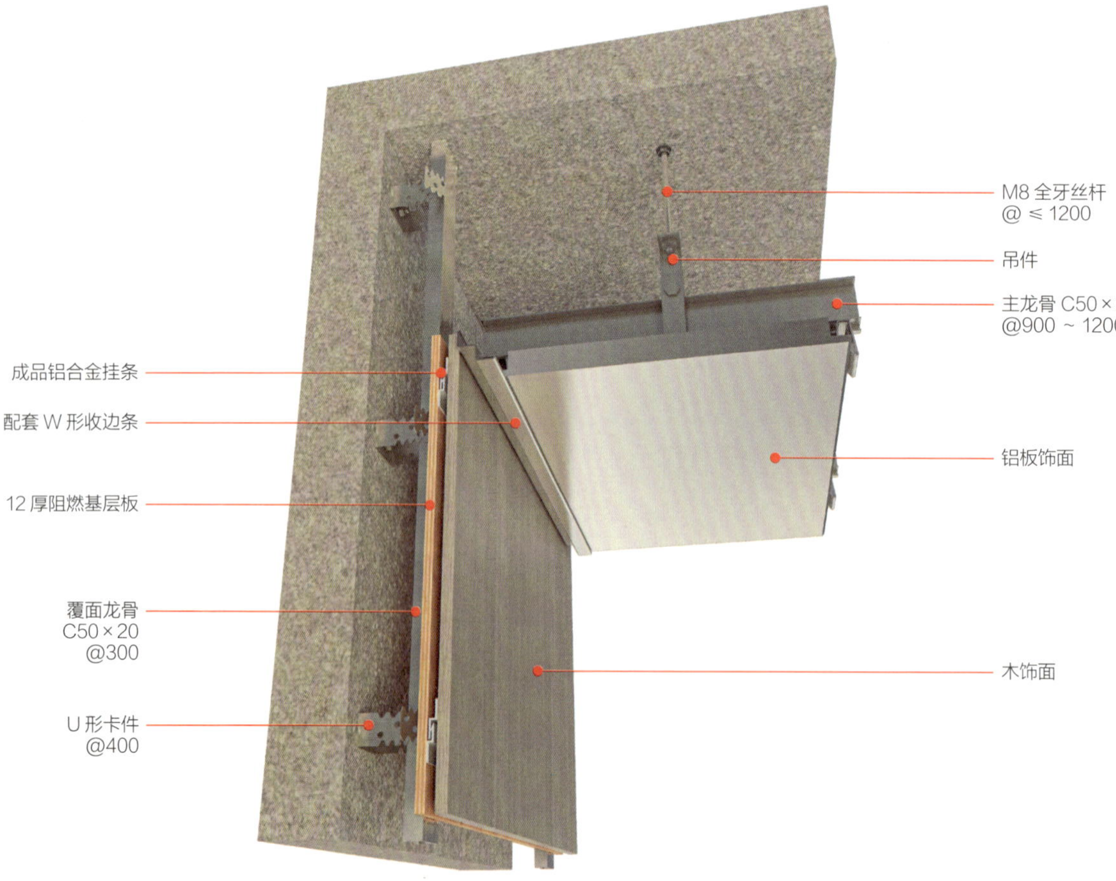

三维构造模型

深化与施工要点

深化收口六字诀

撞 》 压 》 嵌 》 收 》 断 》 插

收口“收”字诀：吊顶收边应用早，空间闭合顺墙跑；材质变化随主材，找平到位效果好。

1.图纸深化：根据材料特性进行面层收口节点优化，依据设计要求及材料规格尺寸，对墙面木饰面与顶面铝板饰面进行深化排板，并按照规范要求及使用功能对综合机电点位进行排板优化。其中墙面木饰面上部应安装至铝板吊顶以内，铝板吊顶配套W形收边条固定于墙面木饰面之上。

2.技术交底：核对现场机电标高尺寸深化综合天花图，核实现场完成面尺寸，对墙面木饰面、顶面铝板深化排板。根据顶面造型及检修要求深化铝板安装节点，龙骨形式要与铝板配套，顶面上的灯具、风口、设备等应与铝板尺寸吻合，保证接缝严密。施工时先处理墙面，然后采用W形收边条进行收边，最后安装天花铝板。

深化管控要点

1.排板策划：根据项目需求及天花造型深化墙顶收口节点，按照设计要求选择合适的铝板规格和配套龙骨，保证铝板的质量和造型效果。同一沿线上的W形收边条应连续贯通，当出现跌级造型方案时，W形收边条需合理拼接，遵循斜角密拼、视觉弱化的原则。

2.综合点位：根据各专业点位图及装饰专业天花造型图纸，在符合相关标准和规范的基础上，深化排板综合点位，确保符合点位横平竖直、对称均分等原则。相关专业的图纸包含消防、暖通、空调、强电、弱电、灯光等，组织各专业单位对综合天花深化图会签。

3.现场交底：根据综合天花深化图（签字版）完成对天花标高线与机电控制线的放线。根据铝板排板图安装主次龙骨，铝板之间的缝隙要均匀一致。所有天花机电末端点位在天花基层封板前均应做好强制定位工作，墙面机电末端点位居饰面板幅中，并进行强制定位。

施工管控要点

1.安装工序：定位放线 → 隐蔽施工 → 龙骨基层 → 墙面木饰面 → 金属收边 → 天花铝板

2.施工管控：材料进场时应严格把控基层与面层材料验收，按规范要求抽样复查。墙面木饰面应加尺超过天花完成面50 mm，确保木饰面安装平整、阴阳角方正，对木饰面与铝板安装进行实时监测，若出现偏差，应及时调整，确保成品效果“平、直、顺、齐、精、准”。

3.品控质检：墙面木饰面、顶面铝板饰面表面应保证平整洁净、色泽一致，收口条应平直、宽度一致。严格检查点位排布情况，确保点位排布笔直成线，排布均匀，排布间距满足相关规范及设计要求。

实景照片

吊顶铝板与墙面木饰面收口工艺（W形收边条）

T6.2 吊顶铝板与墙面木饰面压边工艺

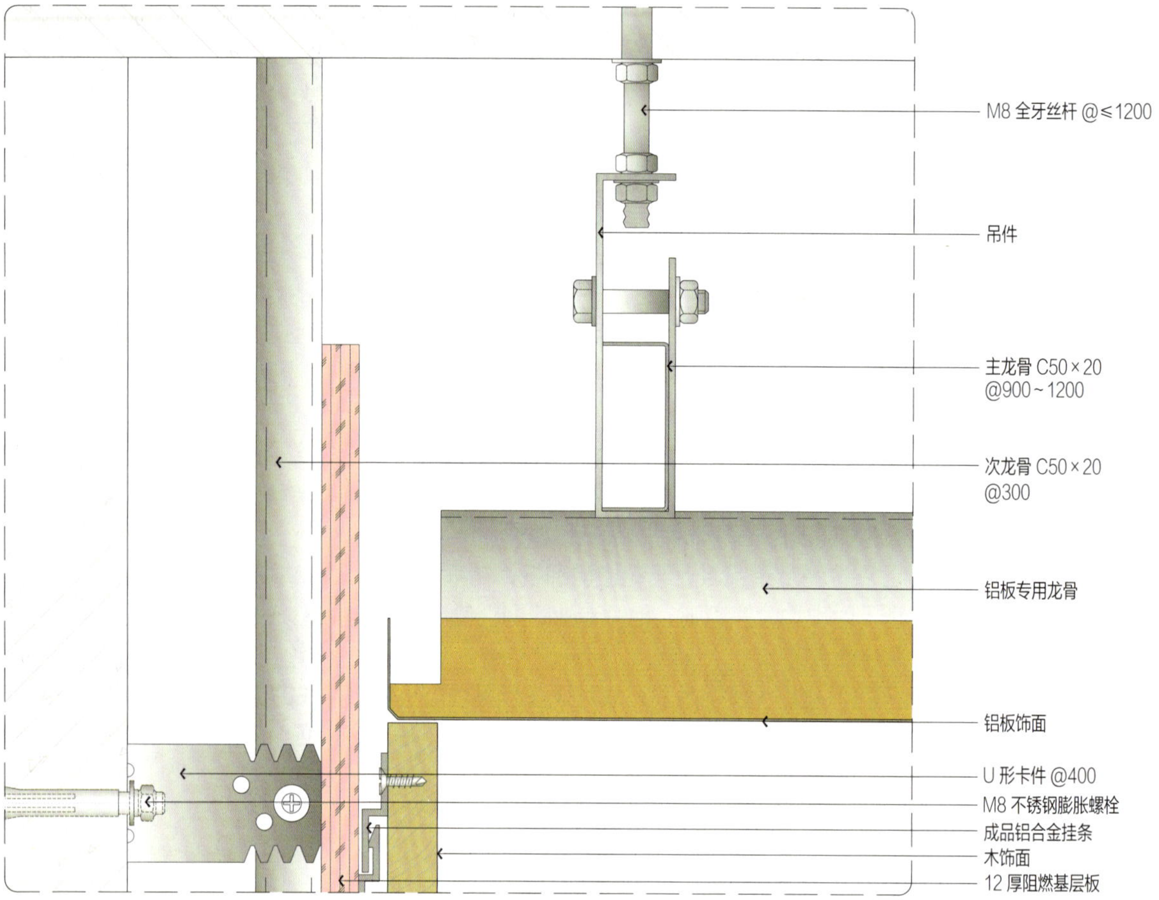

S 吊顶铝板与墙面木饰面压边工艺

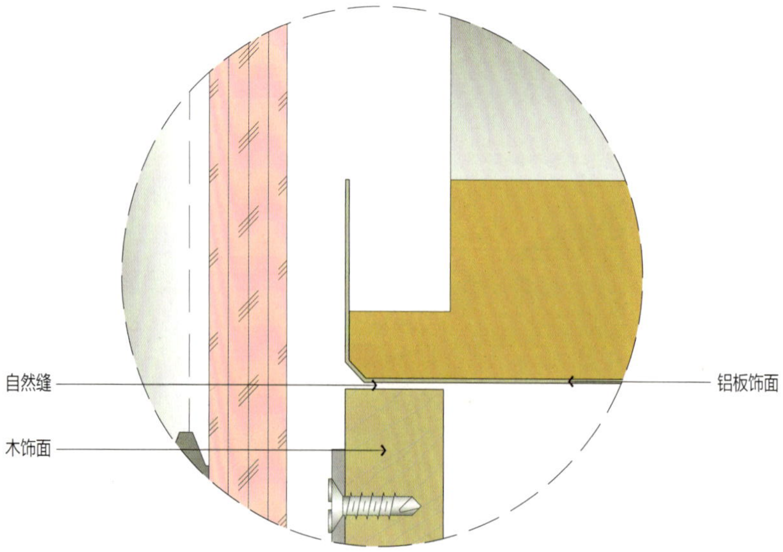

D 吊顶铝板与墙面木饰面压边工艺大样图

适用范围

吊顶铝板与墙面木饰面压边工艺的适用范围包括酒店、办公楼、医院等场所的室内装饰空间。吊顶铝板与墙面木饰面压边工艺的施工相对简单，能够呈现出简洁、大气的外观，营造出一种现代、时尚的氛围。具体的收口方式应根据项目的装饰需求和设计要求来确定。

材料类别

面层材料：铝板饰面、木饰面。

基层材料：主龙骨 C50 × 20 mm、覆面龙骨 C50 × 20 mm、阻燃基层板、木挂条、铝板专用龙骨、U 形卡件、铝板卡件、吊件。

材料图片

铝板饰面

木饰面

阻燃基层板

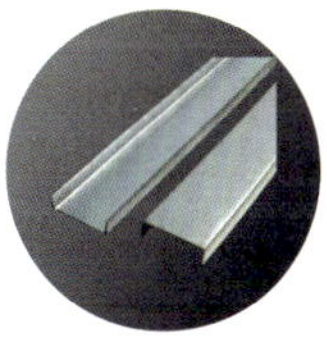
主龙骨

次龙骨

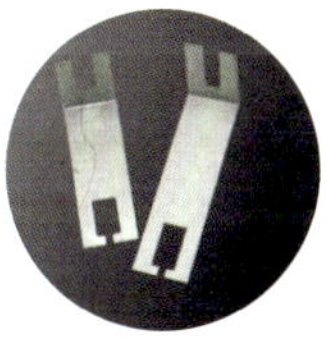
铝板卡件

模拟构造

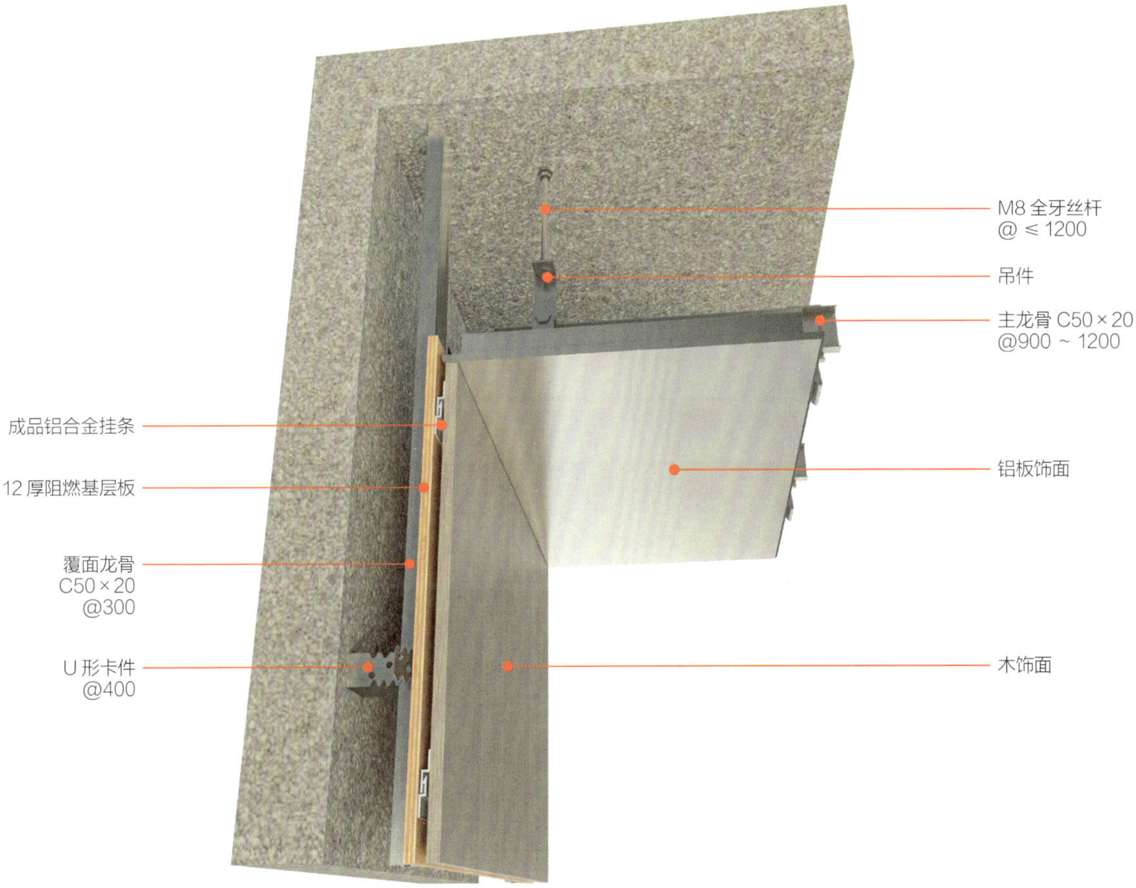

三维构造模型

深化与施工要点

深化收口六字诀

撞 》 压 》 嵌 》 收 》 断 》 插

收口“压”字诀：压接工艺讲先后，湿先干后有节奏；平压顺压变化多，一压百了往上扣。

1.图纸深化：根据材料特性进行面层收口节点优化，依据设计要求及材料规格尺寸，对墙面木饰面与顶面铝板饰面进行深化排板，并按照规范要求及使用功能对综合机电点位进行排板优化。其中铝板吊顶应盖压墙面木饰面，铝板延伸进木饰面完成面内20 mm。

2.技术交底：核对现场机电标高尺寸深化综合天花图，核实现场完成面尺寸，对墙面木饰面、顶面铝板深化排板。根据顶面造型及检修要求深化铝板安装节点，龙骨形式要与铝板配套，顶面上的灯具、风口、设备等应与铝板尺寸吻合，保证接缝严密。

深化管控要点

1.排板策划：根据项目需求及天花造型深化墙顶收口节点，按照设计要求选择合适的铝板规格和配套龙骨，保证铝板的质量和造型效果，并确保铝板安装牢固、平整。

2.综合点位：根据各专业点位图及装饰专业天花造型图纸，在符合相关标准和规范的基础上，深化排板综合点位，确保符合点位横平竖直、对称均分等原则。相关专业的图纸包含消防、暖通、空调、强电、弱电、灯光等，组织各专业单位对综合天花深化图会签。

3.现场交底：根据综合天花深化图（签字版）完成对天花标高线与机电控制线的放线。据铝板排板图安装主次龙骨，铝板之间的缝隙要均匀一致。所有天花机电末端点位在天花基层封板前均应做好强制定位工作，墙面机电末端点位居饰面板幅中，并进行强制定位。

施工管控要点

1.安装工序：定位放线 → 隐蔽施工 → 龙骨基层 → 天花铝板 → 墙面木饰面

2.施工管控：材料进场时应严格把控基层与面层材料验收，按规范要求抽样复查。检查沿墙边处天花表面平整度，确保墙面材料安装顺直，面层材料安装完后墙顶之间留1 - 2 mm宽白然缝。对木饰面与铝板安装进行实时监测，若出现偏差，应及时调整，确保成品效果“平、直、顺、齐、精、准”。

3.品控质检：墙面木饰面、顶面铝板饰面表面应保证洁净、色泽一致，天花与墙面留缝距离应确保大小一致、平整顺直、棱角方正。严格检查点位排布情况，确保点位排布笔直成线，排布均匀，排布间距满足相关规范及设计要求。

实景照片

吊顶铝板与墙面木饰面压边工艺

T7 吊顶铝板与墙面涂料 / 壁纸收口工艺（L 形收边条）

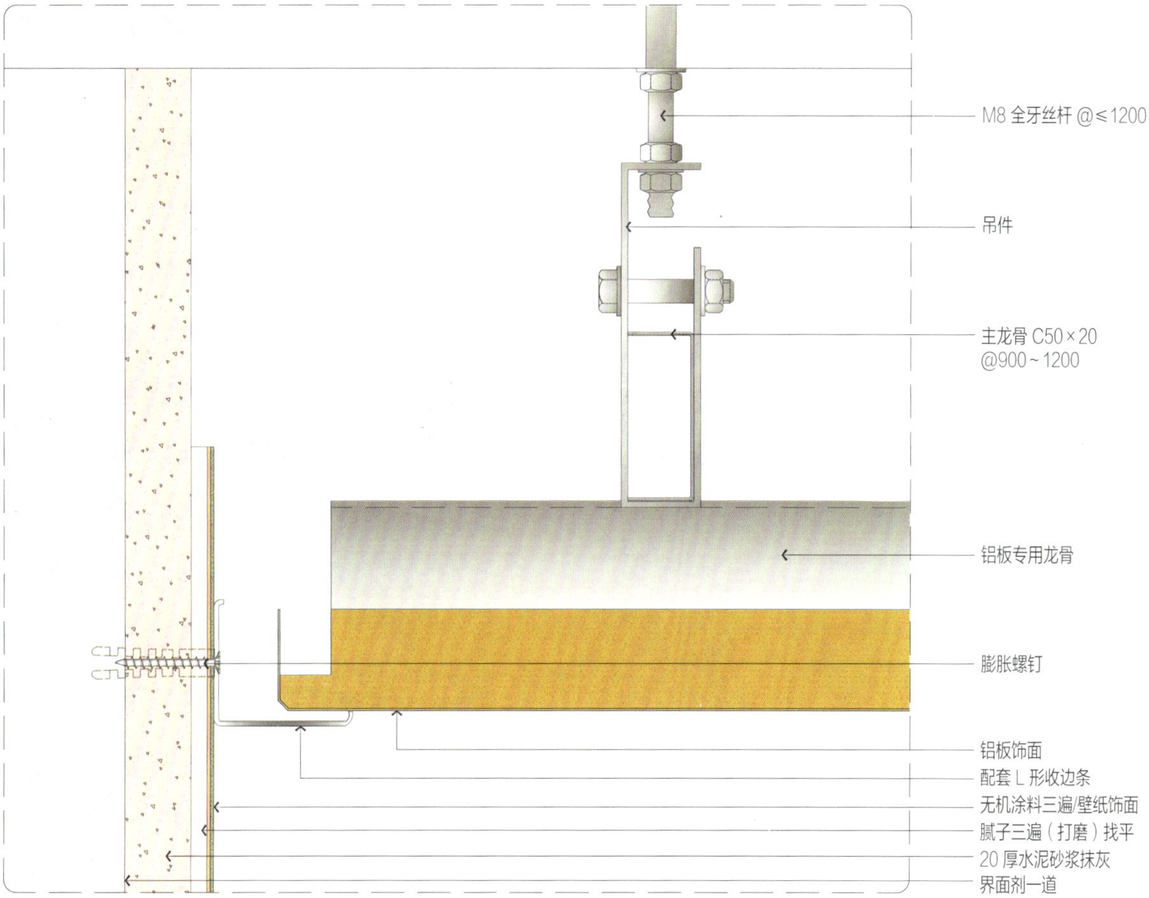

Ⓢ 吊顶铝板与墙面涂料 / 壁纸收口工艺（L形收边条）

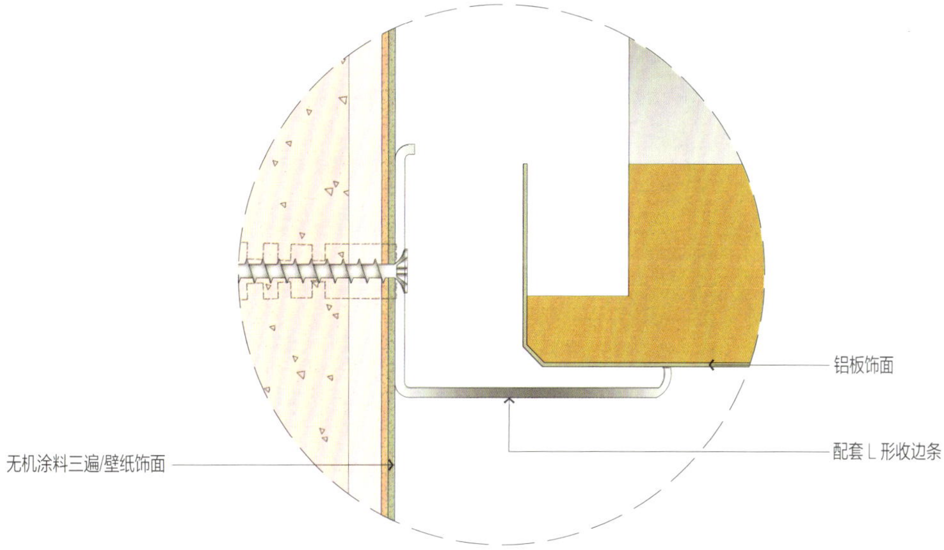

Ⓓ 吊顶铝板与墙面涂料 / 壁纸收口工艺（L形收边条）大样图

适用范围

吊顶铝板与墙面涂料/壁纸L形收边条收口工艺，适用范围包括酒店、办公楼、医院等场所的室内装饰空间。L形收边条安装相对简单，可以根据需要进行定制和调整。收边条与吊顶铝板的颜色和质感相协调，有助于提升整体的美观度。具体的收口方式应根据项目的装饰需求和设计要求来确定。

材料类别

面层材料：铝板饰面、无机涂料、壁纸饰面、配套L形收边条。

基层材料：主龙骨 C50×20 mm、铝板专用龙骨、界面剂、铝板卡件、吊件、膨胀螺钉。

材料图片

铝板饰面

无机涂料

壁纸饰面

L 形收边条

主龙骨

铝板卡件

模拟构造

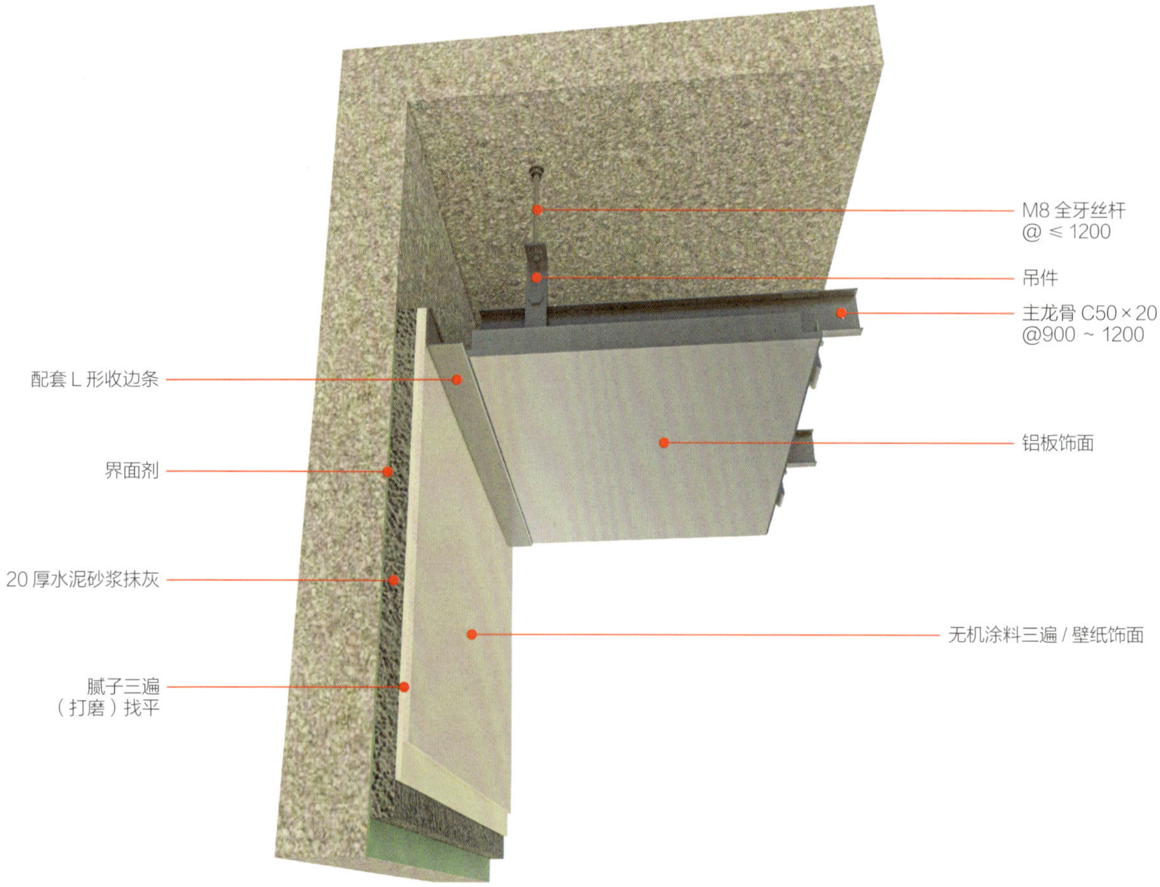

三维构造模型

深化与施工要点

深化收口六字诀

撞 › 压 › 嵌 › 收 › 断 › 插

收口“收”字诀：吊顶收边应用早，空间闭合顺墙跑；材质变化随主材，找平到位效果好。

1.图纸深化：根据材料特性进行面层收口节点优化，依据设计要求及材料规格尺寸，对顶面铝板饰面进行深化排板，并按照规范要求及使用功能对综合机电点位进行排板优化。其中墙面涂料或壁纸需至天花高度以上，铝板吊顶配套L形收边条采用膨胀螺钉固定于涂料或壁纸墙面上。

2.技术交底：核对现场机电标高尺寸深化综合天花图，核实现场完成面尺寸，对顶面铝板深化排板。根据顶面造型及检修要求深化铝板安装节点，龙骨形式要与铝板配套，顶面上的灯具、风口、设备等应与铝板吻合，保证接缝严密。

深化管控要点

1.排板策划：根据项目需求及天花造型深化墙顶收口节点，按照设计要求选择合适的铝板规格和配套龙骨，保证铝板的质量和造型效果；同一沿线上的L形收边条应连续贯通，当出现跌级造型方案时，L形收边条需合理拼接，遵循斜角密拼、视觉弱化的原则。

2.综合点位：根据各专业点位图及装饰专业天花造型图纸，在符合相关标准和规范的基础上，深化排板综合点位，确保符合点位横平竖直、对称均分等原则。相关专业的图纸包含消防、暖通、空调、强电、弱电、灯光等，组织各专业单位对综合天花深化图会签。

3.现场交底：根据综合天花深化图（签字版）完成对天花标高线与机电控制线的放线。根据铝板排板图安装主次龙骨，铝板之间的缝隙要均匀一致。所有天花机电末端点位在天花基层封板前均应做好强制定位工作，墙面机电末端点位居饰面板幅中，并进行强制定位。

施工管控要点

1.安装工序：定位放线 → 隐蔽施工 → 墙面基层 → 墙面涂料 / 壁纸 → L形收边条 → 天花铝板

2.施工管控：材料进场时应严格把控基层与面层材料验收，按规范要求抽样复查。墙面基层应平整，墙面涂料/壁纸应超过天花完成面50 mm，检查墙面基层表面平整度，保证收边条安装顺直。对铝板安装进行实时监测，若出现偏差，应及时调整，确保成品效果“平、直、顺、齐、精、准”。

3.品控质检：墙面涂料/壁纸、顶面铝板饰面表面应保证平整洁净、色泽一致，收口条应平直、宽度一致。严格检查点位排布情况，确保点位排布笔直成线，排布均匀，排布间距满足相关规范及设计要求。

实景照片

吊顶铝板与墙面涂料/壁纸收口工艺（L形收边条）

T8 金属吊顶与墙面金属、烤漆玻璃收口工艺

T8.1 吊顶铝板与墙面铝板压边工艺

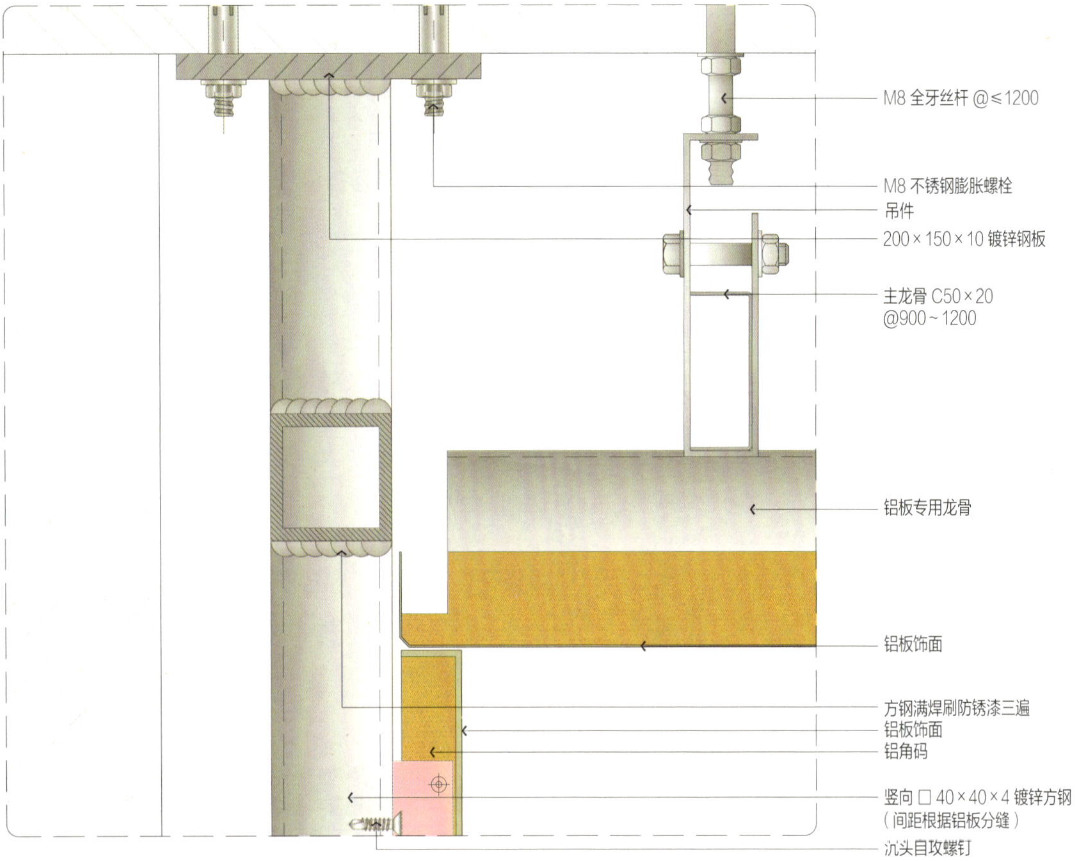

S 吊顶铝板与墙面铝板压边工艺

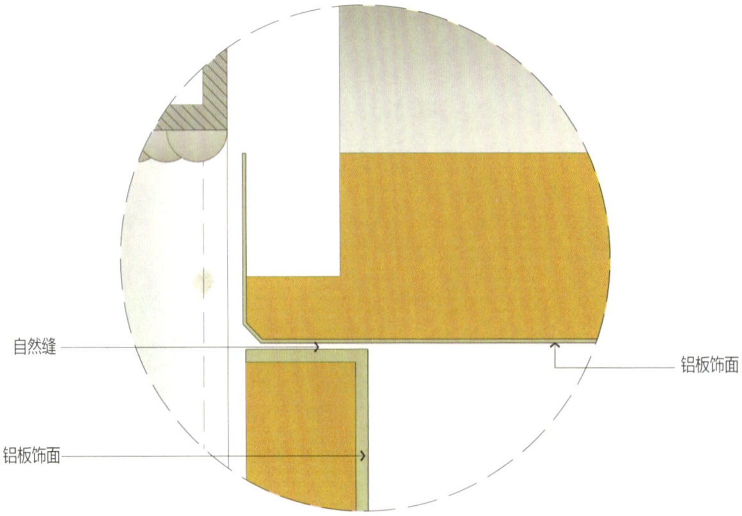

D 吊顶铝板与墙面铝板压边工艺大样图

适用范围

吊顶铝板与墙面铝板压边工艺的适用范围包括车站、机场、医院等场所的室内装饰空间。铝板压边工艺相对简单，能够呈现出简洁、大气的外观，营造出一种现代、时尚的氛围。具体的收口方式应根据项目的装饰需求和设计要求来确定。

材料类别

面层材料：铝板饰面。

基层材料：□40 mm × 40 mm × 4 mm 镀锌方钢、铝角码、200 mm × 150 mm × 10 mm 镀锌钢板、主龙骨 C50 × 20 mm、铝板专用龙骨、沉头自攻螺钉、铝板卡件、吊件。

材料图片

顶面铝板饰面

墙面铝板饰面

镀锌方钢

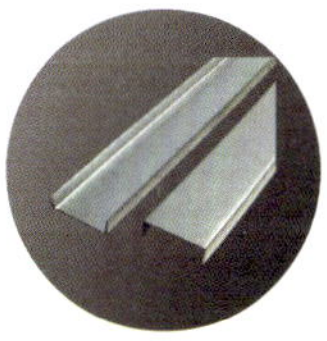
主龙骨

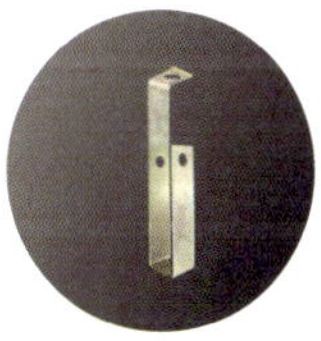
吊件

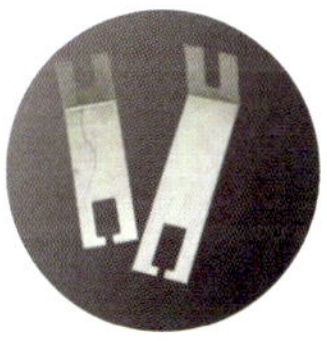
铝板卡件

模拟构造

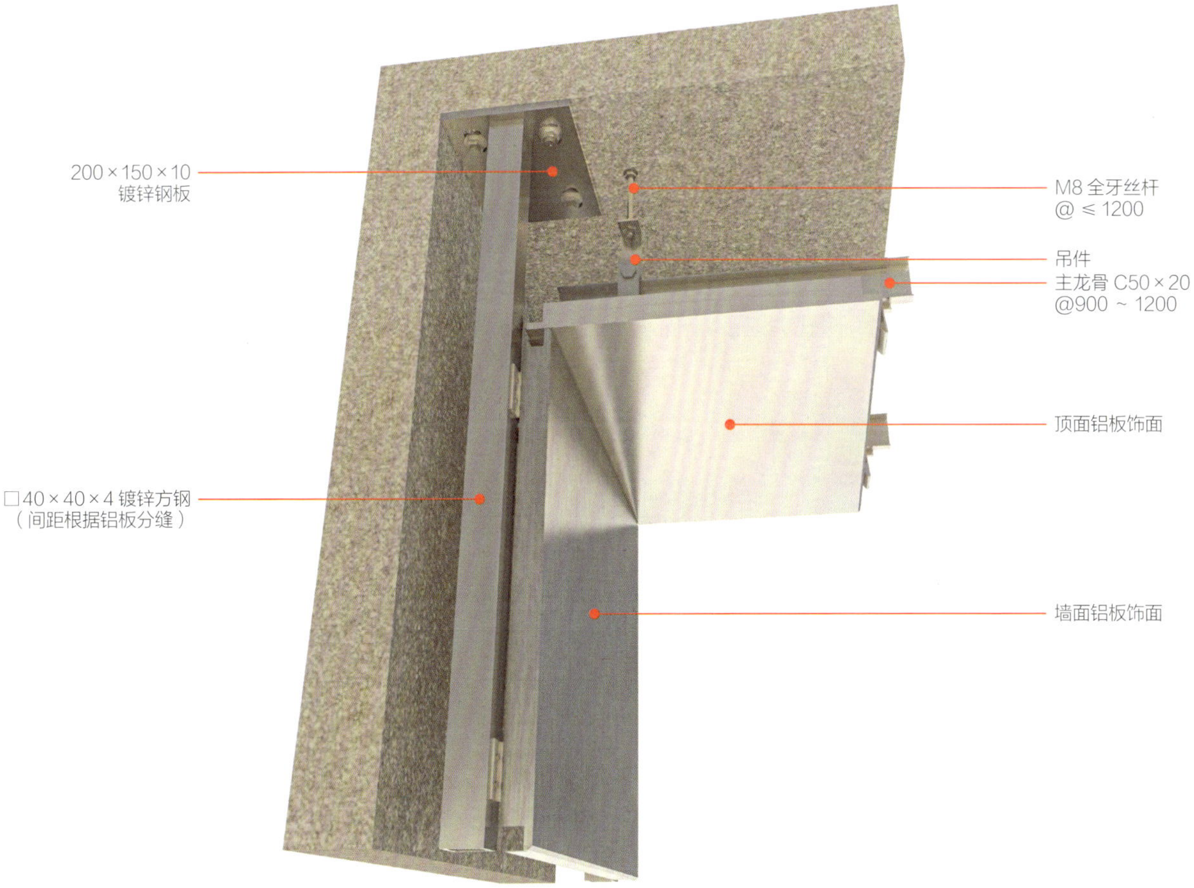

三维构造模型

深化与施工要点

深化收口六字诀

撞 › 压 › 嵌 › 收 › 断 › 插

收口“压”字诀：压接工艺讲先后，湿先干后有节奏；平压顺压变化多，一压百了往上。

1.图纸深化：根据材料特性进行面层收口节点优化，依据设计要求及材料规格尺寸，对墙面与顶面的铝板饰面进行深化排板，并按照规范要求及使用功能对综合机电点位进行排板优化。其中铝板吊顶应盖压墙面铝板，天花铝板延伸进墙面完成面内20 mm。

2.技术交底：核对现场机电标高尺寸深化综合天花图，核实现场完成面尺寸，对墙面、顶面铝板深化排板。根据顶面造型及检修要求深化铝板安装节点，龙骨形式要与铝板配套，顶面上的灯具、风口、设备等应与铝板尺寸吻合，保证接缝严密。墙面铝板钢架间距依据铝板排板分割进行放线定位。

深化管控要点

1.排板策划：根据项目需求及天花造型深化墙顶收口节点，按照设计要求选择合适的铝板规格和配套龙骨，保证铝板的质量和造型效果，并确保铝板安装牢固、平整。

2.综合点位：根据各专业点位图及装饰专业天花造型图纸，在符合相关标准和规范的基础上，深化排板综合点位，确保符合点位横平竖直、对称均分等原则。相关专业的图纸包含消防、暖通、空调、强电、弱电、灯光等，组织各专业单位对综合天花深化图会签。

3.现场交底：根据综合天花深化图（签字版）完成对天花标高线与机电控制线的放线。根据铝板排板图安装主次龙骨，铝板之间的缝隙要均匀一致。所有天花机电末端点位在天花基层封板前均应做好强制定位工作，墙面机电末端点位居饰面板幅中，并进行强制定位。

施工管控要点

1.安装工序：定位放线 → 隐蔽施工 → 龙骨基层 → 天花铝板 → 墙面铝板

2.施工管控：材料进场时应严格把控基层与面层材料验收，按规范要求抽样复查。检查沿墙边处天花表面平整度，确保墙面材料安装顺直，面层材料安装完后墙顶之间留1 ~ 2 mm宽自然缝。对铝板安装进行实时监测，若出现偏差，应及时调整，确保成品效果“平、直、顺、齐、精、准”。

3.品控质检：墙面、顶面铝板饰面表面应保证洁净、色泽一致，天花与墙面留缝距离应确保大小一致、平整顺直、棱角方正。严格检查点位排布情况，确保点位排布笔直成线，排布均匀，排布间距满足相关规范及设计要求。

实景照片

吊顶铝板与墙面铝板压边工艺

T8.2 吊顶铝板与墙面铝板撞边工艺

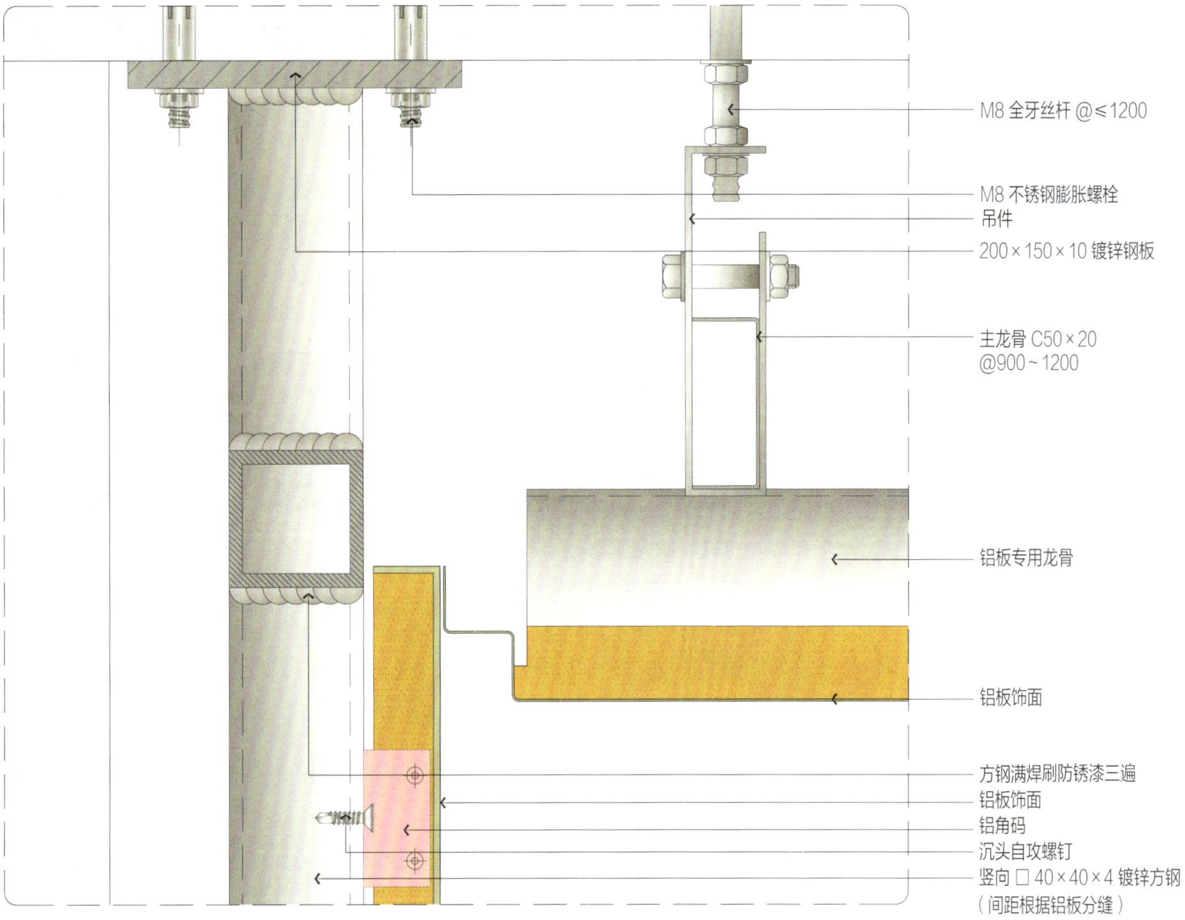

S 吊顶铝板与墙面铝板撞边工艺

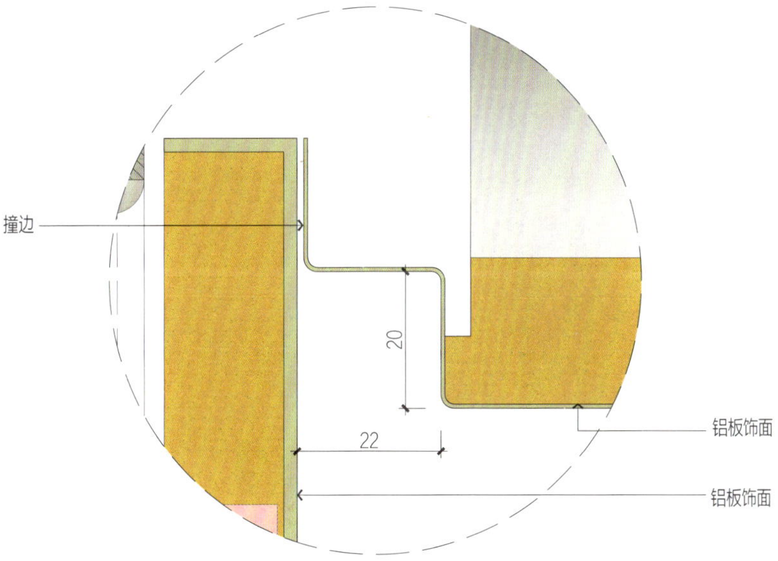

D 吊顶铝板与墙面铝板撞边工艺大样图

适用范围

吊顶铝板与墙面铝板撞边工艺的适用范围包括车站、机场、医院等场所的室内装饰空间。墙顶铝板撞边工艺相对简单，可以营造出更加宽敞和舒适的氛围。具体的收口方式应根据项目的装饰需求和设计要求来确定。

材料类别

面层材料：铝板饰面。

基层材料：□40 mm×40 mm×4 mm 镀锌方钢、铝角码、200 mm×150 mm×10 mm镀锌钢板、主龙骨C50×20 mm、铝板专用龙骨、铝板卡件、沉头自攻螺钉、吊件、M8不锈钢膨胀螺栓。

材料图片

铝板饰面

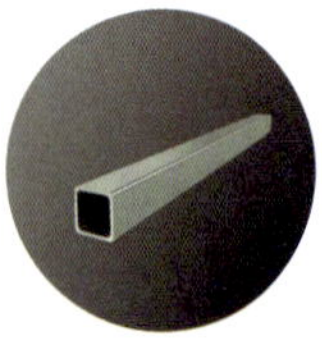
镀锌方钢

镀锌钢板

主龙骨

吊件

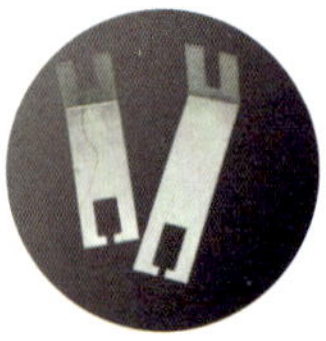
铝板卡件

模拟构造

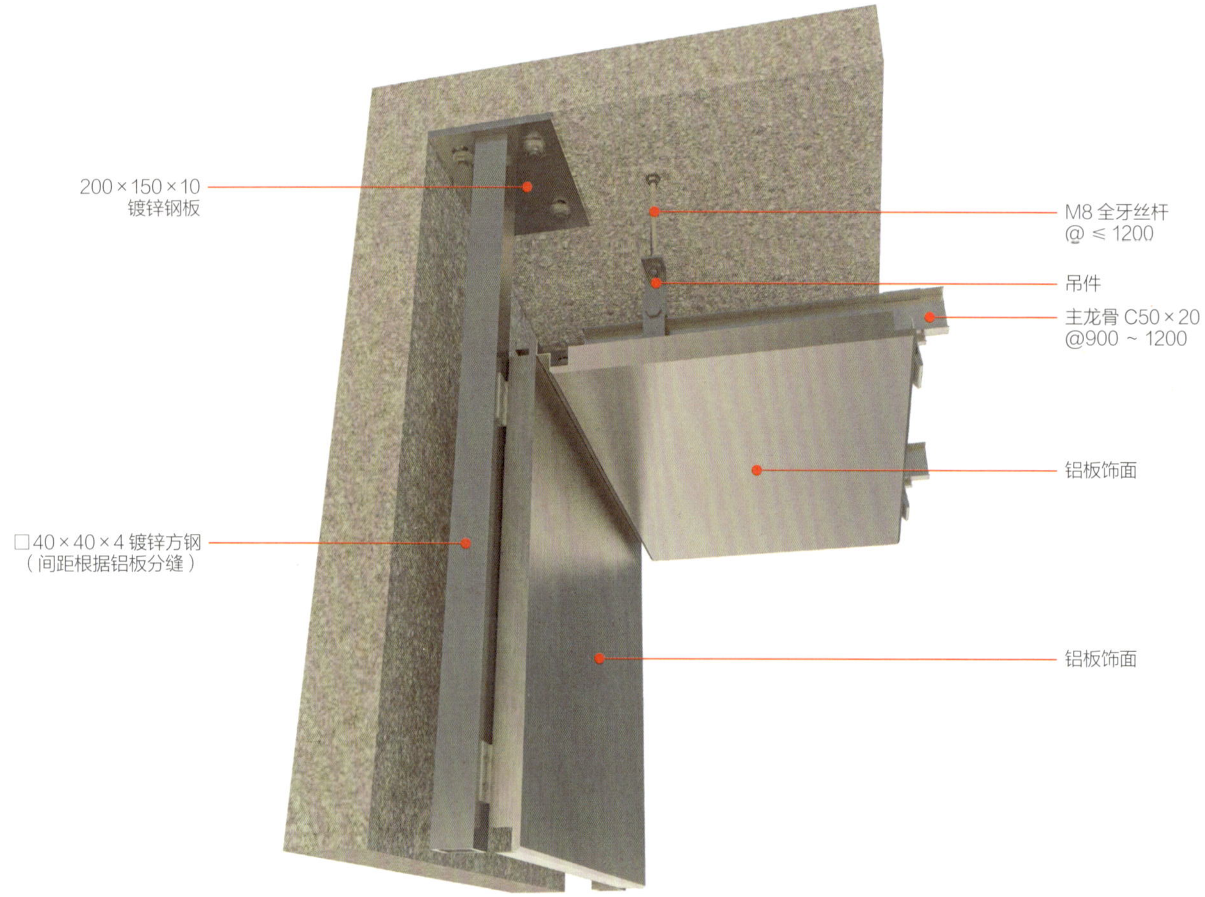

三维构造模型

深化与施工要点

深化收口六字诀

撞 ＞ 压 ＞ 嵌 ＞ 收 ＞ 断 ＞ 插

收口“撞”字诀：撞接收口自常在，不同质地软撞硬；密缝无胶收阴角，不留维保后遗症。

1. 图纸深化：根据材料特性进行面层收口节点优化，依据设计要求及材料规格尺寸，对墙面与顶面的铝板饰面进行深化排板，并按照规范要求及使用功能对综合机电点位进行排板优化。其中天花铝板与墙面铝板撞接处应采用天花铝板W形折边。

2. 技术交底：核对现场机电标高尺寸深化综合天花图，核实现场完成面尺寸，对墙面、顶面铝板深化排板。根据顶面造型及检修要求深化铝板安装节点，龙骨形式要与铝板配套，顶面上的灯具、风口、设备等应与铝板尺寸吻合，保证接缝严密。墙面铝板钢架间距依据铝板排板分割进行放线定位。

深化管控要点

1. 排板策划：根据项目需求及天花造型深化墙顶收口节点，按照设计要求选择合适的铝板规格和配套龙骨，保证铝板的质量和造型效果，并确保铝板安装牢固、平整。

2. 综合点位：根据各专业点位图及装饰专业天花造型图纸，在符合相关标准和规范的基础上，深化排板综合点位，确保符合点位横平竖直、对称均分等原则。相关专业的图纸包含消防、暖通、空调、强电、弱电、灯光等，组织各专业单位对综合天花深化图会签。

3. 现场交底：根据综合天花深化图（签字版）完成对天花标高线与机电控制线的放线。根据铝板排板图安装主次龙骨，铝板之间的缝隙要均匀一致。所有天花机电末端点位在天花基层封板前均应做好强制定位工作，墙面机电末端点位居饰面板幅中，并进行强制定位。

施工管控要点

1. 安装工序：定位放线 → 隐蔽施工 → 钢架安装 → 墙面铝板 → 天花铝板

2. 施工管控：材料进场时应严格把控基层与面层材料验收，按规范要求抽样复查。墙面铝板应加尺超过天花完成面50 mm，确保铝板安装平整、阴阳角方正。对铝板安装进行实时监测，若出现偏差，应及时调整，确保成品效果“平、直、顺、齐、精、准”。

3. 品控质检：墙面、顶面铝板饰面表面应保证洁净、色泽一致，天花与墙面阴角工艺凹槽应确保大小一致、平整顺直、对缝、连贯。严格检查点位排布情况，确保点位排布笔直成线，排布均匀，排布间距满足相关规范及设计要求。

实景照片

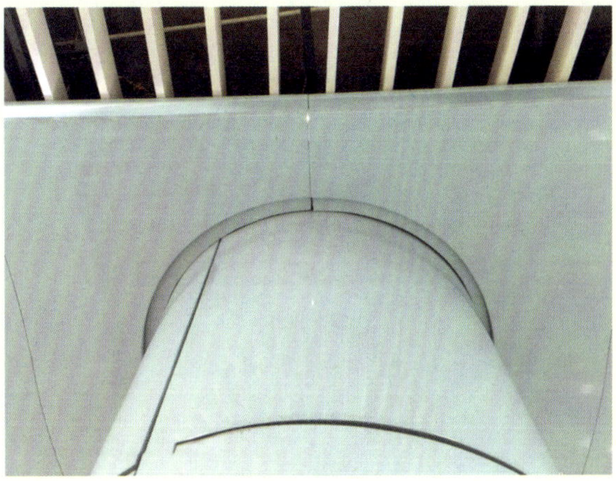

吊顶铝板与墙面铝板撞边工艺

T8.3 吊顶不锈钢与墙面不锈钢压边工艺

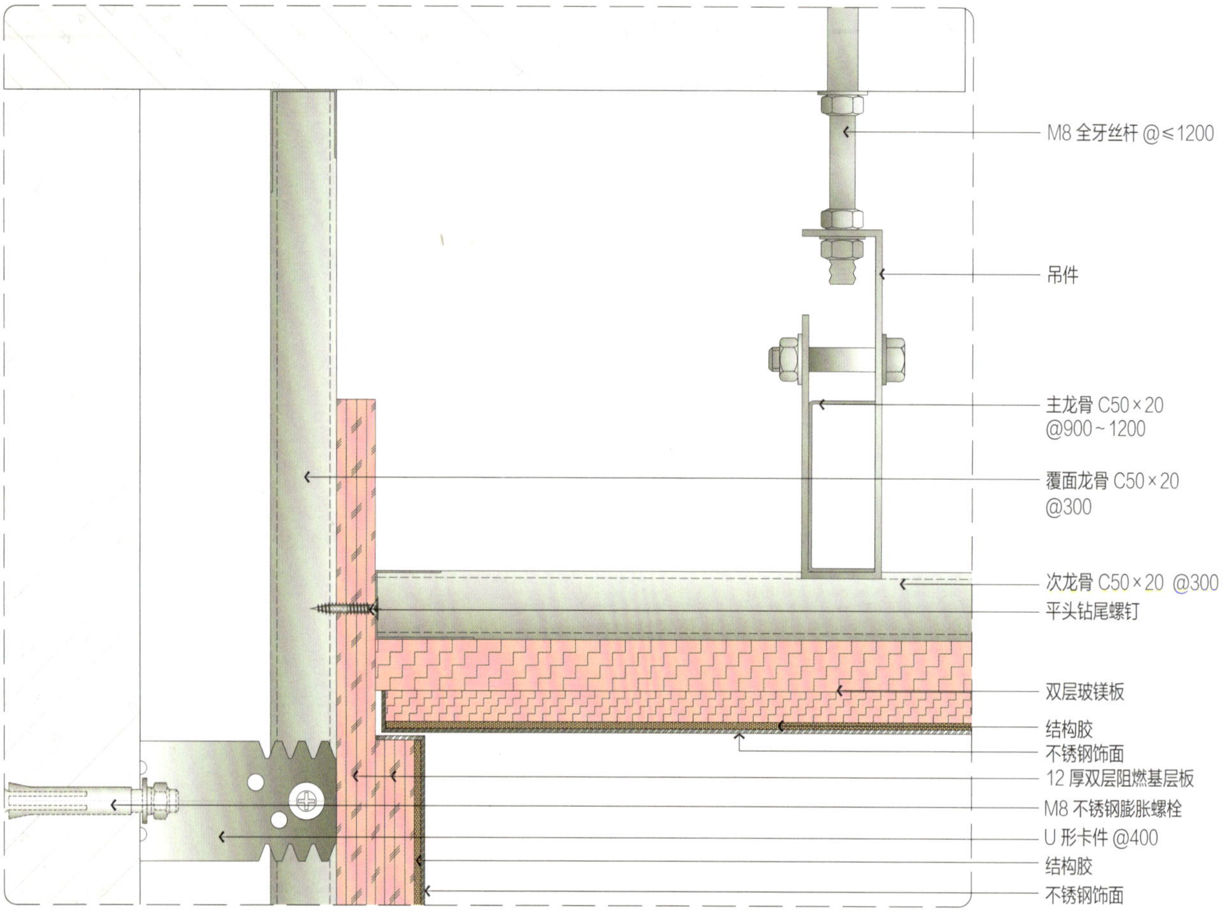

S 吊顶不锈钢与墙面不锈钢压边工艺

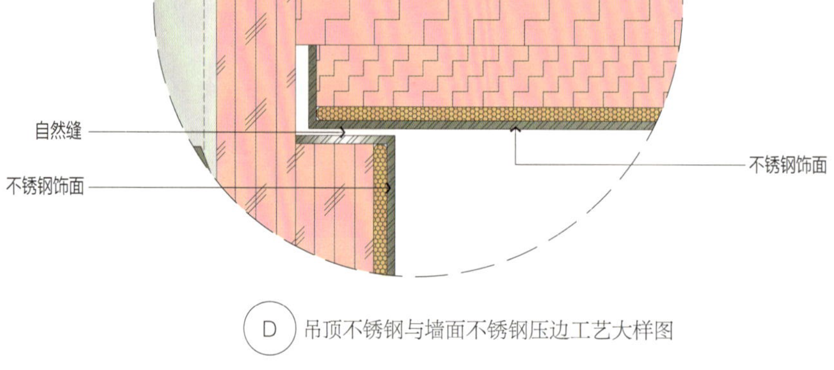

D 吊顶不锈钢与墙面不锈钢压边工艺大样图

适用范围

吊顶不锈钢与墙面不锈钢压边工艺的适用范围包括车站、机场、医院等场所的室内装饰空间。吊顶与墙面不锈钢压边工艺相对简单，能够呈现出简洁、大气的外观，营造出一种现代、时尚的氛围。具体的收口方式应根据项目的装饰需求和设计要求来确定。

材料类别

面层材料：不锈钢饰面。

基层材料：主龙骨 C50 × 20 mm、次龙骨 C50 × 20 mm 、覆面龙骨 C50 × 20 mm、阻燃基层板、玻镁板、结构胶、U 形卡件、平头钻尾螺钉、吊件。

材料图片

古铜拉丝不锈钢

阻燃基层板

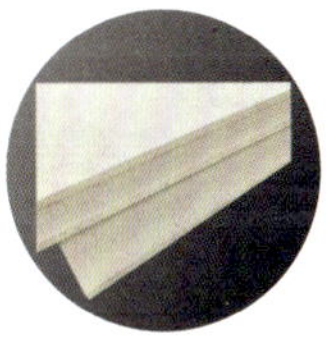
玻镁板

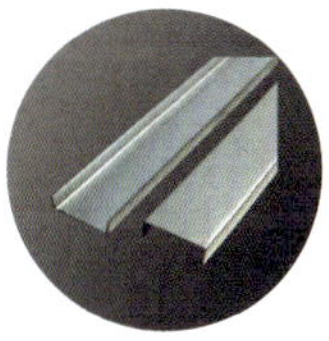
主龙骨

次龙骨

吊件

模拟构造

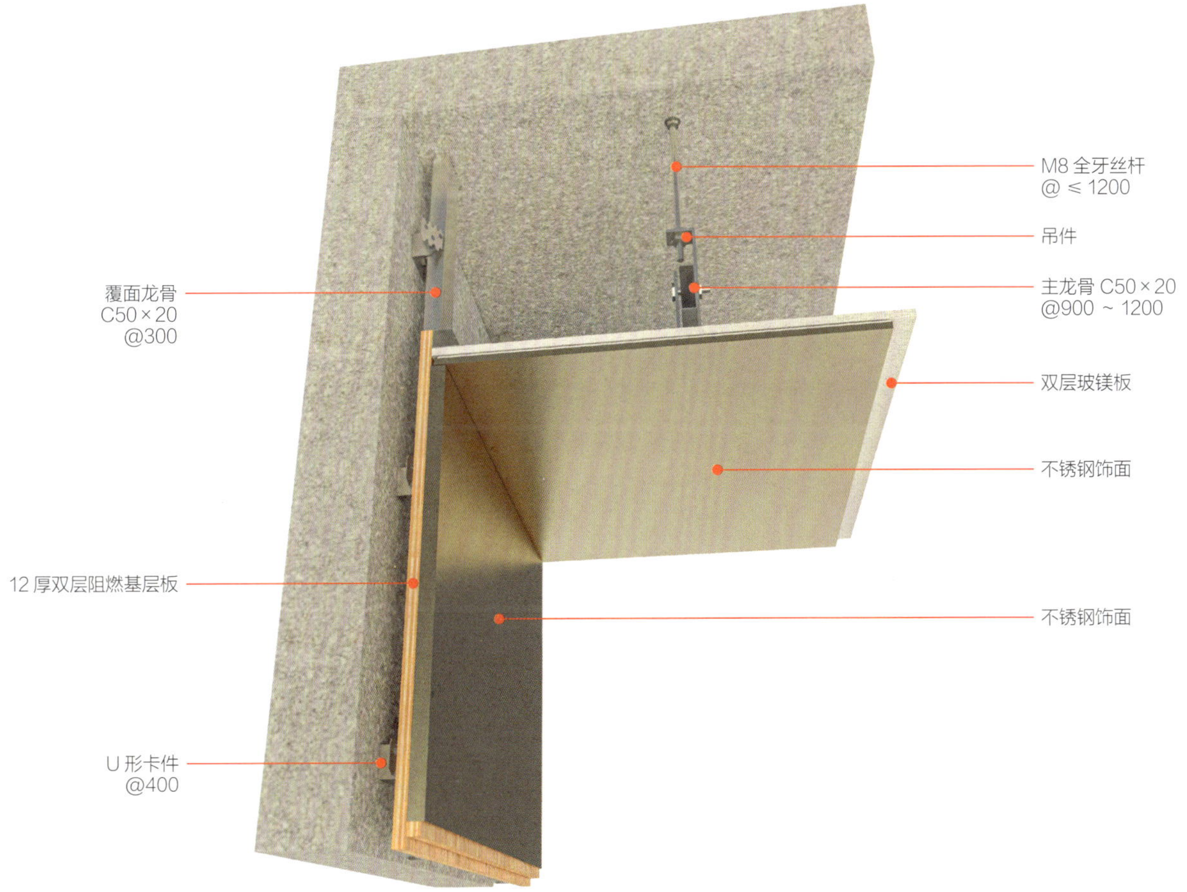

三维构造模型

深化与施工要点

深化收口六字诀

撞 › 压 › 嵌 › 收 › 断 › 插

收口“压”字诀：压接工艺讲先后，湿先干后有节奏；平压顺压变化多，一压百了往上扣。

1.图纸深化：根据材料特性进行面层收口节点优化，依据设计要求及材料规格尺寸，对墙面与顶面的不锈钢饰面进行深化排板，并按照规范要求及使用功能对综合机电点位进行排板优化。其中天花采用1.5 mm厚不锈钢单体板块，长度不宜大于3 m，宽度不宜大于1.5 m，避免板幅过大导致板面不平。天花不锈钢伸入墙面以内20 mm。

2.技术交底：核对现场机电标高尺寸深化综合天花图，核实现场完成面尺寸，对墙面、顶面不锈钢深化排板。根据顶面造型深化不锈钢安装节点，不锈钢按下单图在专业工厂加工至成品后，在现场进行安装。

深化管控要点

1.排板策划：根据项目需求及天花造型深化墙顶收口节点，按照设计要求选择合适的不锈钢规格和安装方式，保证不锈钢的质量和造型效果，并确保不锈钢安装牢固、平整。

2.综合点位：根据各专业点位图及装饰专业天花造型图纸，在符合相关标准和规范的基础上，深化排板综合点位，确保符合点位横平竖直、对称均分等原则。相关专业的图纸包含消防、暖通、空调、强电、弱电、灯光等。

3.现场交底：根据综合天花深化图（签字版）完成对天花标高线与机电控制线的放线。墙面基层根据不锈钢排板图留槽，保证不锈钢折边插入基层里，所有天花机电末端点位在天花基层封板前均应做好强制定位工作，墙面机电末端点位居饰面板幅中，并进行强制定位。

施工管控要点

1.安装工序：定位放线 → 隐蔽施工 → 龙骨基层 → 天花不锈钢 → 墙面不锈钢

2.施工管控：材料进场时应严格把控基层与面层材料验收，按规范要求抽样复查。检查沿墙边处天花表面平整度，确保墙面材料安装顺直，面层材料安装完后墙顶之间留1 ~ 2 mm宽自然缝。对不锈钢安装进行实时监测，若出现偏差，应及时调整，确保成品效果“平、直、顺、齐、精、准”。

3.品控质检：墙面、顶面不锈钢饰面表面应保证洁净、色泽一致，天花与墙面留缝距离应确保大小一致、平整顺直、棱角方正。严格检查点位排布情况，确保点位排布笔直成线，排布均匀，排布间距满足相关规范及设计要求。

实景照片

吊顶不锈钢与墙面不锈钢压边工艺

T8.4 吊顶铝板与墙面烤漆玻璃收口工艺（断边）

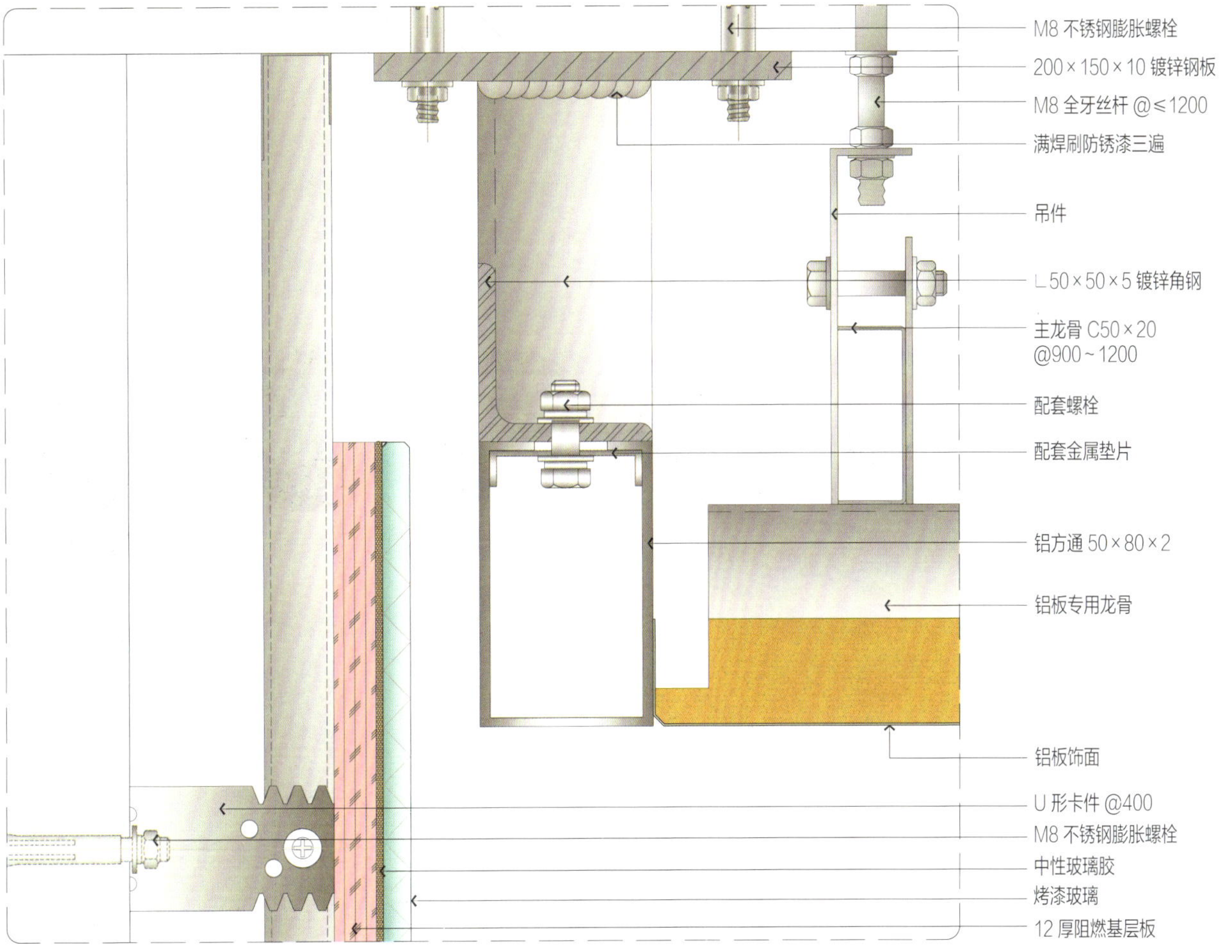

(S) 吊顶铝板与墙面烤漆玻璃收口工艺（断边）

(D) 吊顶铝板与墙面烤漆玻璃收口工艺（断边）大样图

适用范围

吊顶铝板与墙面烤漆玻璃断边工艺，适用范围包括车站、机场、医院等场所的室内顶面装饰。此工艺能够有效收墙面玻璃于阴角，增强空间感，呈现出一种现代、时尚的氛围。具体的收口方式应根据项目的装饰需求和设计要求来确定。

材料类别

面层材料：铝板饰面、烤漆玻璃、铝方通。

基层材料：主龙骨 C50 × 20 mm、覆面龙骨 C50 × 20 mm、∟50 mm × 50 mm × 5 mm 镀锌角钢、阻燃基层板、中性玻璃胶、200 mm × 150 mm × 10 mm 镀锌钢板、U 形卡件、铝板专用龙骨、铝板卡件、吊件。

材料图片

铝板饰面

烤漆玻璃

铝方通

阻燃基层板

主龙骨

铝板卡件

模拟构造

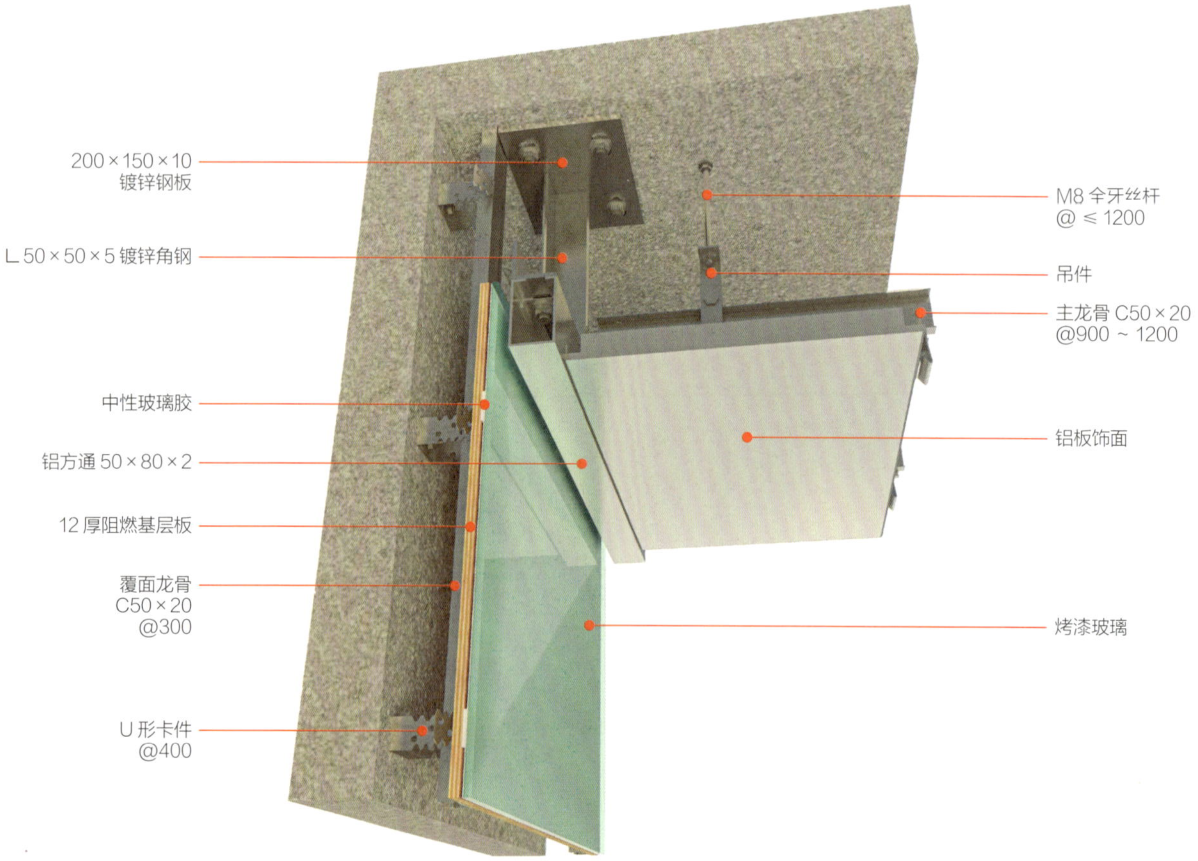

三维构造模型

深化与施工要点

深化收口六字诀

撞 》 压 》 嵌 》 收 》 断 》 插

收口“断”字诀：断缝工艺有个性，以虚当实讲意境；真断似断筋骨连，高大空间较适用。

1.图纸深化：根据材料特性进行面层收口节点优化，依据设计要求及材料规格尺寸，对墙面烤漆玻璃与顶面铝板饰面进行深化排板，并按照规范要求及使用功能对综合机电点位进行排板优化。其中天花铝板与墙面玻璃之间断边处需留空，天花铝板留空处采用铝板同色铝方通收口。铝方通与墙面玻璃之间应留空20 mm宽，墙面玻璃顶部伸入天花完成面以内尺寸不宜小于80 mm。

2.技术交底：核对现场机电标高尺寸深化综合天花图，核实现场完成面尺寸，对墙面烤漆玻璃、顶面铝板深化排板。天花铝板与墙面玻璃之间采用断边工艺，根据顶面造型及检修要求深化铝板安装节点，龙骨形式要与铝板配套，顶面上的灯具、风口、设备等应与铝板尺寸吻合，保证接缝严密。

深化管控要点

1.排板策划：根据项目需求及天花造型深化墙顶收口节点，按照设计要求选择合适的铝板规格和配套龙骨，保证铝板的质量和造型效果，并确保铝板安装牢固、平整。

2.综合点位：根据各专业点位图及装饰专业天花造型图纸，在符合相关标准和规范的基础上，深化排板综合点位，确保符合点位横平竖直、对称均分等原则。相关专业的图纸包含消防、暖通、空调、强电、弱电、灯光等，组织各专业单位对综合天花深化图会签。

3.现场交底：根据综合天花深化图（签字版）完成对天花标高线与机电控制线的放线。根据铝板排板图安装主次龙骨，铝板之间的缝隙要均匀一致。所有天花机电末端点位在天花基层封板前均应做好强制定位工作，墙面机电末端点位居饰面板幅中，并进行强制定位。

施工管控要点

1.安装工序：定位放线 → 隐蔽施工 → 龙骨基层 → 铝方通 → 天花铝板 → 墙面玻璃

2.施工管控：材料进场时应严格把控基层与面层材料验收，按规范要求抽样复查。墙面烤漆玻璃应加尺超过天花完成面50 mm，烤漆玻璃基层采用多层板时应开槽处理，释放变形应力，防止玻璃后期自爆。

3.品控质检：墙面玻璃、顶面铝板饰面表面应保证洁净、色泽一致，严格检查点位排布情况，确保点位排布笔直成线，排布均匀，排布间距满足相关规范及设计要求。天花与墙面之间留空尺寸应确保大小一致、平整顺直、对缝、连贯。

实景照片

吊顶铝板与墙面烤漆玻璃收口工艺（断边）

T8.5 吊顶铝板与墙面烤漆玻璃收口工艺（L 形收边条）

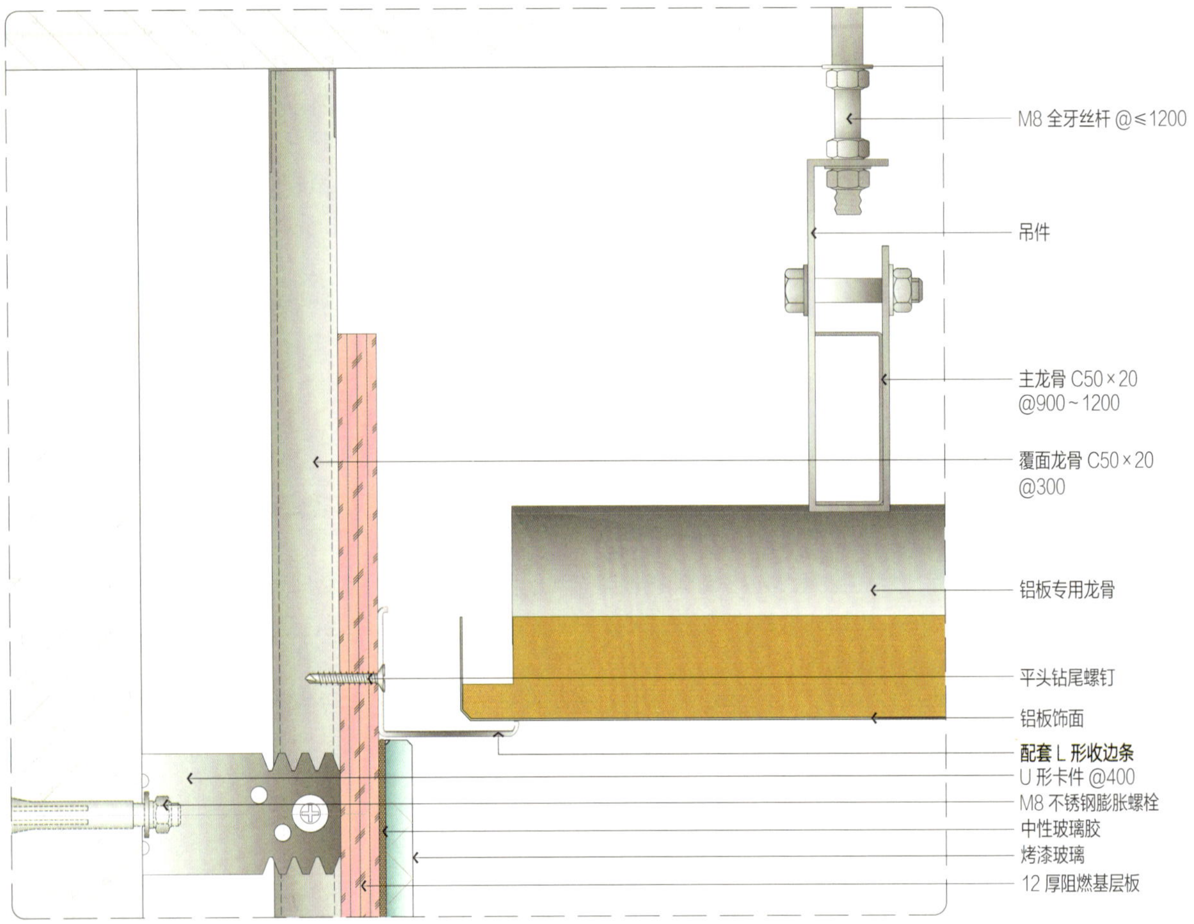

S 吊顶铝板与墙面烤漆玻璃收口工艺（L 形收边条）

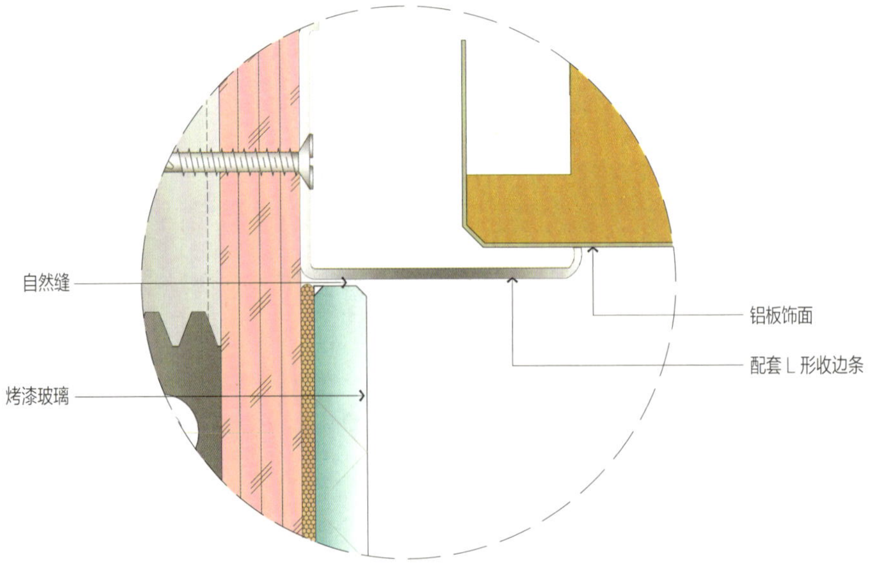

D 吊顶铝板与墙面烤漆玻璃收口工艺（L 形收边条）大样图

适用范围

吊顶铝板与墙面烤漆玻璃L形收边条收口工艺，适用范围包括车站、机场、医院等场所的室内装饰空间。L形收边条工艺相对简单，可以根据需要进行定制和调整。收边条与吊顶铝板的颜色和质感相协调，可提升整体的美观度。具体的收口方式应根据项目的装饰需求和设计要求来确定。

材料类别

面层材料：铝板饰面、烤漆玻璃、配套L形收边条。

基层材料：主龙骨 C50×20 mm、覆面龙骨 C50×20 mm、铝板专用龙骨、阻燃基层板、中性玻璃胶、U形卡件、平头钻尾螺钉、铝板卡件、吊件。

材料图片

铝板饰面

烤漆玻璃

L形收边条

阻燃基层板

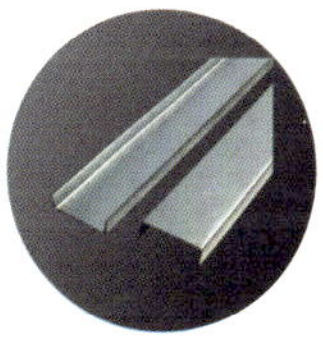
主龙骨

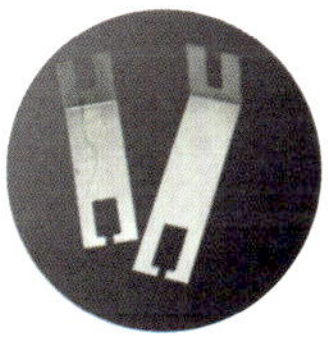
铝板卡件

模拟构造

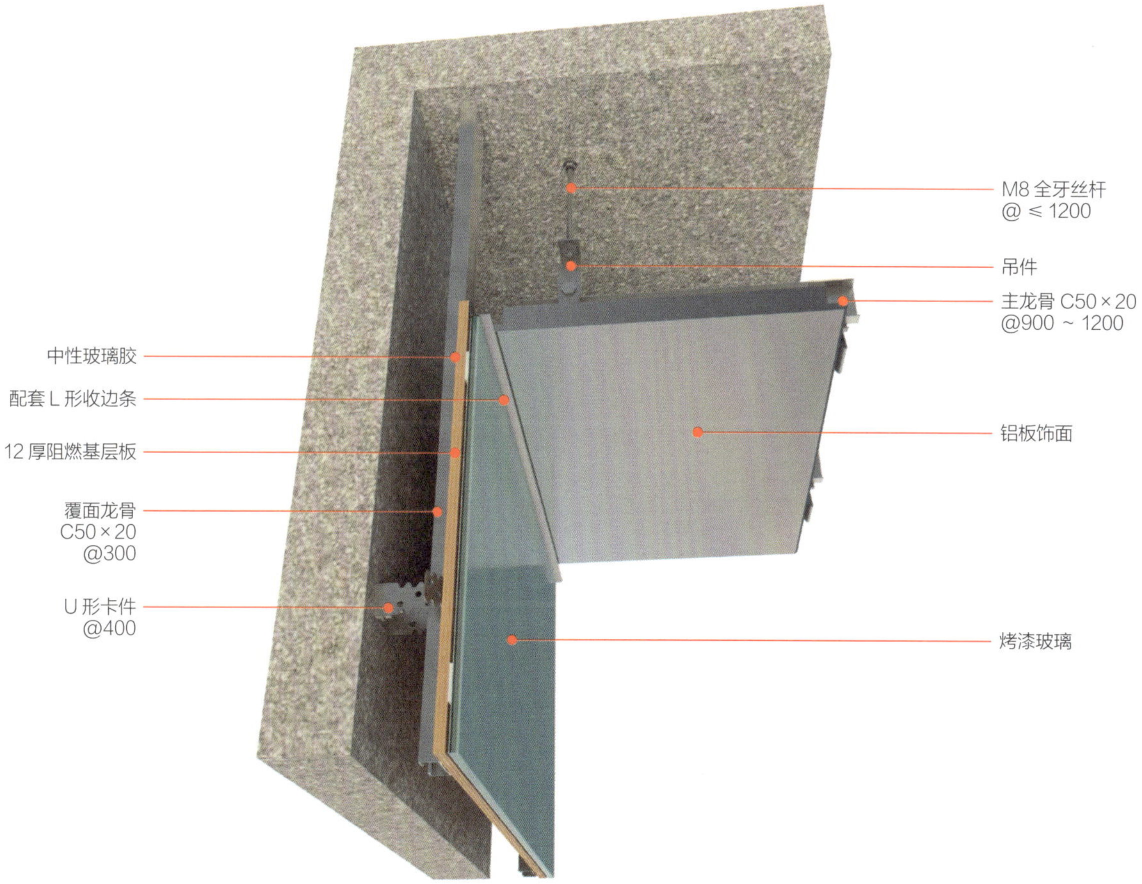

三维构造模型

深化与施工要点

深化收口六字诀

撞 》压 》嵌 》收 》断 》插

收口“收”字诀：吊顶收边应用早，空间闭合顺墙跑；材质变化随主材，找平到位效果好。

1.图纸深化：根据材料特性进行面层收口节点优化，依据设计要求及材料规格尺寸，对墙面烤漆玻璃与顶面铝板饰面进行深化排板，并按照规范要求及使用功能对综合机电点位进行排板优化。铝板吊顶配套L形收边条需采用平头钻尾螺钉固定于墙面阻燃板基层上，用来为顶面铝板收边。

2.技术交底：核对现场机电标高尺寸深化综合天花图，核实现场完成面尺寸，对墙面烤漆玻璃、顶面铝板深化排板。根据顶面造型及检修要求深化铝板安装节点，龙骨形式要与铝板配套，顶面上的灯具、风口、设备等应与铝板尺寸吻合，保证接缝严密。

深化管控要点

1.排板策划：根据项目需求及天花造型深化墙顶收口节点，按照设计要求选择合适的铝板规格和配套龙骨，保证铝板的质量和造型效果。同一沿线上的L形收边条应连续贯通，当出现跌级造型方案时，L形条收边条需合理拼接，遵循斜角密拼、视觉弱化的原则。

2.综合点位：根据各专业点位图及装饰专业天花造型图纸，在符合相关标准和规范的基础上，深化排板综合点位，确保符合点位横平竖直、对称均分等原则。相关专业的图纸包含消防、暖通、空调、强电、弱电、灯光等，组织各专业单位对综合天花深化图会签。

3.现场交底：根据综合天花深化图（签字版）完成对天花标高线与机电控制线的放线。根据铝板排板图安装主次龙骨，铝板之间的缝隙要均匀一致。所有天花机电末端点位在天花基层封板前均应做好强制定位工作，墙面机电末端点位居饰面板幅中，并进行强制定位。

施工管控要点

1.安装工序：定位放线 → 隐蔽施工 → 龙骨基层 → 墙面玻璃 → 金属收边 → 天花铝板

2.施工管控：材料进场时应严格把控基层与面层材料验收，按规范要求抽样复查。烤漆玻璃基层采用多层板时应开槽处理，释放变形应力，防止玻璃后期自爆。墙面烤漆玻璃安装平整、上口齐平，保证顶面铝板线条安装顺直、缝隙严密。

3.品控质检：墙面玻璃、顶面铝板饰面表面应保证洁净、色泽一致，天花收口条应平直、宽度一致。严格检查点位排布情况，确保点位排布笔直成线，排布均匀，排布间距满足相关规范及设计要求。

实景照片

吊顶铝板与墙面烤漆玻璃收口工艺（L形收边条）

U

地面收口工艺

U1~U8

U1 地面石材与瓷砖收口工艺

U1.1 地面石材与瓷砖平撞工艺（L 形铜条）

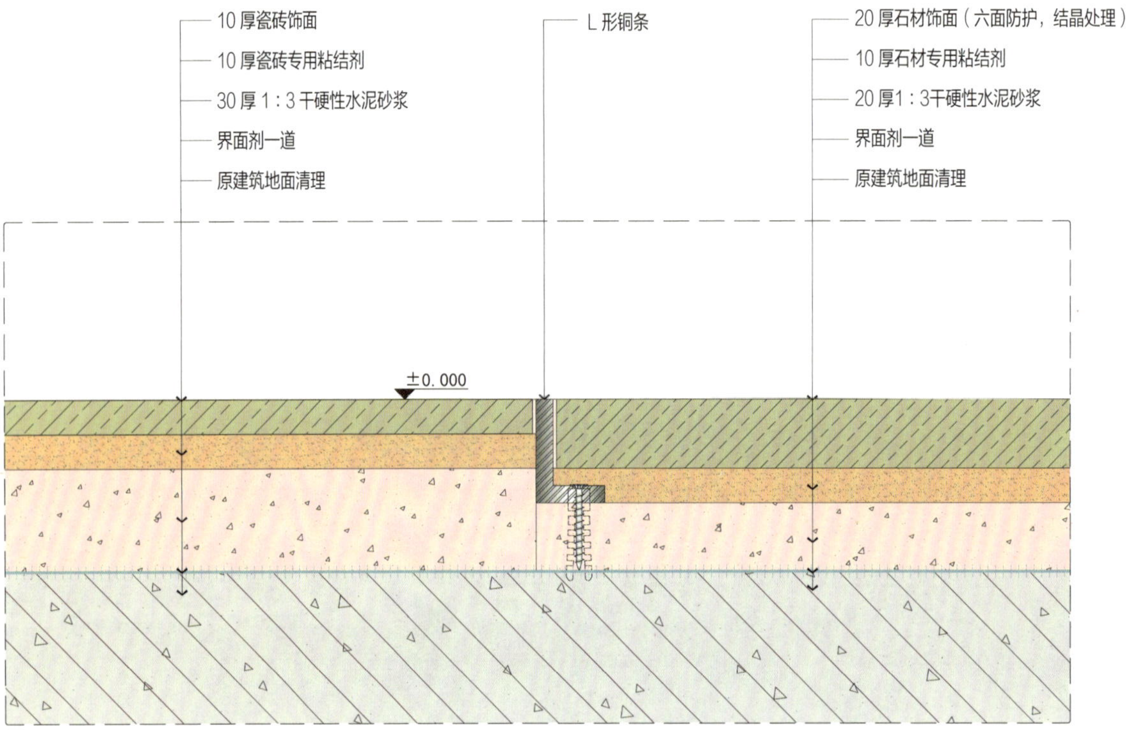

(S) 地面石材与瓷砖平撞工艺（L形铜条）

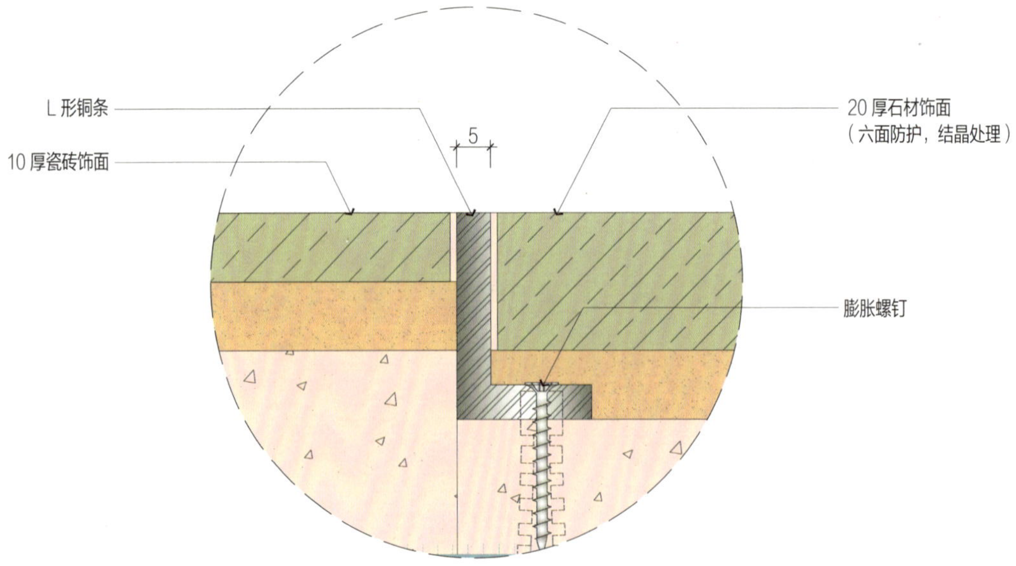

(D) 地面石材与瓷砖平撞工艺（L形铜条）大样图

适用范围

地面石材与瓷砖L形铜条平撞收口工艺，适用范围包括酒店、办公楼、医院、商场等场所的室内装饰空间。铜条具有一定的耐磨、防滑性能，使石材与瓷砖的缝隙更加美观，避免了传统收口方式可能带来的突兀感，整体效果更加和谐统一。具体的收口方式应根据项目的装饰需求和设计要求来确定。

材料类别

面层材料：20 mm厚石材饰面、10 mm厚瓷砖饰面、L形铜条。

基层材料：石材专用粘结剂、瓷砖专用粘结剂、界面剂、膨胀螺钉。

材料图片

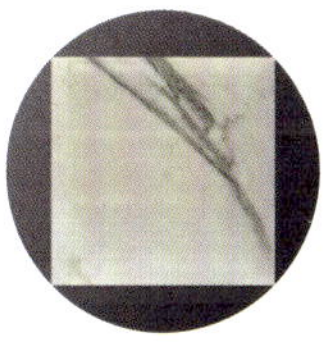
石材饰面

瓷砖饰面

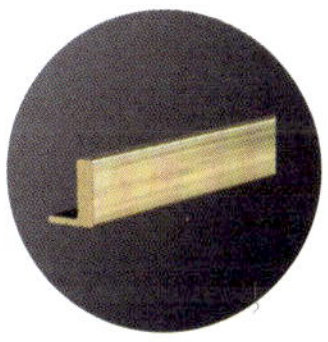
L形铜条

石材专用粘结剂

界面剂

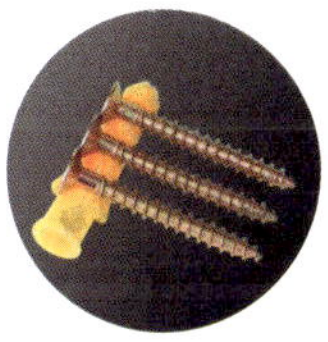
膨胀螺钉

模拟构造

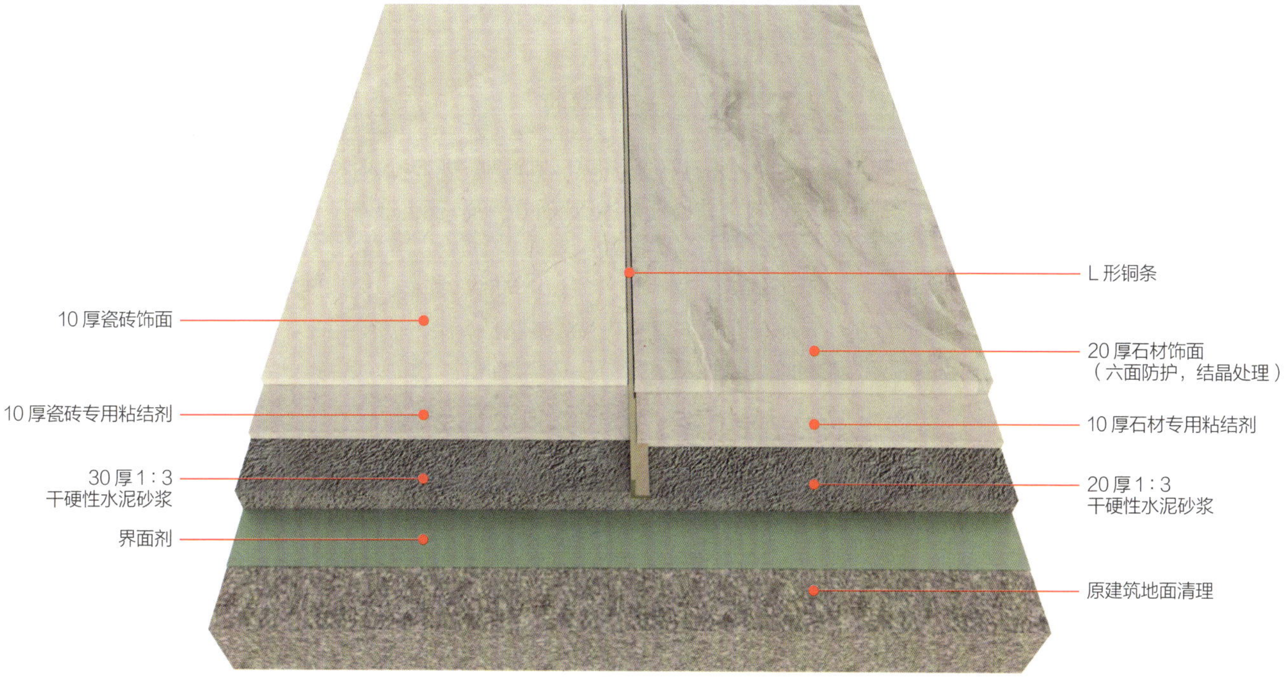

三维构造模型

深化与施工要点

深化收口六字诀

撞 〉 压 〉 嵌 〉 收 〉 断 〉 插

收口“撞”字诀：撞接收口自常在，不同质地软撞硬；密缝无胶收阴角，不留维保后遗症。

1.图纸深化：深化地面标高、石材与瓷砖收口节点，依据设计要求及材料规格尺寸对石材、瓷砖饰面进行深化排板，按照使用功能对机电点位进行排板定位，定位要符合板幅居中原则。

2.技术交底：根据现场放线和实际测量尺寸绘制石材排板图。地面石材铺装前，L形铜条应沿定位线安装并保证调平完毕，宜在L形铜条沿线上的合理位置选取瓷砖和石材的起铺点，与铜条交接处的石材侧面应做打磨见光处理，瓷砖侧面为非切割面，并保证收口顺直。待瓷砖铺贴完成后，将L形铜条定位并进行预埋安装，最后安装石材，一次顺利完工。

深化管控要点

1.排板策划：不同品种石材的矿山荒料都有特定的规格尺寸，深化排板下单时，应结合石材大板（未经过进一步加工的初始石材板材）尺寸合理分割石材板幅，提高石材出材率，减少不必要的石材损耗。L形铜条拼接缝应与地面瓷砖及石材进行对缝，其中瓷砖缝、石材缝、L形铜条拼接缝，此“三缝”应贯通相连。

2.下单审核：面层收口及排板需符合设计要求，下单图由驻场深化负责人员与施工负责人员共同审核，审核内容包括物料编号、排板效果、收口节点、石材放量尺寸、石材与瓷砖加工清单及现场下单尺寸等信息。

3.现场交底：铜条折边加工成L形，应保证安装顺直，并提前与基层安装牢固。L形铜条的安装高度应保证与石材、瓷砖完成面齐平，石材与瓷砖表面应平整、洁净，与铜条收口平直且无缝隙。地面机电点位根据排板图现场进行强制定位。

施工管控要点

1.安装工序：定位放线 → 基层处理 → 地面瓷砖 → 金属条 → 地面石材

2.施工管控：材料进场时应严格把控石材、瓷砖、L形铜条验收，按规范要求抽样复查。施工前应将地面清理干净并均匀涂刷界面剂，避免基层空鼓。对石材与瓷砖铺贴进行实时监测，若出现偏差，应及时调整，确保成品效果“平、直、顺、齐、精、准”。

3.品控质检：确保厂家石材有充足供货量，对石材大板进行精挑细选，规格板切割后在车间进行预排板，调整对纹与色差。地面石材密拼缝隙不得大于1mm，面层与基层需黏合牢靠，确保无空鼓，L形铜条需安装牢固且无弯曲变形现象。根据地面石材和瓷砖的颜色调整地面勾缝胶剂，勾缝颜色与地面材质颜色应保持一致。地面铺贴完成后，需要用地面专用保护膜满铺保护。

实景照片

地面石材与瓷砖平撞工艺（L形铜条）

U1.2 地面石材与石材平撞工艺（密拼）

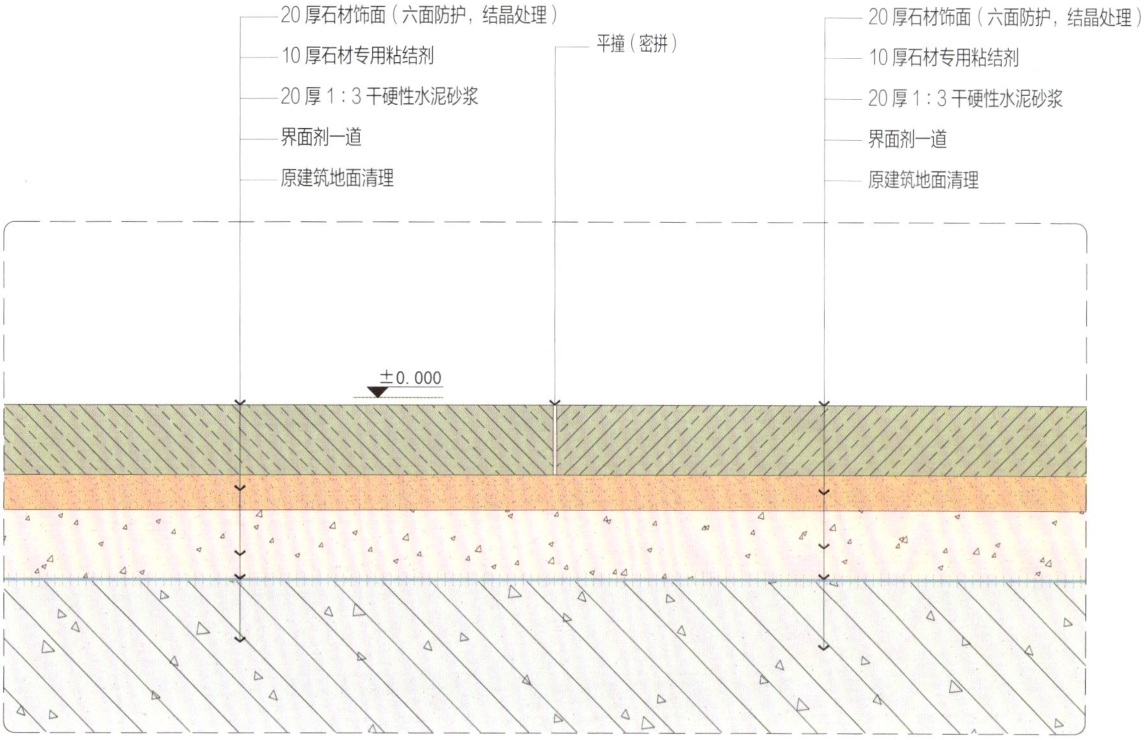

S 地面石材与石材平撞工艺（密拼）

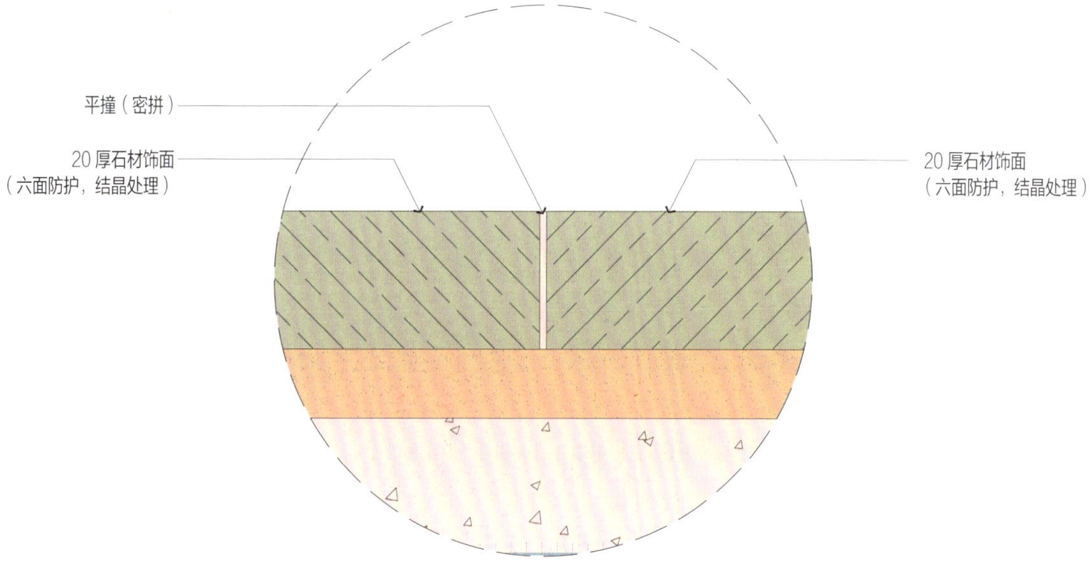

D 地面石材与石材平撞工艺（密拼）大样图

适用范围

地面石材与石材平撞工艺的适用范围包括酒店、办公楼、医院、商场等场所的室内装饰空间。平撞工艺对石材的支撑更加均匀，可避免后期开裂风险，使地面整体看起来更加平整、美观，提高空间的装饰效果。具体的收口方式应根据项目的装饰需求和设计要求来确定。

材料类别

面层材料：20 mm厚石材饰面。
基层材料：石材专用粘结剂、界面剂。

材料图片

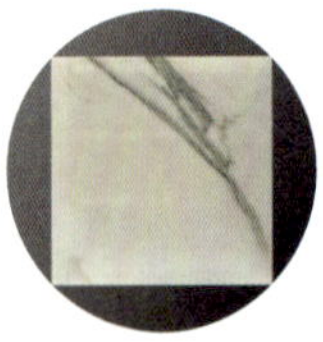
石材饰面

石材专用粘结剂

界面剂

模拟构造

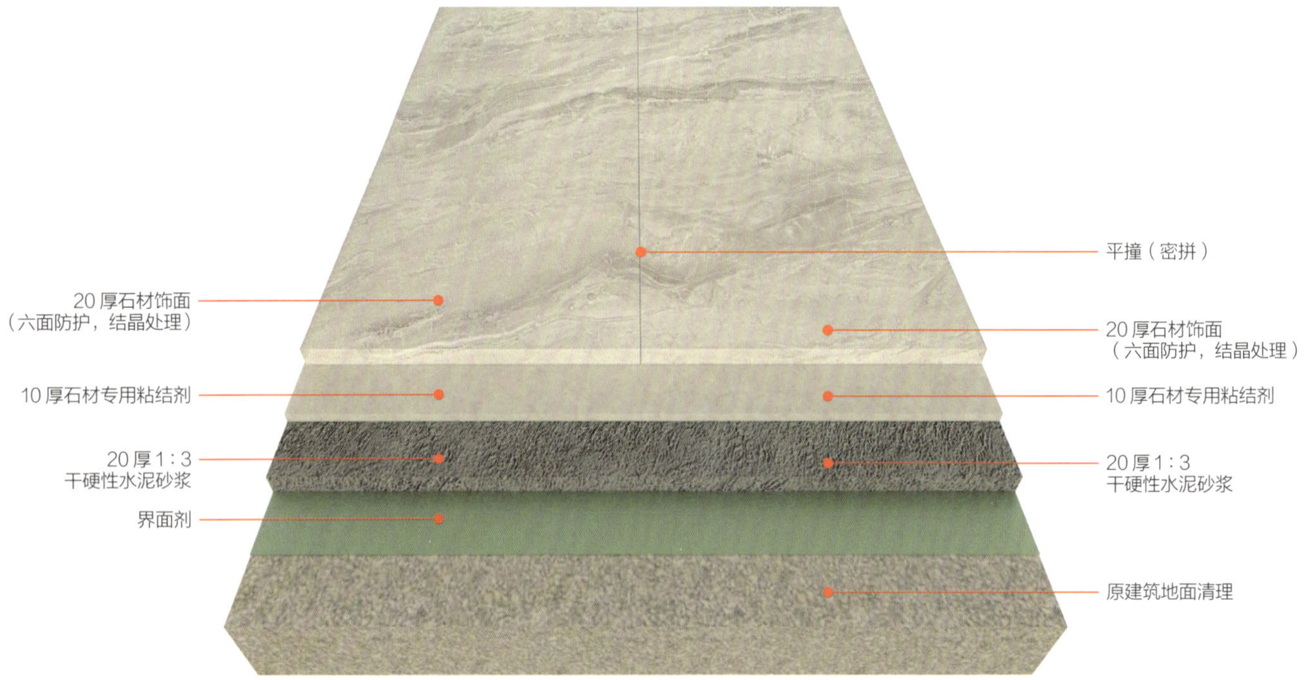

三维构造模型

深化与施工要点

深化收口六字诀

撞 》 压 》 嵌 》 收 》 断 》 插

收口“撞”字诀：撞接收口自常在，不同质地软撞硬；密缝无胶收阴角，不留维保后遗症。

1. 图纸深化：深化地面标高、石材收口节点，依据设计要求及材料规格尺寸，对石材饰面进行深化排板，并按照使用功能对机电点位进行排板定位。应保证石材与石材平撞密拼，板面齐平无落差。

2. 技术交底：根据现场放线和实际测量尺寸绘制石材排板图。石材地面找平厚度不宜小于20 mm。施工时先对带线作业石材进行预拼排板，对纹对色后，严格按照起铺点进行铺装，根据石材编号依次安装，一次顺利完工。

深化管控要点

1. 排板策划：不同品种石材的矿山荒料都有特定的规格尺寸，深化排板下单时，应结合石材大板尺寸合理分割石材板幅，提高石材出材率，减少不必要的石材损耗。地面石材之间对缝时，石材缝应贯通相连。

2. 下单审核：面层收口及排板需符合设计要求，下单图由驻场深化负责人员与施工负责人员共同审核，审核内容包括物料编号、排板效果、收口节点、石材放量尺寸、石材加工清单及现场下单尺寸等信息。

3. 现场交底：石材表面应平整、无翘曲变形、无色差，拼缝均匀一致，对纹石材需严格按排板图编号进行铺贴。地面机电点位根据排板图现场进行强制定位。

施工管控要点

1. 安装工序：定位放线 → 基层处理 → 地面石材

2. 施工管控：材料进场时应严格把控石材验收，按规范要求抽样复查。施工前应将地面清理干净并均匀涂刷界面剂，避免基层空鼓。对石材铺贴进行实时监测，若出现偏差，应及时调整，确保成品效果“平、直、顺、齐、精、准”。

3. 品控质检：确保厂家石材有充足供货量，对石材大板进行精挑细选，规格板切割后在车间进行预排板，调整对纹与色差。地面石材密拼缝隙不得大于1 mm，面层与基层需黏合牢固，确保无空鼓。根据地面石材的颜色调整地面勾缝胶剂的颜色，地面施工完成后，需要用地面专用保护膜满铺保护。

实景照片

墙面石材与石材平撞工艺（密拼）

U2 地面石材与木地板收口工艺

U2.1 地面石材与木地板平撞工艺（石材倒 3 mm×3 mm 斜边）

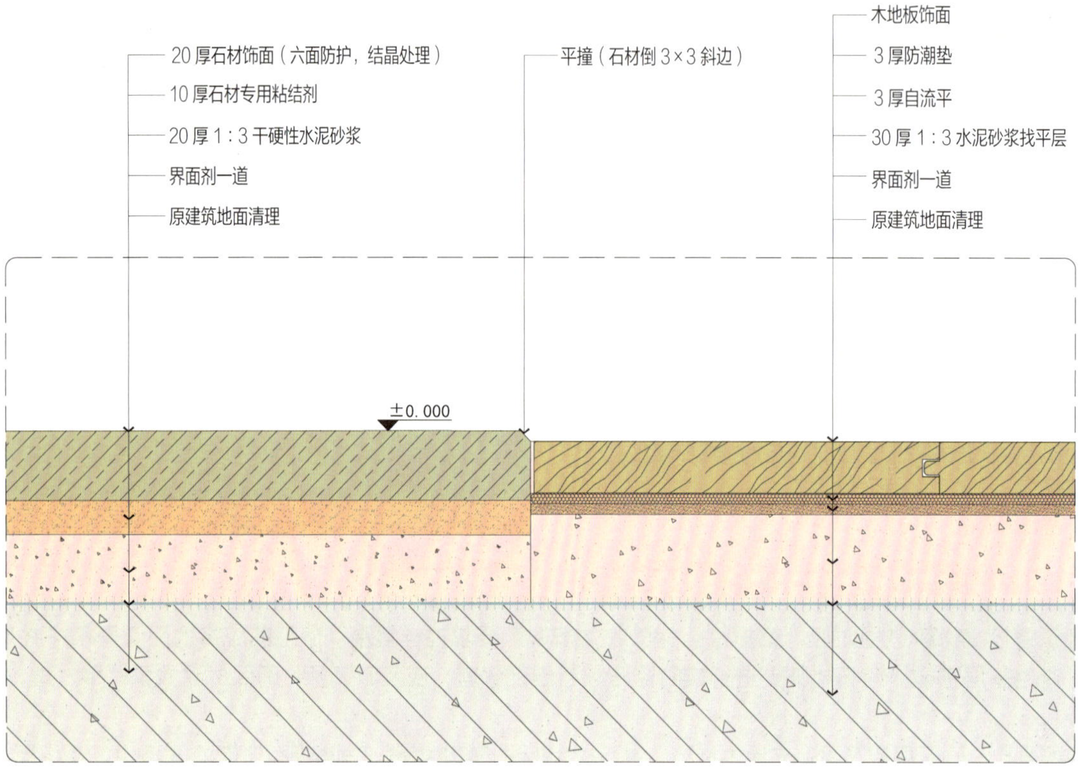

S 地面石材与木地板平撞工艺（石材倒3×3斜边）

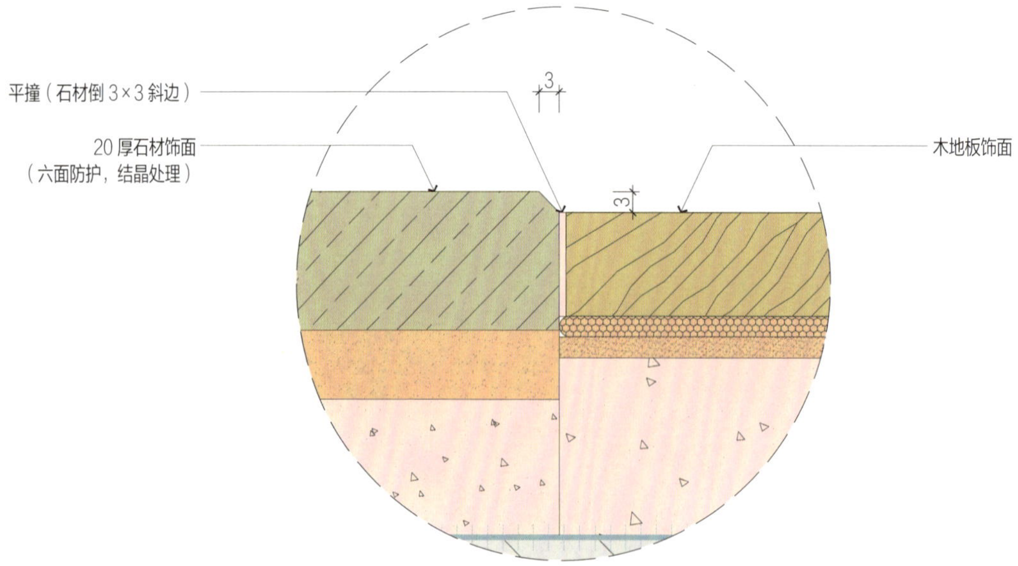

D 墙面石材与木地板平撞工艺（石材倒3×3斜边）大样图

适用范围

地面石材与木地板平撞工艺的适用范围包括酒店、办公楼、医院、商场等场所的室内装饰空间。石材与木地板平撞工艺相对简单，通过倒角可以使两种材质很好地过渡，结合在一起能呈现出更丰富的视觉效果，提升整体的美观度。具体的收口方式应根据项目的装饰需求和设计要求来确定。

材料类别

面层材料：20 mm厚石材饰面、木地板饰面。

基层材料：石材专用粘结剂、防潮垫、自流平、界面剂。

材料图片

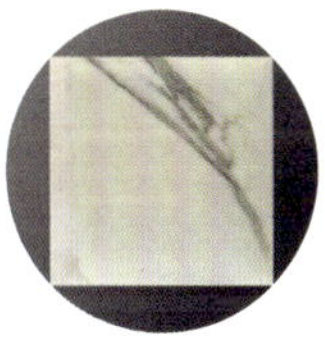
石材饰面

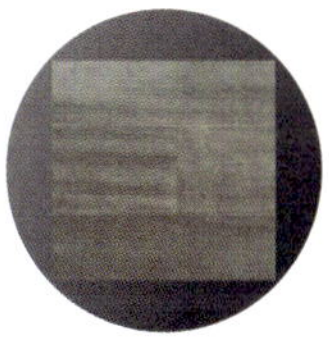
木地板饰面

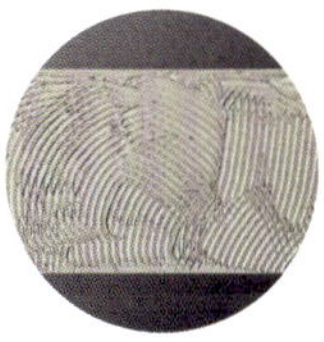
石材专用粘结剂

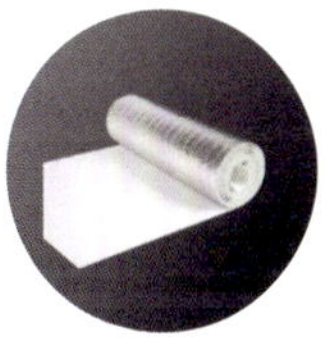
防潮垫

界面剂

模拟构造

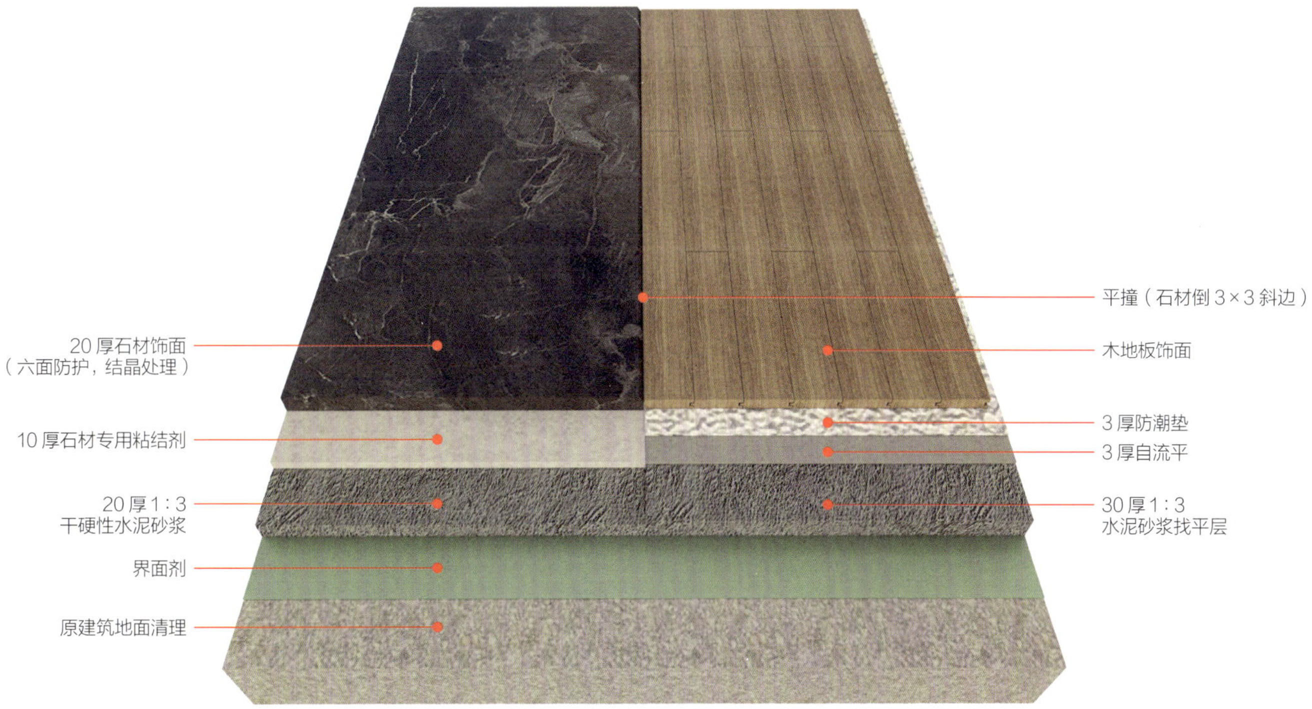

三维构造模型

深化与施工要点

深化收口六字诀

撞 〉 压 〉 嵌 〉 收 〉 断 〉 插

收口“撞”字诀：撞接收口自常在，不同质地软撞硬；密缝无胶收阴角，不留维保后遗症。

1.图纸深化：深化地面标高、石材与木地板收口节点，依据设计要求及材料规格尺寸进行石材、木地板饰面深化排板，按照使用功能进行机电点位排板定位，石材与木地板错位撞接，撞接处石材一端倒角3 mm×3 mm，石材地面高于木地板地面高度不小于3 mm。

2.技术交底：根据现场放线和实际测量尺寸绘制石材排板图，铺装实木地板时，相邻板块接头应相互错开，纵向拼装宜相互排紧。施工时应带线作业对石材先行处理，木地板随后，一次顺利完工。

深化管控要点

1.排板策划：不同品种石材的矿山荒料都有特定的规格尺寸，深化排板下单时，应结合石材大板尺寸合理分割石材板幅，提高石材出材率，减少不必要的石材损耗。当地板面层与垂直的墙面相交时，需预留8 ~ 12 mm宽构造伸缝，释放地板应力，防止地板变形。

2.下单审核：面层收口及排板需符合设计要求，下单图由驻场深化负责人员与施工负责人员共同审核，审核内容包括物料编号、排板效果、收口节点、石材放量尺寸、石材与木地板加工清单及现场下单尺寸等信息。

3.现场交底：根据木地板实际厚度对地面进行找平，并将石材与木地板密拼撞接，撞接处密拼缝不应大于1 mm，木地板不宜短边与石材撞接，并注意不得长向裁切木地板。 地面机电点位根据排板图现场进行强制定位。

施工管控要点

1.安装工序：定位放线 → 基层处理 → 地面石材 → 地面木地板

2.施工管控：材料进场时应严格把控石材、木地板验收，按规范要求抽样复查。施工前应将地面清理干净并均匀涂刷界面剂，避免基层空鼓。对石材与地板铺装进行实时监测，若出现偏差，应及时调整，确保成品效果“平、直、顺、齐、精、准”。

3.品控质检：确保厂家石材有充足供货量，对石材大板进行精挑细选，规格板切割后在车间进行预排板，调整对纹与色差。 地面石材密拼缝隙不得大于1 mm，面层与基层需黏合牢固，确保无空鼓。根据地面石材和颜色调整地面勾缝胶剂的颜色。木地板面层应无明显刨痕和毛刺现象，颜色均匀一致、无色差，地面施工完成后，需要用地面专用保护膜满铺保护。

实景照片

地面石材与木地板平撞工艺（石材倒3 mm×3 mm斜边）

U2.2 地面石材与木地板平撞工艺（L 形铜条）

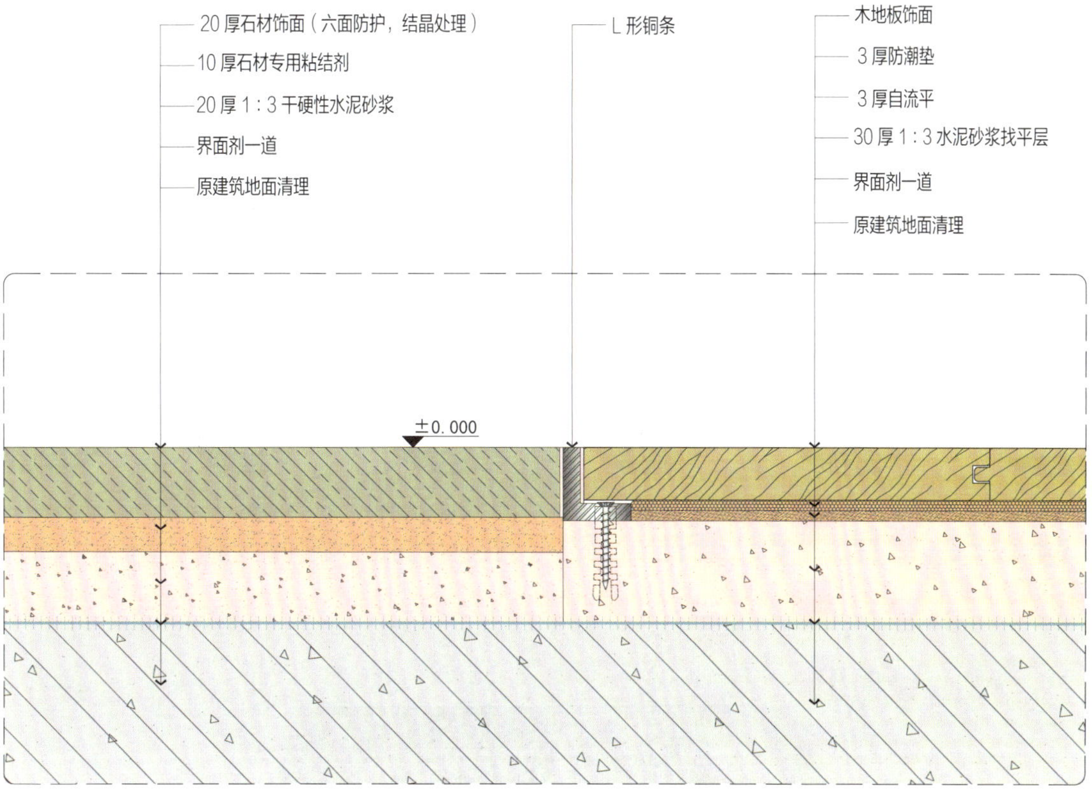

S 地面石材与木地板平撞工艺（L形铜条）

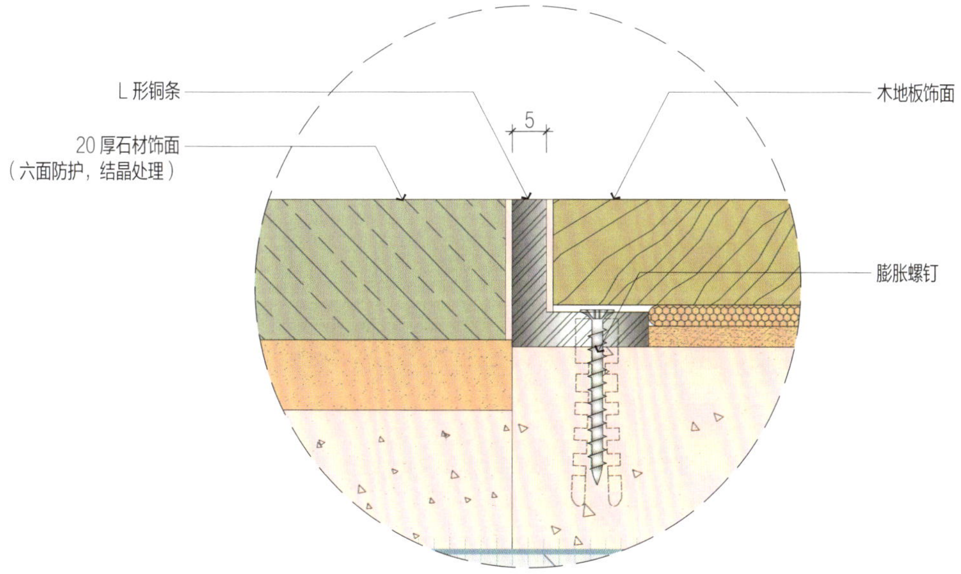

D 地面石材与木地板平撞工艺（L形铜条）大样图

适用范围

地面石材与木地板L形铜条平撞工艺的适用范围包括酒店、办公楼、别墅等场所的室内装饰空间。铜条具有一定的耐磨、防滑性能，使石材与木地板的接缝更加美观，避免了传统收口方式可能带来的突兀感，整体效果更加和谐统一。具体的收口方式应根据项目的装饰需求和设计要求来确定。

材料类别

面层材料：20 mm厚石材饰面、木地板饰面、L形铜条。

基层材料：石材专用粘结剂、防潮垫、自流平、界面剂、膨胀螺钉。

材料图片

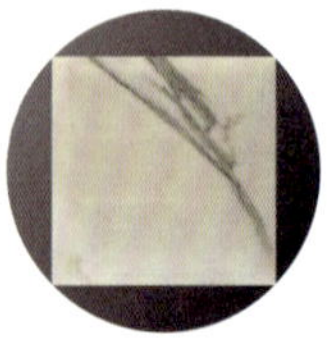

石材饰面

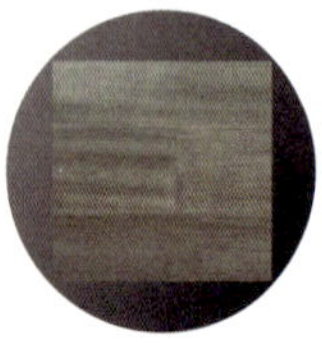

木地板饰面

L形铜条

石材专用粘结剂

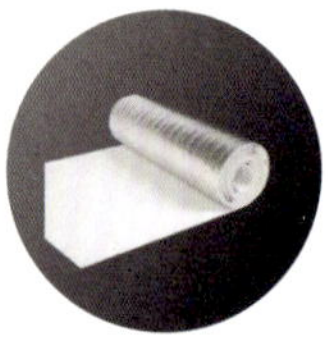

防潮垫

界面剂

模拟构造

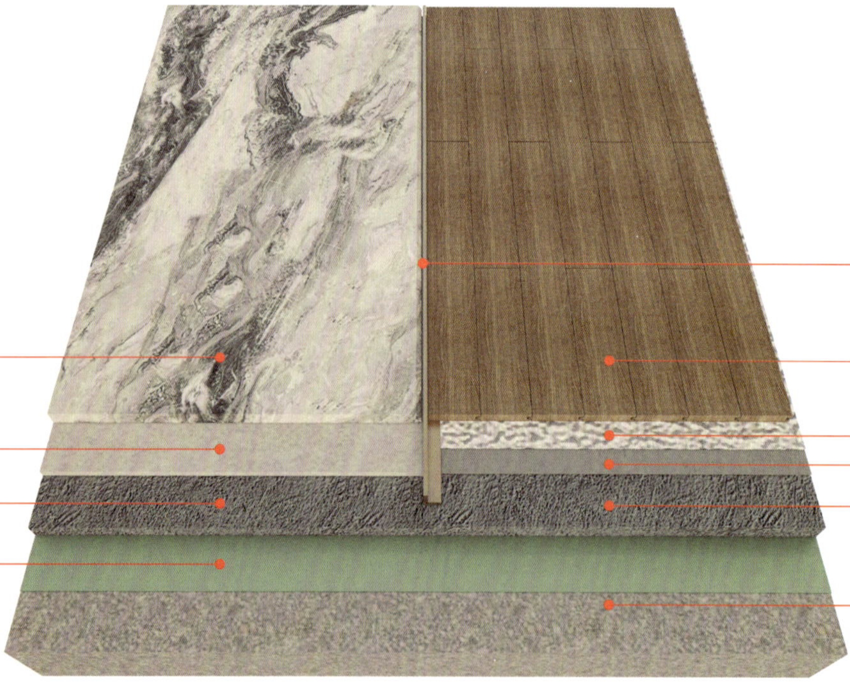

三维构造模型

深化与施工要点

深化收口六字诀

撞 〉压 〉嵌 〉收 〉断 〉插

收口"撞"字诀：撞接收口自常在，不同质地软撞硬；密缝无胶收阴角，不留维保后遗症。

1. 图纸深化：深化地面标高、石材与木地板收口节点，依据设计要求及材料规格尺寸对石材、木地板饰面进行深化排板，按照使用功能对机电点位进行排板定位，定位要符合板幅居中原则。

2. 技术交底：根据现场放线和实际测量尺寸绘制石材排板图。地面木地板铺装前，L形铜条沿定位线应安装并保证调平完毕，宜在L形铜条沿线上的合理位置选取木地板和石材的起铺点。与铜条交接处的石材侧面应做打磨见光处理，并保证收口顺直。待L形铜条定位预埋安装后，石材湿作业先行处理，最后安装木地板，一次顺利完工。

深化管控要点

1. 排板策划：不同品种石材的矿山荒料都有特定的规格尺寸，深化排板下单时，应结合石材大板尺寸合理分割石材板幅，提高石材出材率，减少不必要的石材损耗。L形铜条拼接缝应与地面木地板及石材对缝，其中木地板缝、石材缝、L形铜条拼接缝，此"三缝"应贯通相连。

2. 下单审核：面层收口及排板需符合设计要求，下单图由驻场深化负责人员与施工负责人员共同审核，审核内容包括物料编号、排板效果、收口节点、石材放量尺寸、石材与木地板加工清单及现场下单尺寸等信息。

3. 现场交底：根据木地板实际厚度对地面进行找平，应满足地板铺装完成后低于石材完成面1 mm的条件；L形铜条的安装高度应与石材完成面齐平，石材与地板表面应平整、洁净，与铜条收口平直且无缝隙。木地板不宜短边与L形铜条撞接，并注意不得长向裁切木地板，铜条处木地板需采用结构胶粘合牢固，防止后期地板起翘。地面机电点位根据排板图现场进行强制定位。

施工管控要点

1. 安装工序：定位放线 → 基层处理 → 地面石材 → 金属条 → 地面木地板

2. 施工管控：材料进场时应严格把控石材、铜条、木地板验收，按规范要求抽样复查。施工前应将地面清理干净并均匀涂刷界面剂，避免基层空鼓。对石材与木地板铺装进行实时监测，若出现偏差，应及时调整，确保成品效果"平、直、顺、齐、精、准"。

3. 品控质检：确保厂家石材有充足供货量，对石材大板进行精挑细选，规格板切割后在车间进行预排板，调整对纹与色差。地面石材密拼缝隙不得大于1 mm，面层与基层需黏合牢固，确保无空鼓，L形铜条需安装牢固且无弯曲变形现象。根据地面石材的颜色，调整地面勾缝胶剂颜色，木地板面层应无明显刨痕和毛刺现象，颜色均匀一致、无色差。地面施工完成后，需要用地面专用保护膜满铺保护。

实景照片

地面石材与木地板平撞工艺（L形铜条）

U2.3 地面石材与木地板收口工艺（L 形条压边）

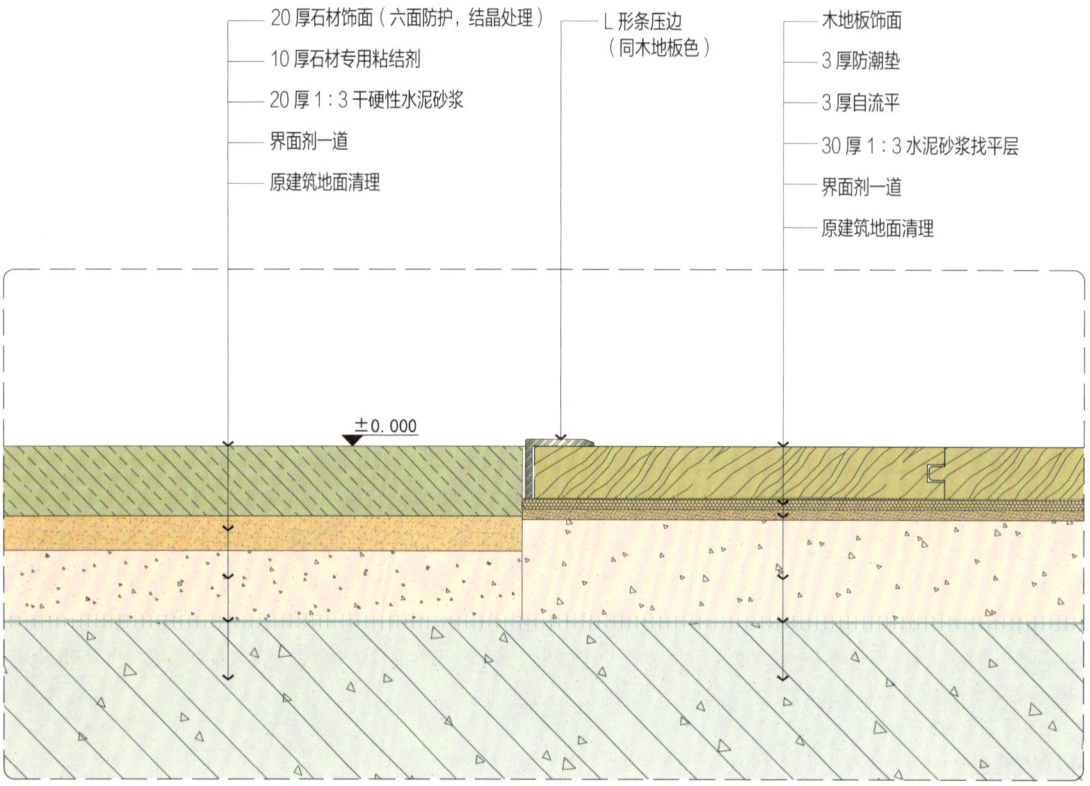

Ⓢ 地面石材与木地板收口工艺（L形条压边）

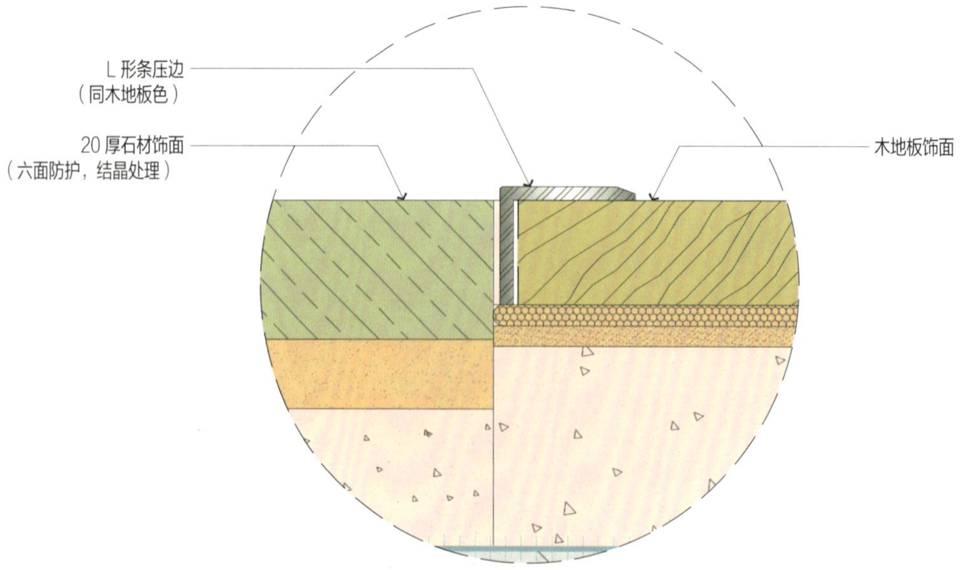

Ⓓ 地面石材与木地板收口工艺（L形条压边）大样图

适用范围

地面石材与木地板L形条压边收口工艺，适用范围包括酒店、办公楼、别墅等场所的室内装饰空间；木地板L形条压边安装方便，能够增加收口的稳定性，减少使用过程中产生的变形、翘曲等问题，增强其耐用性，整体效果更加协调统一。具体的收口方式应根据项目的装饰需求和设计要求来确定。

材料类别

面层材料：20 mm厚石材饰面、木地板饰面、配套L形条。

基层材料：石材专用粘结剂、防潮垫、自流平、界面剂。

材料图片

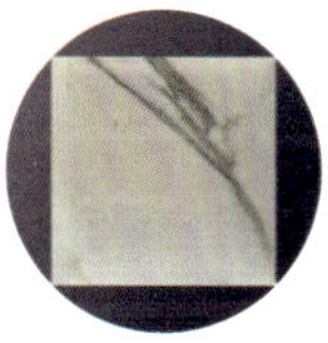
石材饰面

木地板饰面

配套L形条

石材专用粘结剂

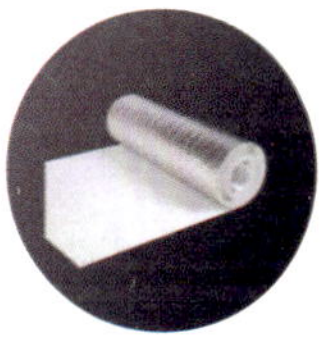
防潮垫

界面剂

模拟构造

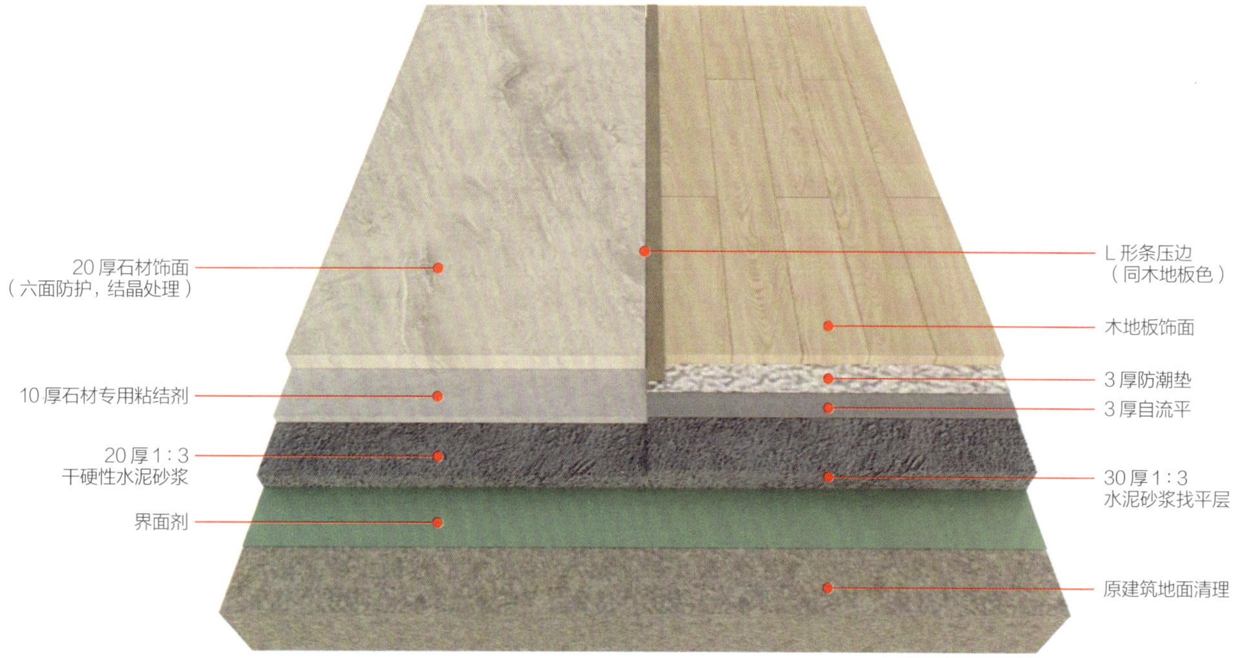

三维构造模型

深化与施工要点

深化收口六字诀

撞 》压 》嵌 》收 》断 》插

收口“压”字诀：压接工艺讲先后，湿先干后有节奏；平压顺压变化多，一压百了往上扣。

1. 图纸深化：深化地面标高、石材与木地板收口节点，依据设计要求及材料规格尺寸对石材、木地板饰面进行深化排板，并按照使用功能对机电点位进行排板定位，定位要符合板幅居中原则。

2. 技术交底：根据现场放线和实际测量尺寸绘制石材排板图。与线条交接处的石材侧面应做打磨见光处理，并保证收口顺直，L形压条采用铝合金或不锈钢材质，颜色同木地板色，石材地面与木地板安装高度应保持在同一水平面。施工时，石材湿作业先行处理，木地板随后，最后用L形压条压木地板，一次顺利完工。

深化管控要点

1. 排板策划：不同品种石材的矿山荒料都有特定的规格尺寸，深化排板下单时，应结合石材大板尺寸合理分割石材板幅，提高石材出材率，减少不必要的石材损耗。L形压条拼接缝应与地面木地板及石材对缝，其中木地板缝、石材缝、L形压条拼接缝，此“三缝”应贯通相连。

2. 下单审核：面层收口及排板需符合设计要求，下单图由驻场深化负责人员与施工负责人员共同审核，审核内容包括物料编号、排板效果、收口节点、石材放量尺寸、石材与木地板加工清单及现场下单尺寸等信息。

3. 现场交底：根据木地板实际厚度对地面进行找平，应满足地板安装完成后低于石材完成面1 mm的条件，石材与木地板之间应留出3 ~ 5 mm宽的缝隙，石材与木地板表面平整、洁净，L形压条紧靠石材一侧需扣压木地板地面，扣压应紧实、平整、顺直。地面机电点位根据排板图现场进行强制定位。

施工管控要点

1. 安装工序：定位放线 → 基层处理 → 地面石材 → 地面木地板 → 金属扣条

2. 施工管控：材料进场时应严格把控石材、木地板、L形压条验收，按规范要求抽样复查。施工前应将地面清理干净并均匀涂刷界面剂，避免基层空鼓。对石材、木地板铺装进行实时监测，若出现偏差，应及时调整，确保成品效果“平、直、顺、齐、精、准”。

3. 品控质检：确保厂家石材有充足供货量，对石材大板进行精挑细选，规格板切割后在车间进行预排板，调整对纹与色差。地面石材密拼缝隙不得大于1 mm，面层与基层需黏合牢固，确保无空鼓。根据地面石材颜色调整调地面勾缝胶剂的颜色。木地板面层应无明显刨痕和毛刺现象，颜色均匀一致、无色差，地面施工完成后，需要用地面专用保护膜满铺保护。

实景照片

地面石材与木地板收口工艺（L形条压边）

U2.4 地面石材与木地板收口工艺（T 形条压边）

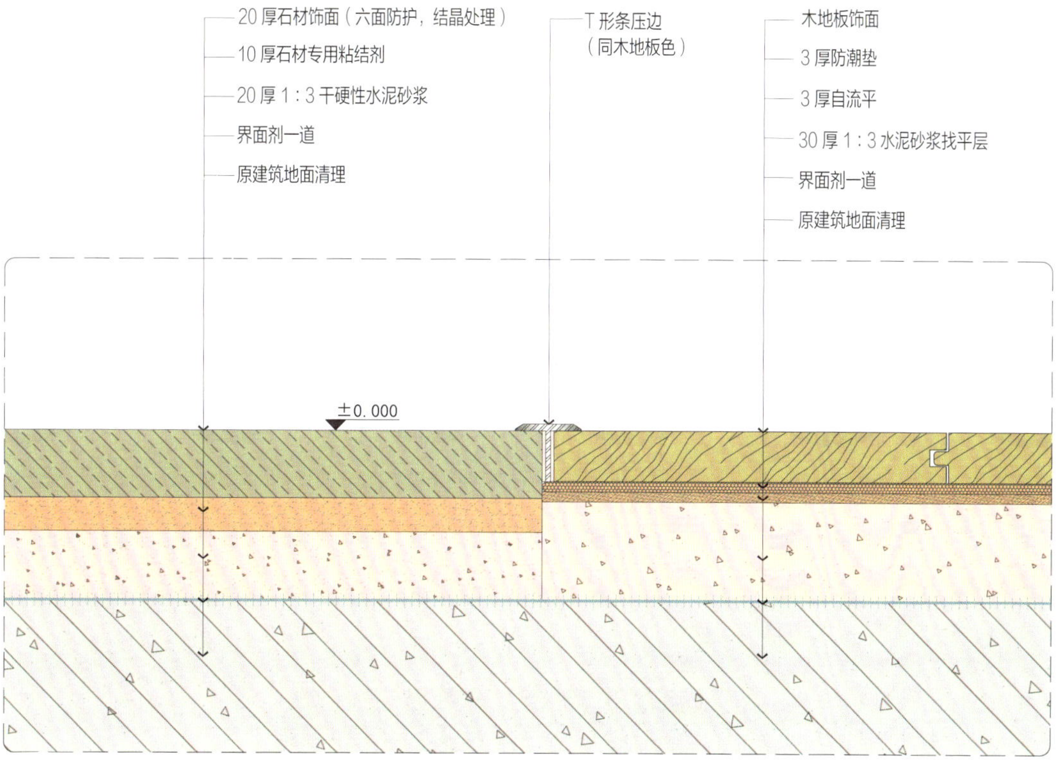

S 地面石材与木地板收口工艺（T 形条压边）

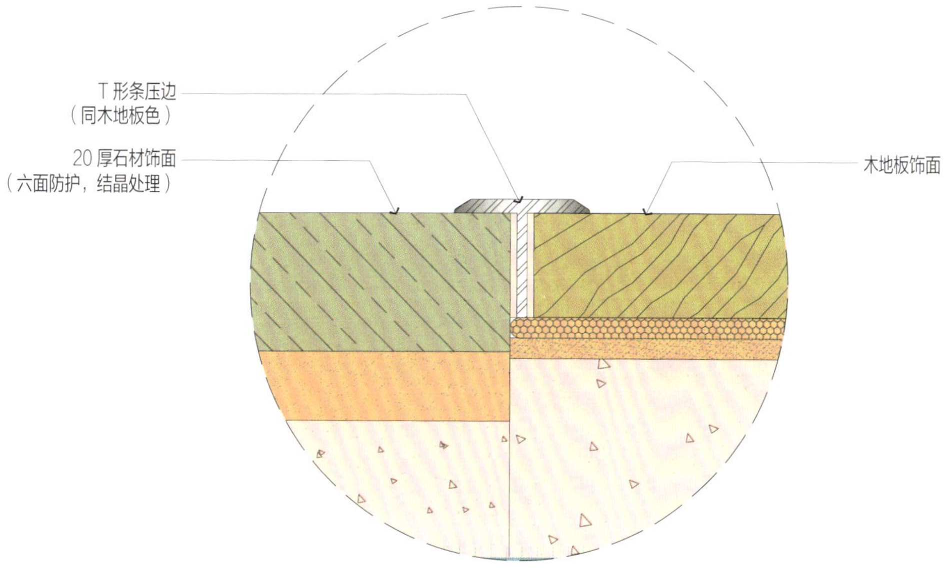

D 地面石材与木地板收口工艺（T 形条压边）大样图

适用范围

地面石材与木地板T形条压边收口工艺，适用范围包括酒店、办公楼、别墅等场所的室内装饰空间。木地板T形条压边安装方便，能够增加收口的稳定性，减少使用过程中产生的变形、翘曲等问题，增强其耐用性，整体效果更加协调统一。具体的收口方式应根据项目的装饰需求和设计要求来确定。

材料类别

面层材料：20 mm厚石材饰面、木地板饰面、配套T形条。

基层材料：石材专用粘结剂、防潮垫、自流平、界面剂。

材料图片

石材饰面

木地板饰面

配套T形条

石材专用粘结剂

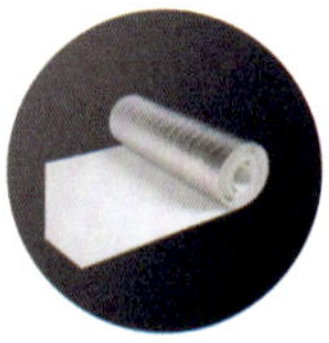
防潮垫

界面剂

模拟构造

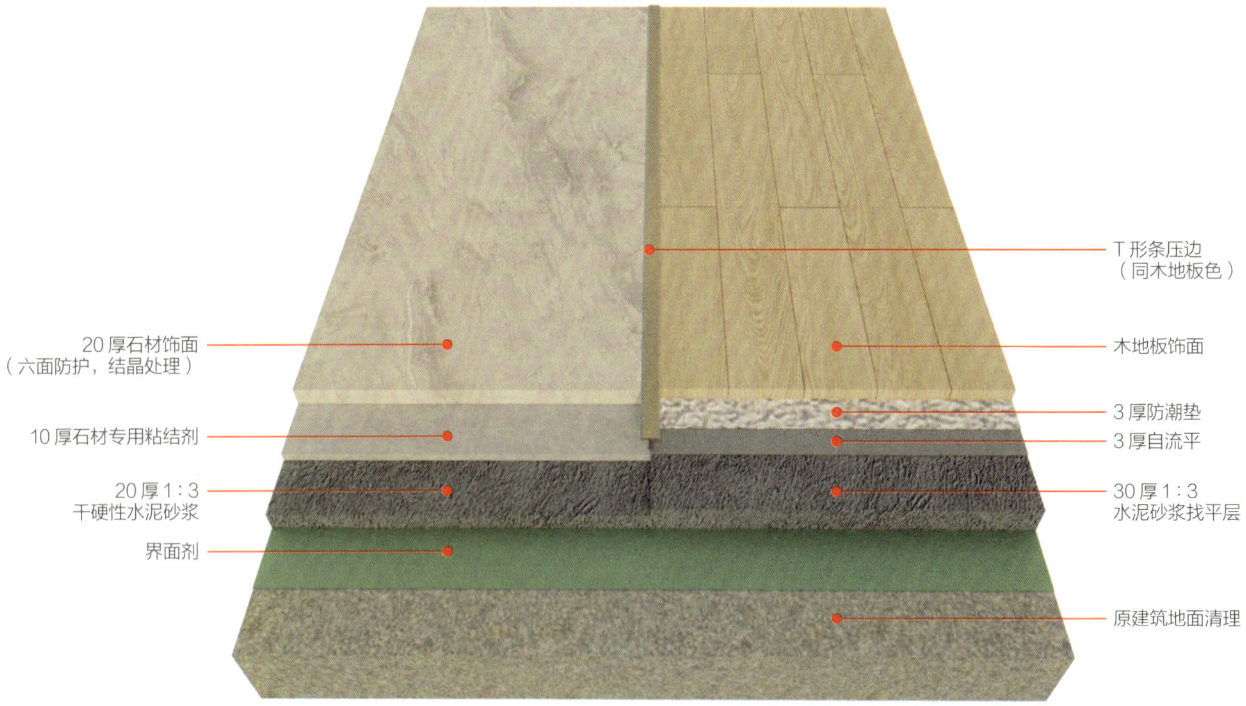

三维构造模型

深化与施工要点

深化收口六字诀

撞 › 压 › 嵌 › 收 › 断 › 插

收口“压”字诀：压接工艺讲先后，湿先干后有节奏；平压顺压变化多，一压百了往上扣。

1. 图纸深化：深化地面标高、石材与木地板收口节点，依据设计要求及材料规格尺寸对石材、木地板饰面进行深化排板，并按照使用功能对机电点位进行排板定位，定位要符合板幅居中原则。

2. 技术交底：根据现场放线和实际测量尺寸绘制石材排板图。实木复合地板铺贴时，相邻板材接头位置应错开距离不宜小于300 mm。T形压条采用铝合金或不锈钢材质，颜色同木地板色。施工时，石材湿作业先行处理，木地板随后，最后用T形压条压石材与木地板，一次顺利完工。

深化管控要点

1. 排板策划：不同品种石材的矿山荒料都有特定的规格尺寸，深化排板下单时，应结合石材大板尺寸合理分割石材板幅，提高石材出材率，减少不必要的石材损耗。T形压条拼接缝应与地面木地板及石材对缝，其中木地板缝、石材缝、T形压条拼接缝，此“三缝”应贯通相连。

2. 下单审核：面层收口及排板需符合设计要求，下单图由驻场深化负责人员与施工负责人员共同审核，审核内容包括物料编号、排板效果、收口节点、石材放量尺寸、石材与木地板加工清单及现场下单尺寸等信息。

3. 现场交底：根据木地板实际厚度对地面进行找平，地面石材与木地板安装高度应保持在同一水平面。石材与木地板之间应留出3 ~ 5 mm宽的缝隙，石材与木地板表面应平整、洁净，T形压条紧压地面石材与木地板，扣压应紧实、平整、顺直。地面机电点位根据排板图现场进行强制定位。

施工管控要点

1. 安装工序：定位放线 → 基层处理 → 地面石材 → 地面木地板 → 金属压条

2. 施工管控：材料进场时应严格把控石材、木地板、L形压条验收，按规范要求抽样复查。施工前应将地面清理干净并均匀涂刷界面剂，避免基层空鼓。对石材、木地板铺贴进行实时监测，若出现偏差，应及时调整，确保成品效果“平、直、顺、齐、精、准”。

3. 品控质检：确保厂家石材有充足供货量，对石材大板进行精挑细选，规格板切割后在车间进行预排板，调整对纹与色差。地面石材密拼缝隙不得大于1 mm，面层与基层需黏合牢固，确保无空鼓。根据地面石材颜色调整调地面勾缝胶剂的颜色。木地板面层应无明显刨痕和毛刺现象，颜色均匀一致、无色差，地板与T形条之间预留2 mm缝隙，防止地板伸缩变形。

实景照片

地面石材与木地板收口工艺（T形条压边）

U3 地面石材与地毯收口工艺

U3.1 地面石材与满铺地毯平撞工艺（L 形铜条）

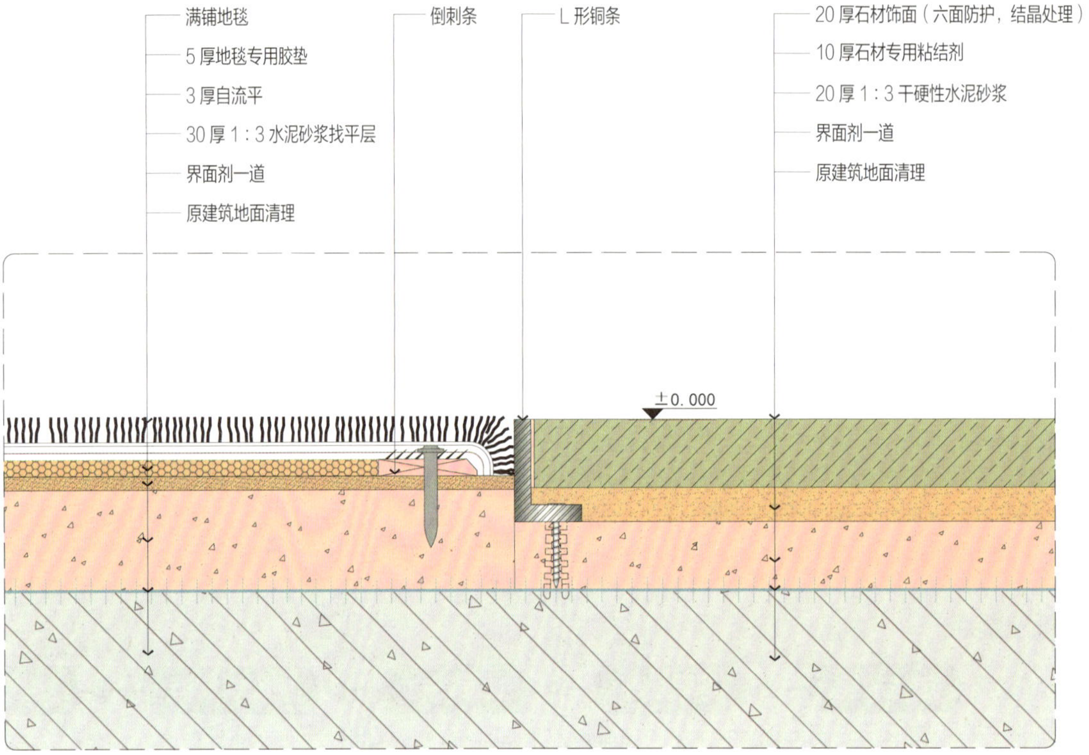

S 地面石材与满铺地毯平撞工艺（L形铜条）

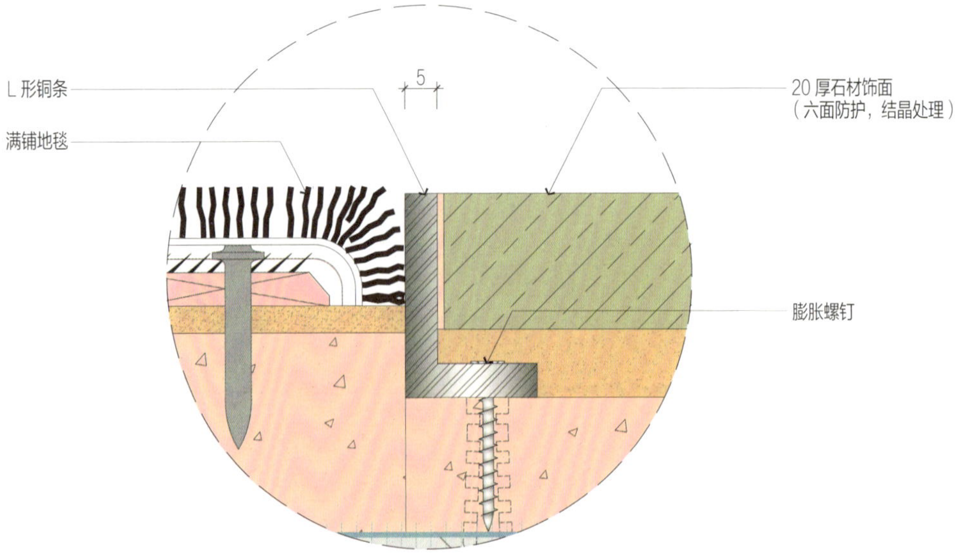

D 地面石材与满铺地毯平撞工艺（L形铜条）大样图

适用范围

地面石材与地毯L形铜条平撞工艺的适用范围包括酒店、办公楼、别墅等场所的室内装饰空间。铜条具有一定的耐磨、防滑性能，使石材与地毯的接缝更加美观，避免了传统收口方式可能带来的突兀感，整体效果更加和谐统一。具体的收口方式应根据项目的装饰需求和设计要求来确定。

材料类别

面层材料：20 mm厚石材饰面、地毯饰面、L形铜条。

基层材料：石材专用粘结剂、地毯专用胶垫、自流平、界面剂、膨胀螺钉。

材料图片

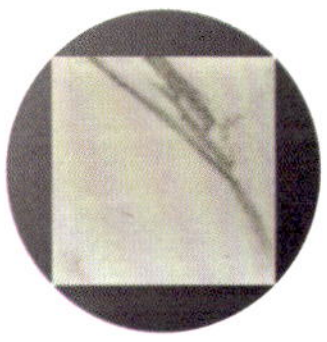
石材饰面

地毯饰面

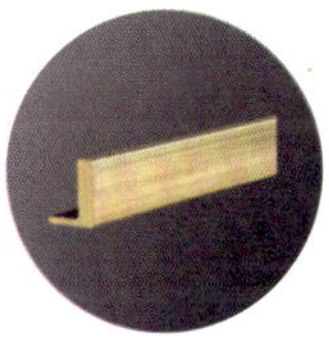
L形铜条

石材专用粘结剂

地毯专用胶垫

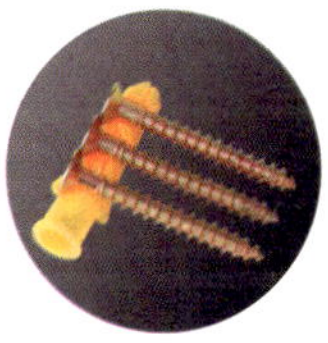
膨胀螺钉

模拟构造

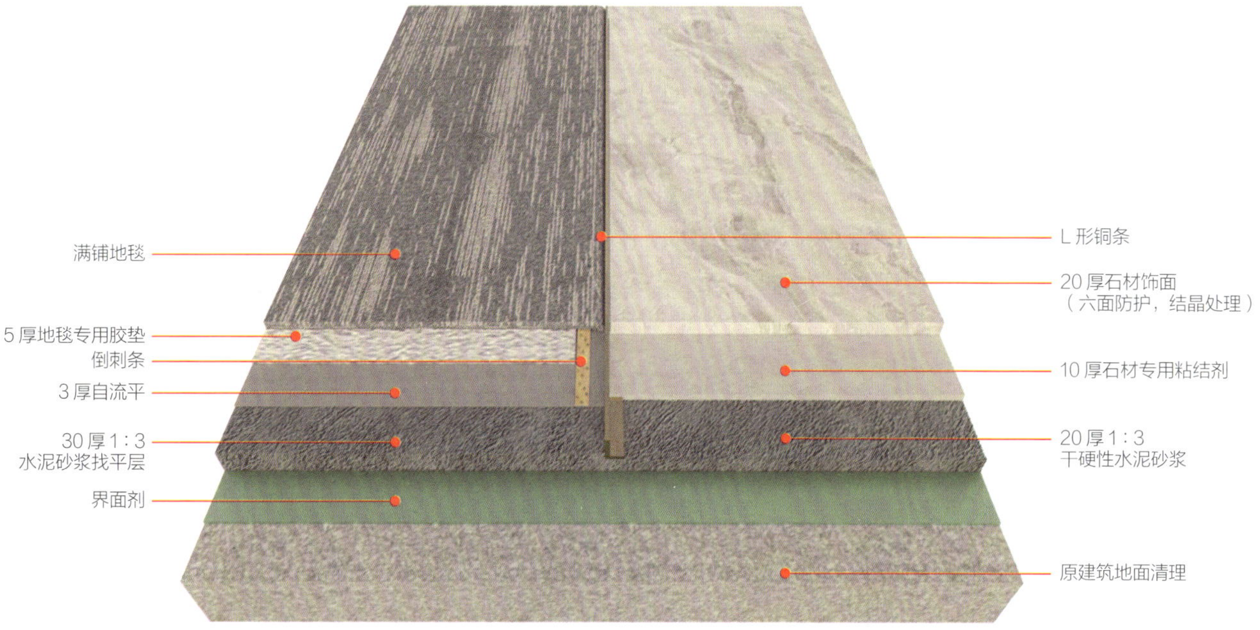

三维构造模型

深化与施工要点

深化收口六字诀

撞 》压 》嵌 》收 》断 》插

收口“撞”字诀：撞接收口自常在，不同质地软撞硬；密缝无胶收阴角，不留维保后遗症。

1.图纸深化：深化地面标高、石材与地毯收口节点，依据设计要求及材料规格尺寸对石材饰面进行深化排板，并按照使用功能对机电点位进行排板定位，定位要符合板幅居中原则。

2.技术交底：根据现场放线和实际测量尺寸绘制石材排板图，根据设计小样制作地毯花色大样。地面石材铺装前，L形铜条应沿定位线安装调平完毕，与铜条交接处的石材侧面做打磨见光处理，保证收口顺直。嵌条定位预埋安装后，石材湿作业先行处理，最后铺装地毯，一次顺利完工。

深化管控要点

1.排板策划：不同品种石材的矿山荒料都有特定的规格尺寸，深化排板下单时，应结合石材大板尺寸合理分割石材板幅，提高石材出材率，减少不必要的石材损耗。L形铜条拼接缝应与石材对缝，其中石材缝、金属条拼接缝，此“两缝”应贯通相连。

2.下单审核：面层收口及排板需符合设计要求，下单图由驻场深化负责人员与施工负责人员共同审核，审核内容包括物料编号、排板效果、收口节点、放量尺寸、石材加工清单及现场下单尺寸等信息。

3.现场交底：地毯基层找平按照地毯实际厚度预留，地毯铺装完成后应高于铜条完成面2 ~ 3 mm，踩踏时与其他材料相平，L形铜条的安装高度与石材完成面齐平，石材表面平整、洁净，与铜条收口平直且无缝隙。地面机电点位根据排板图现场进行强制定位。

施工管控要点

1.安装工序：定位放线 → 基层处理 → 金属嵌条 → 地面石材 → 地面地毯

2.施工管控：材料进场时应严格把控石材、地毯、L形铜条验收，按规范要求抽样复查。铺设地毯的基层必须平整，清洁干净并无凹坑、无裂缝；对石材铺装进行实时监测，若出现偏差，应及时调整，确保成品效果“平、直、顺、齐、精、准”。

3.品控质检：确保厂家石材有充足供货量，对石材大板进行精挑细选，规格板切割后在车间进行预排板，调整对纹与色差。地面石材密拼缝隙不得大于1 mm，面层与基层需黏合牢固，确保无空鼓。L形铜条需安装牢固且无弯曲变形现象。根据地面石材颜色，调整地面勾缝胶剂的颜色。地毯表面平整、接缝处粘贴牢固，边缘严密且无破损。地面铺装完成后，需要用地面专用保护膜满铺保护。

实景照片

地面石材与满铺地毯平撞工艺（L形铜条）

U3.2 地面石材与块毯平撞工艺（L 形铜条）

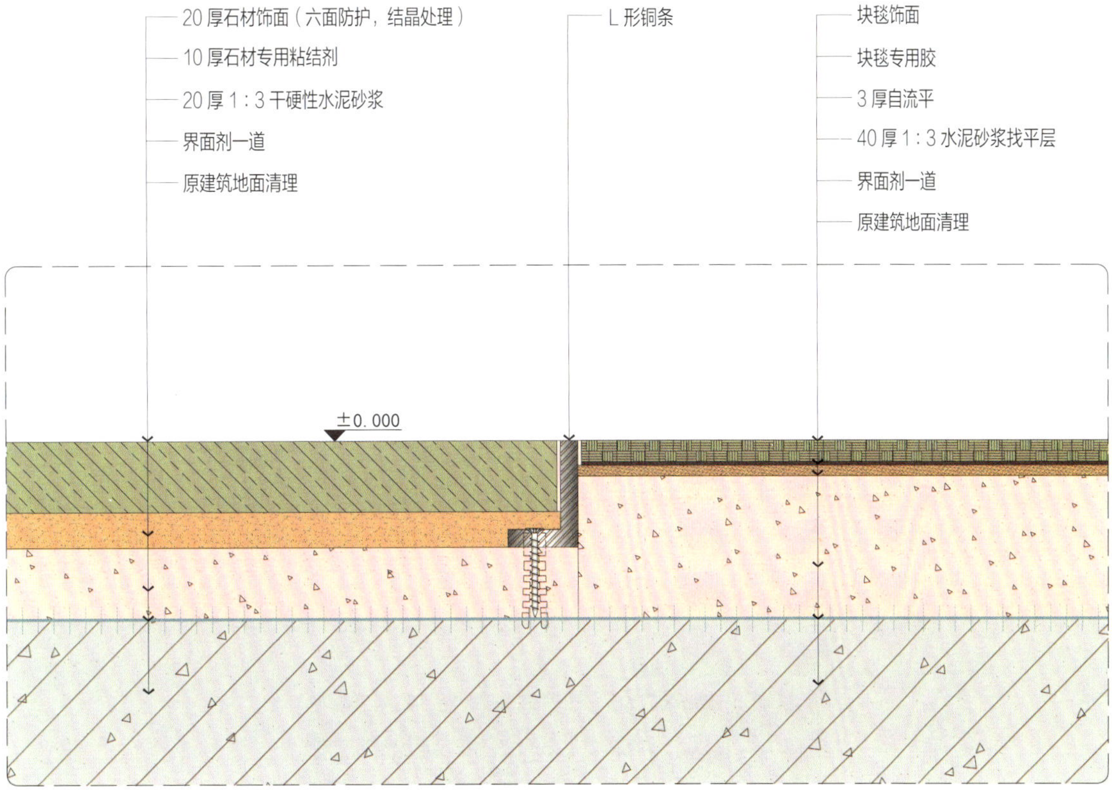

S 地面石材与块毯平撞工艺（L形铜条）

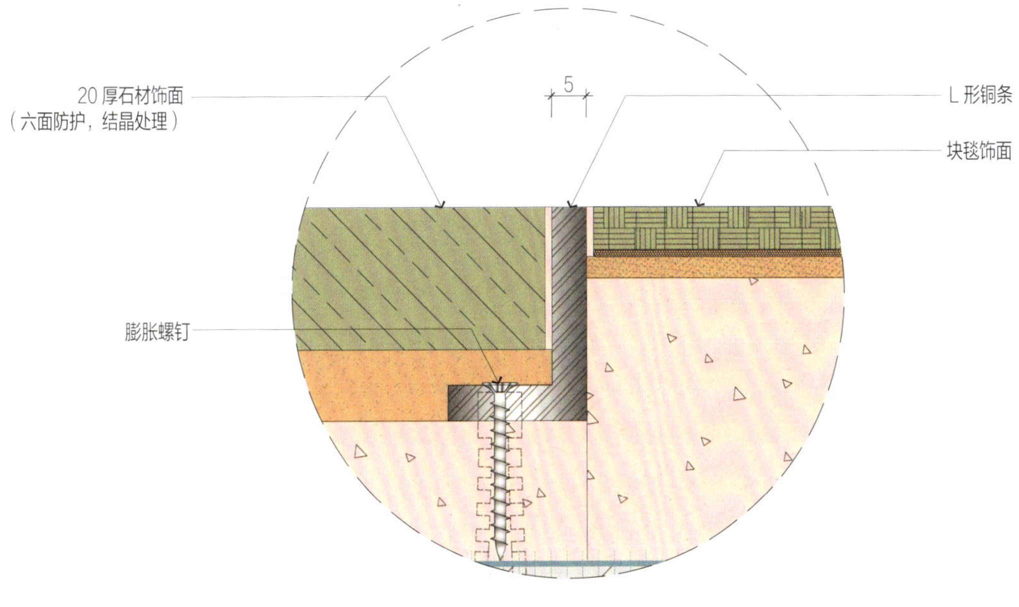

D 地面石材与块毯平撞工艺（L形铜条）大样图

适用范围

地面石材与块毯L形铜条平撞工艺的适用范围包括酒店、办公楼等场所的室内装饰空间。铜条具有一定的耐磨、防滑性能，使石材与块毯的接缝更加美观，避免了传统收口方式可能带来的突兀感，整体效果更加和谐统一。具体的收口方式应根据项目的装饰需求和设计要求来确定。

材料类别

面层材料：20 mm厚石材饰面、块毯饰面、L形铜条。

基层材料：石材专用粘结剂、块毯专用胶、自流平、界面剂、膨胀螺钉。

材料图片

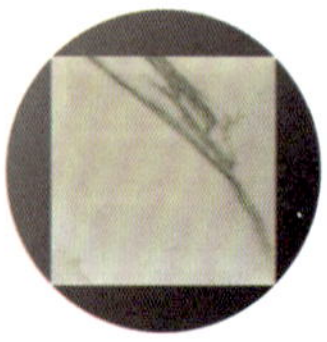
石材饰面

块毯饰面

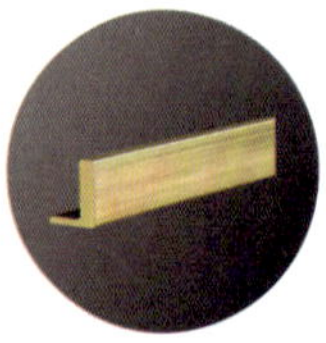
L形铜条

石材专用粘结剂

界面剂

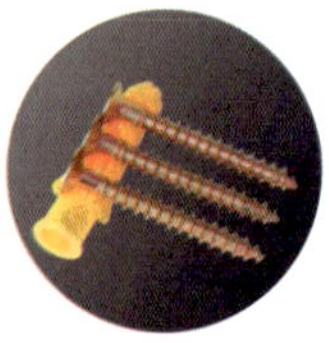
膨胀螺钉

模拟构造

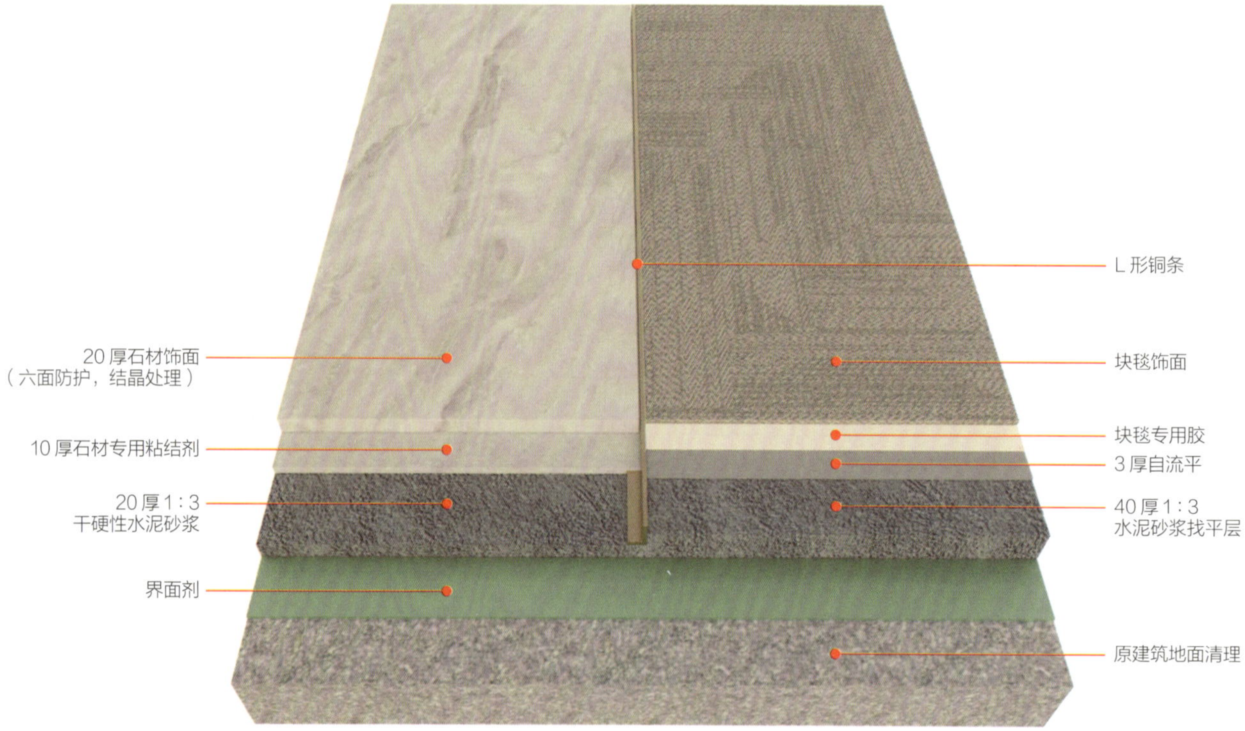

三维构造模型

深化与施工要点

深化收口六字诀

撞 》 压 》 嵌 》 收 》 断 》 插

收口“撞”字诀：撞接收口自常在，不同质地软撞硬；密缝无胶收阴角，不留维保后遗症。

1.图纸深化：深化地面标高、石材与块毯收口节点，依据设计要求及材料规格尺寸对石材、块毯饰面进行深化排板，并按照使用功能对进行机电点位进行排板定位，定位要符合板幅居中原则。

2.技术交底：根据现场放线和实际测量尺寸绘制石材排板图，地面石材铺装前，L形铜条应沿定位线安装调平完毕，宜在L形铜条沿线上的合理位置选取地毯和石材的起铺点。与铜条交接处的石材侧面做打磨见光处理，保证收口顺直。嵌条定位预埋安装后，石材湿作业先行铺贴，最后铺装地毯，一次顺利完工。

深化管控要点

1.排板策划：不同品种石材的矿山荒料都有特定的规格尺寸，深化排板下单时，应结合石材大板尺寸合理分割石材板幅，提高石材出材率，减少不必要的石材损耗。L形铜条拼接缝应与石材对缝，其中石材缝、金属条拼接缝，此“两缝”应贯通相连。

2.下单审核：面层收口及排板需符合设计要求，下单图由驻场深化负责人员与施工负责人员共同审核，审核内容包括物料编号、排板效果、收口节点、石材放量尺寸、石材与块毯加工清单及现场下单尺寸等信息。

3.现场交底：根据块毯实际厚度严格分区把控地面找平厚度，应满足块毯安装完成后低于铜条完成面1 mm的条件，L形铜条的安装高度与石材完成面齐平，石材与块毯表面平整、洁净，与铜条收口平直且无缝隙。铜条处块毯采用结构胶粘合牢固，防止后期块毯起翘。地面机电点位根据排板图现场进行强制定位。

施工管控要点

1.安装工序：定位放线 → 基层处理 → 金属嵌条 → 地面石材 → 地面地毯

2.施工管控：材料进场时应严格把控石材、地毯、L形铜条验收，按规范要求抽样复查。铺设块毯的基层必须平整，清洁干净、无凹坑、无裂缝；对石材铺装进行实时监测，若出现偏差，应及时调整，确保成品效果“平、直、顺、齐、精、准”。

3.品控质检：确保厂家石材有充足供货量，对石材大板进行精挑细选，规格板切割后在车间进行预排板，调整对纹与色差。 地面石材密拼缝隙不得大于1 mm，面层与基层需黏合牢固，确保无空鼓，L形铜条需安装牢固且无弯曲变形现象。根据地面石材的颜色，调整地面勾缝胶剂的颜色。块毯表面不应出现起鼓、起皱、翘边、卷边、显拼缝和毛边等现象，地面铺装完成后，需要用地面专用保护膜满铺保护。

实景照片

地面石材与块毯平撞工艺（L形铜条）

U3.3 地面石材与块毯平撞工艺（石材倒 3 mm × 3 mm 斜边）

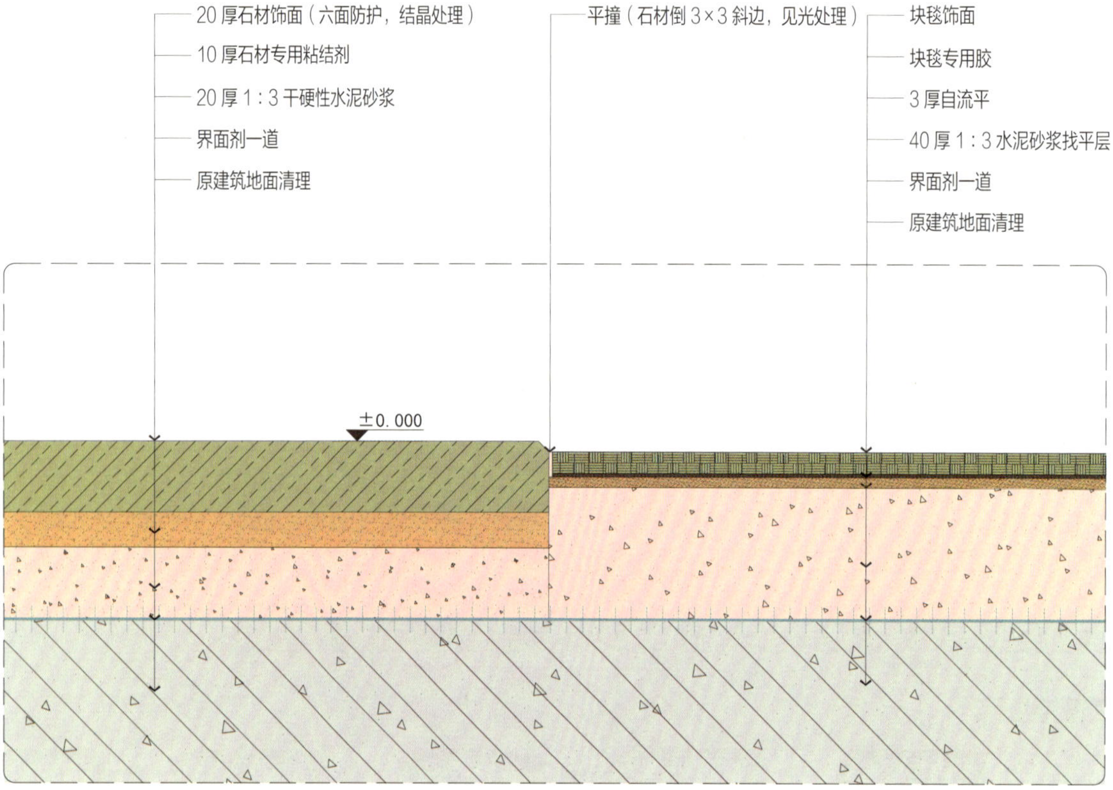

S 地面石材与块毯平撞工艺（石材倒 3×3 斜边）

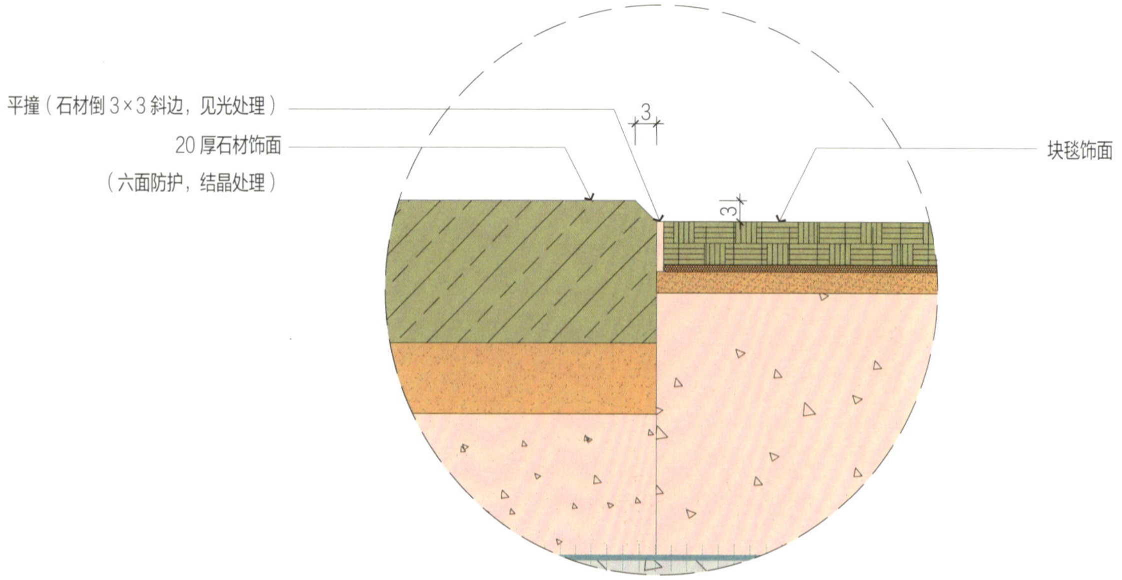

D 地面石材与块毯平撞工艺（石材倒 3×3 斜边）大样图

适用范围

地面石材与块毯平撞工艺的适用范围包括酒店、办公楼、别墅等场所的室内装饰空间。通过倒角可以使两种材质很好地过渡，结合在一起能呈现出更丰富的视觉效果，提升整体的美观度。具体的收口方式应根据项目的装饰需求和设计要求来确定。

材料类别

面层材料：20 mm 厚石材饰面、块毯饰面。

基层材料：石材专用粘结剂、块毯专用胶、自流平、界面剂。

材料图片

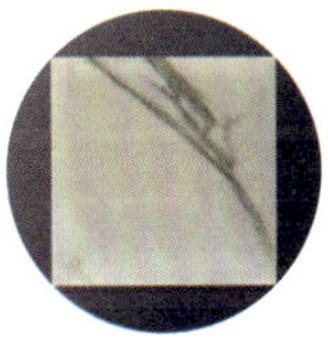
石材饰面

块毯饰面

石材专用粘结剂

界面剂

模拟构造

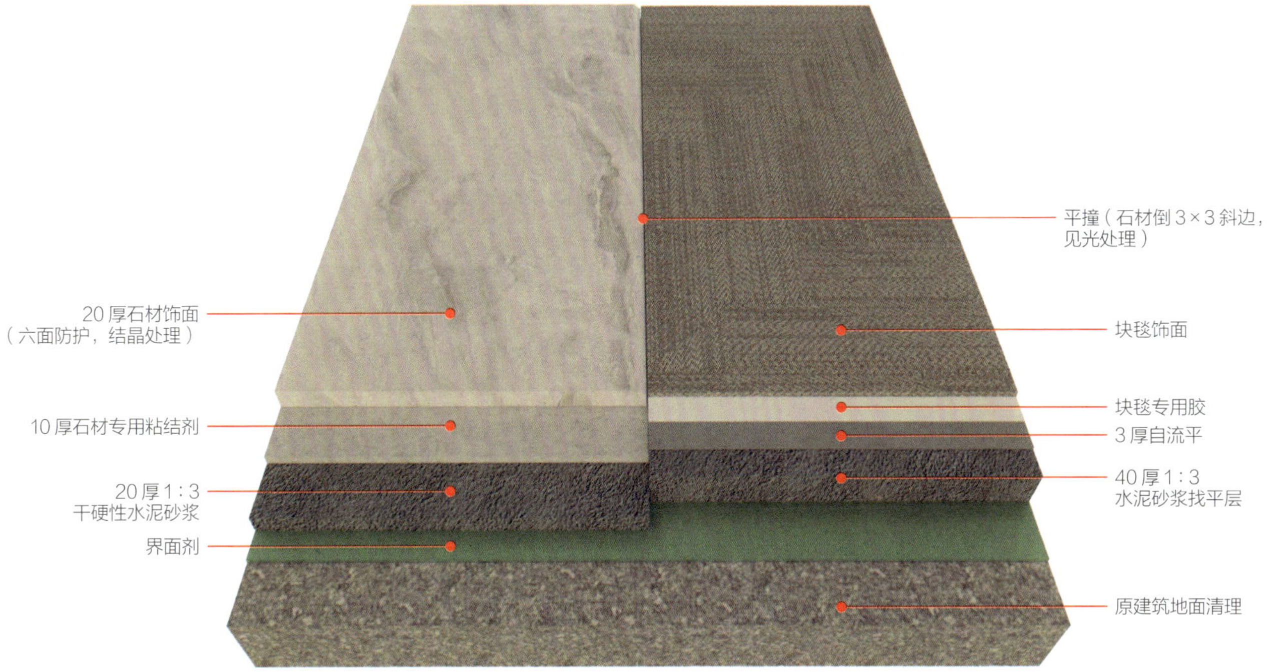

三维构造模型

深化与施工要点

深化收口六字诀

撞 → 压 → 嵌 → 收 → 断 → 插

收口“撞”字诀：撞接收口自常在，不同质地软撞硬；密缝无胶收阴角，不留维保后遗症。

1. 图纸深化：深化地面标高、石材与块毯收口节点，依据设计要求及材料规格尺寸对石材、块毯饰面进行深化排板，并按照使用功能进行机电点位排板定位。石材与地毯错位撞接，撞接处石材一端倒角3 mm×3 mm，石材地面高于块毯。

2. 技术交底：根据现场放线和实际测量尺寸绘制石材排板图。块毯铺设方式有横铺、纵铺、交叉铺等多种方式，需要根据房间的形状和大小来选择适合的铺设方式。施工时应先做湿作业石材处理，再进行块毯铺设，一次顺利完工。

深化管控要点

1. 排板策划：不同品种石材的矿山荒料都有特定的规格尺寸，深化排板下单时，应结合石材大板尺寸合理分割石材板幅，提高石材出材率，减少不必要的石材损耗。地毯的剪裁工作应在较为宽阔的场地统一进行，精确测量房间尺寸，并对应房间和所用地毯型号逐一登记编号，以便铺设。

2. 下单审核：面层收口及排板需符合设计要求，下单图由驻场深化负责人员与施工负责人员共同审核，审核内容包括物料编号、排板效果、收口节点、石材放量尺寸、石材与块毯加工清单及现场下单尺寸等信息。

3. 现场交底：块毯基层找平按照块毯实际厚度预留，应满足块毯安装完成后低于石材完成面3 ~ 4 mm的条件，根据房间尺寸及形状用裁边机裁剪完成，与石材交接处的块毯采用结构胶粘合牢固，防止后期块毯起翘。地面机电点位根据排板图现场进行强制定位。

施工管控要点

1. 安装工序：定位放线 → 基层处理 → 地面石材 → 地面地毯

2. 施工管控：材料进场时应严格把控石材、地毯验收，按规范要求抽样复查。铺设块毯的基层必须平整，清洁干净、无凹坑、无裂缝；对石材铺装进行实时监测，若出现偏差，应及时调整，确保成品效果“平、直、顺、齐、精、准”。

3. 品控质检：确保厂家石材有充足供货量，对石材大板进行精挑细选，规格板切割后在车间进行预排板，调整对纹与色差。地面石材密拼缝隙不得大于1 mm，面层与基层需黏合牢固，确保无空鼓。根据地面石材颜色调地面勾缝胶剂的颜色。块毯表面不应出现起鼓、起皱、翘边、卷边、显拼缝和毛边等现象，地面铺装完成后，需要用地面专用保护膜满铺保护。

实景照片

地面石材与块毯平撞工艺（石材倒3 mm×3 mm斜边）

U3.4 地面石材与防尘地毯平撞工艺（铝合金边框）

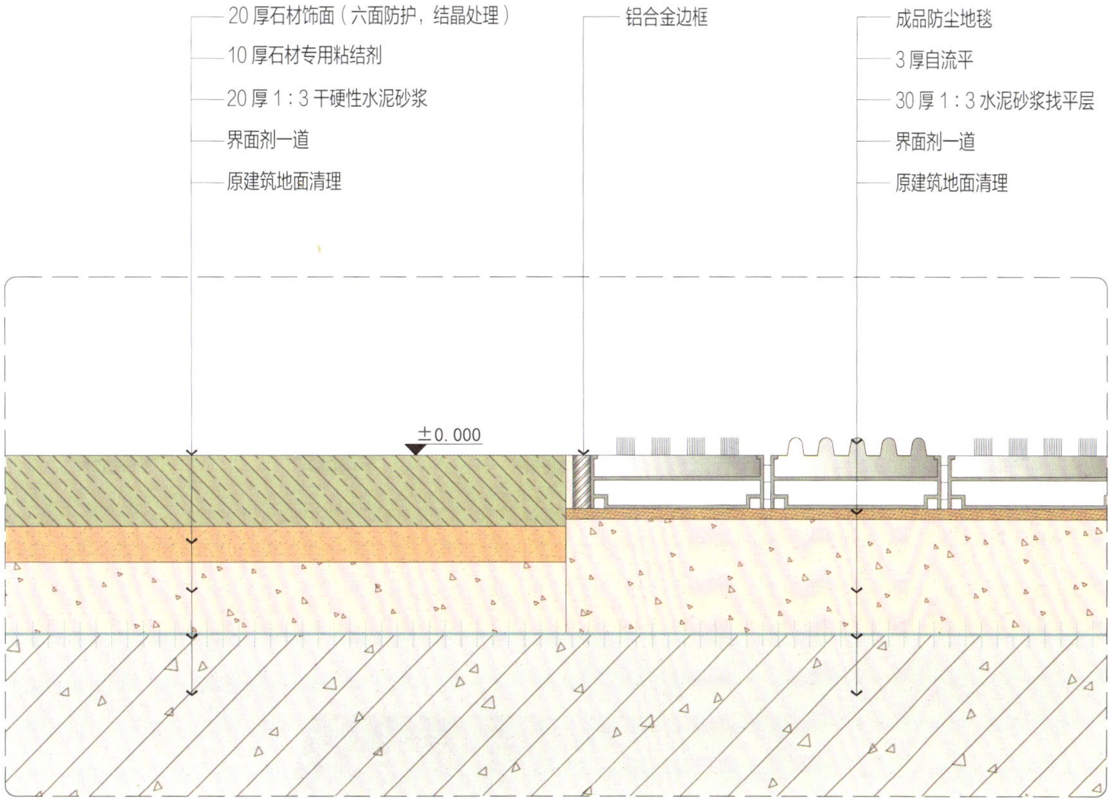

S 地面石材与防尘地毯平撞工艺（铝合金边框）

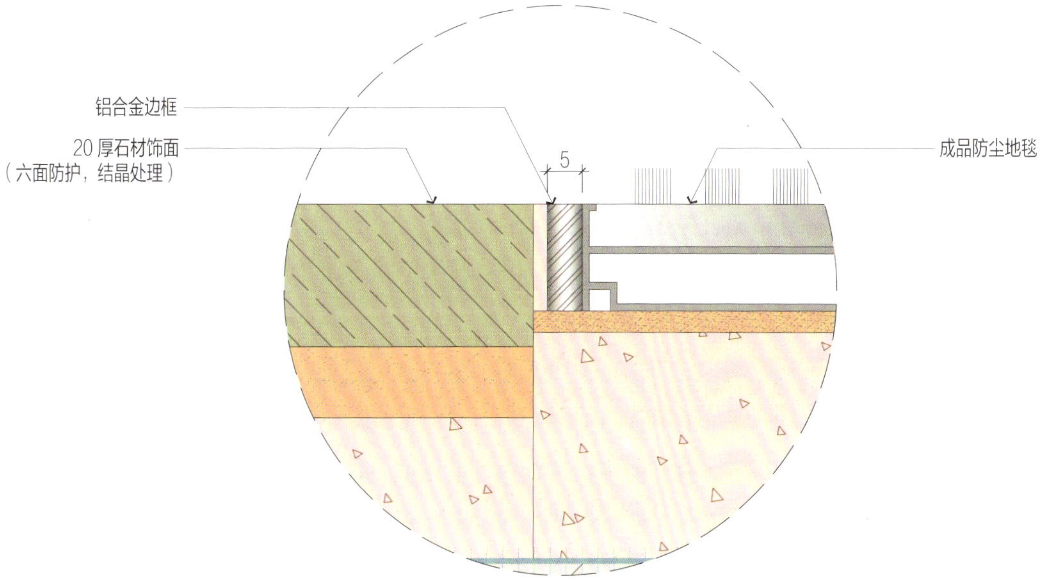

D 地面石材与防尘地毯平撞工艺（铝合金边框）大样图

适用范围

地面石材与防尘地毯平撞工艺的适用范围包括酒店、办公空间、会所等场所的大堂入口空间。采用铝合金边框固定防尘地毯，方便更换和清洗，铝合金边框材质强度高、不易变形，能有效固定地毯位置，防止地毯边缘翘起，延长使用寿命。具体的收口方式应根据项目的装饰需求和设计要求来确定。

材料类别

面层材料：20 mm 厚石材饰面、成品防尘地毯、铝合金边框。

基层材料：石材专用粘结剂、自流平、界面剂。

材料图片

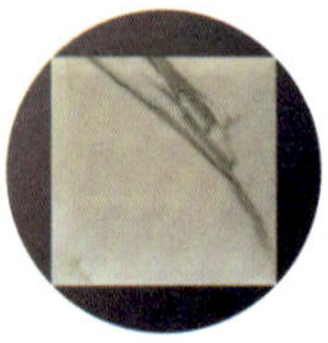
石材饰面

成品防尘地毯

铝合金边框

石材专用粘结剂

界面剂

模拟构造

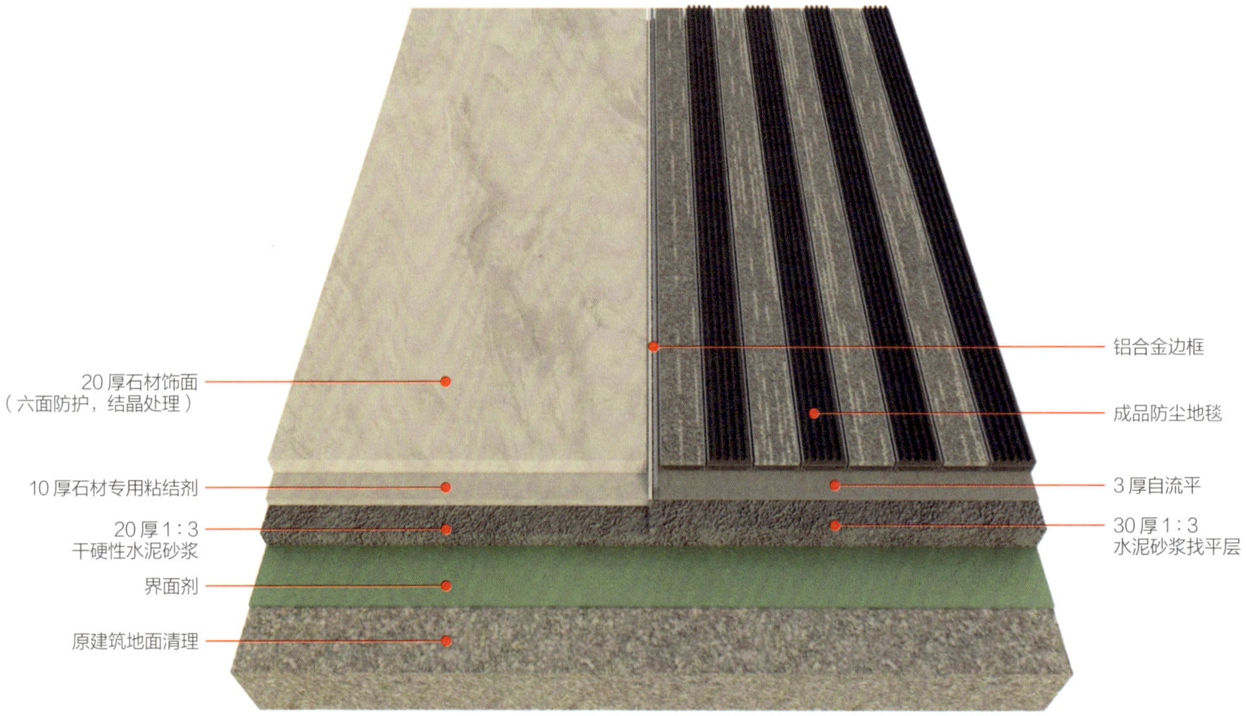

三维构造模型

深化与施工要点

深化收口六字诀

撞 》 压 》 嵌 》 收 》 断 》 插

收口“撞”字诀：撞接收口自常在，不同质地软撞硬；密缝无胶收阴角，不留维保后遗症。

1.图纸深化：深化地面标高、石材与防尘地毯收口节点，依据设计要求及材料规格尺寸对石材、防尘地毯进行深化排板，按照使用功能进行机电点位排板定位，定位要符合板幅居中原则。

2.技术交底：根据现场放线和实际测量尺寸绘制石材排板图。铝合金边框防尘地毯安装空间需在地面基层找平后预留21 ~ 25 mm深度的安装空间，先安装铝合金边框，然后放置防尘地毯，石材、铝合金边框与防尘地毯在同一平面上。与防尘地毯交接处的石材侧面需打磨见光处理，保证收口顺直。防尘地毯基层找平后，先行铺贴石材，最后铺装防尘地毯，一次顺利完工。

深化管控要点

1.排板策划：不同品种石材的矿山荒料都有特定的规格尺寸，深化排板下单时，应结合石材大板尺寸合理分割石材板幅，提高石材出材率，减少不必要的石材损耗。结合防尘地毯规格尺寸合理深化地面石材排板，保证地面石材通缝。

2.下单审核：面层收口及排板需符合设计要求，下单图由驻场深化负责人员与施工负责人员共同审核，审核内容包括物料编号、排板效果、收口节点、石材放量尺寸、石材与防尘地毯加工清单及现场下单尺寸等信息。

3.现场交底：根据防尘地毯实际厚度严格把控地毯地面找平厚度，防尘地毯铺装完成后应与石材完成面齐平，地毯四周用铝合金边框加以固定，防止地垫移动，同时便于人员通行。地面机电点位根据排板图现场进行强制定位。

施工管控要点

1.安装工序：定位放线 → 基层处理 → 地面石材 → 金属边框 → 防尘地毯

2.施工管控：材料进场时应严格把控石材、防尘地毯验收，按规范要求抽样复查。铺设防尘地毯的基层必须平整，清洁干净，底部预留排水口；对石材铺装进行实时监测，若出现偏差，应及时调整，确保成品效果“平、直、顺、齐、精、准”。

3.品控质检：确保厂家石材有充足供货量，对石材大板进行精挑细选，规格板切割后在车间进行预排板，调整对纹与色差。地面石材密拼缝隙不得大于1 mm，面层与基层需黏合牢固，确保无空鼓。根据地面石材颜色调整地面勾缝胶剂的颜色。防尘地毯必须具有高耐磨、不褪色、耐腐蚀、抗重压、不变形等特点，地面铺装完成后，需要用地面专用保护膜满铺保护。

实景照片

地面石材与防尘地毯平撞工艺（铝合金边框）

U4 地面石材与其他材质收口工艺

U4.1 地面石材与 PVC 地板平撞工艺（L 形铜条）

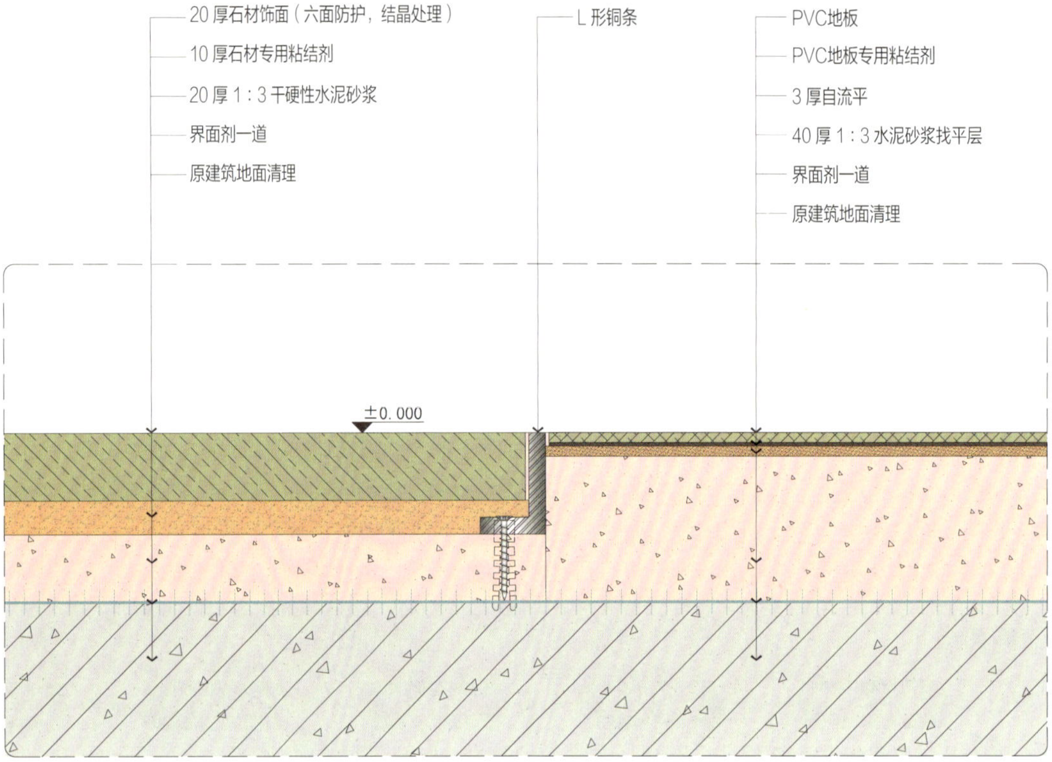

S 地面石材与PVC地板平撞工艺（L形铜条）

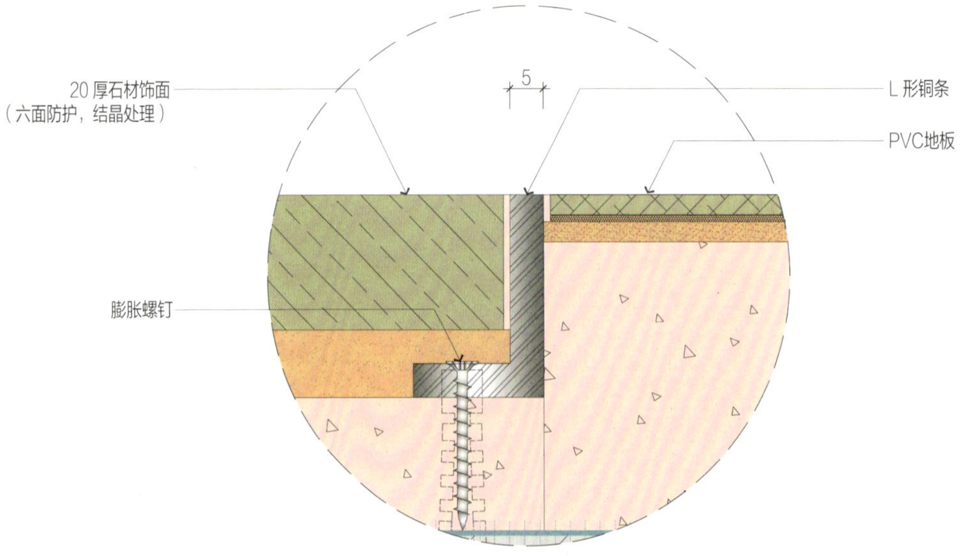

D 地面石材与PVC地板平撞工艺（L形铜条）大样图

适用范围

地面石材与PVC地板L形铜条平撞工艺，适用范围包括酒店、办公楼、博物馆等场所的室内装饰空间。铜条具有一定的耐磨、防滑性能，使石材与PVC地板的接缝更加美观，避免了传统收口方式可能带来的突兀感，整体效果更加和谐统一。具体的收口方式应根据项目的装饰需求和设计要求来确定。

材料类别

面层材料：20 mm厚石材饰面、PVC地板、L形铜条。
基层材料：石材专用粘结剂、自流平、界面剂、膨胀螺钉、PVC地板专用粘结剂。

材料图片

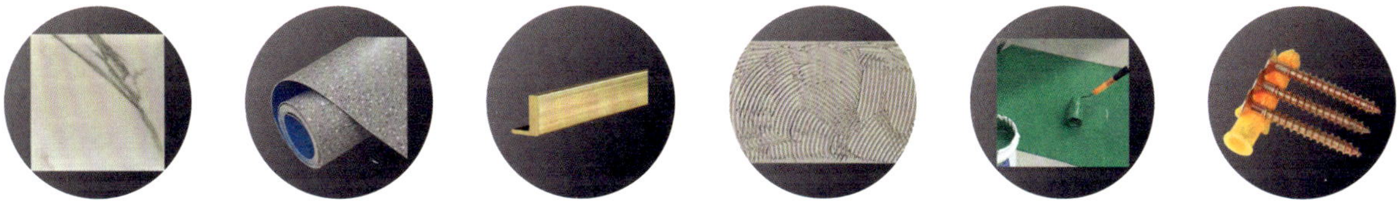

石材饰面　PVC地板　L形铜条　石材专用粘结剂　界面剂　膨胀螺钉

模拟构造

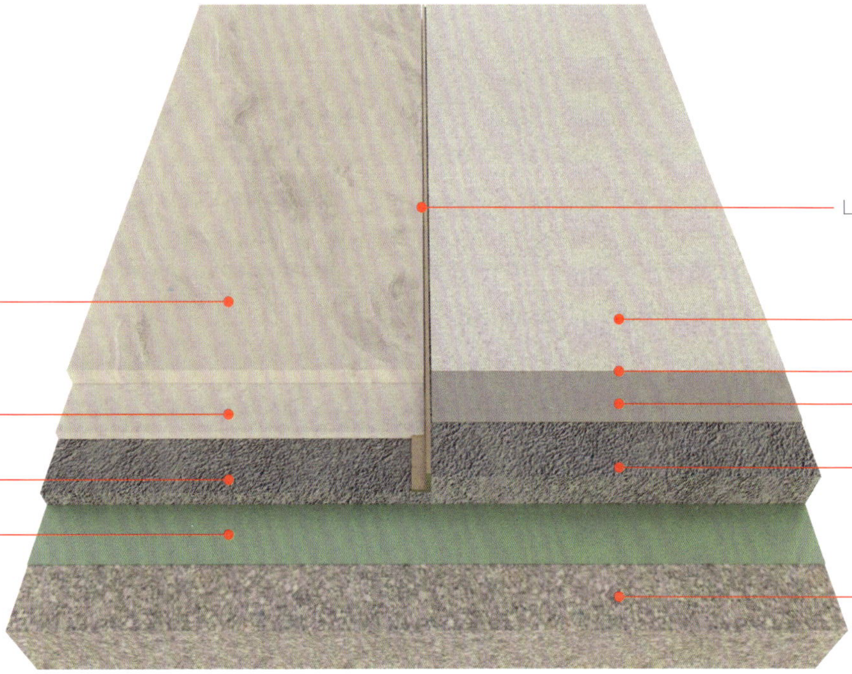

三维构造模型

深化与施工要点

深化收口六字诀

撞 》 压 》 嵌 》 收 》 断 》 插

收口“撞”字诀：撞接收口自常在，不同质地软撞硬；密缝无胶收阴角，不留维保后遗症。

1. 图纸深化：深化地面标高、石材与PVC地板收口节点，依据设计要求及材料规格尺寸对石材饰面进行深化排板，按照使用功能进行机电点位排板定位，定位要符合板幅居中原则。

2. 技术交底：根据现场放线和实际测量尺寸绘制石材排板图。地面石材铺贴前，L形铜条应沿定位线应安装调平完毕，并在L形铜条沿线上的合理位置选取PVC地板和石材的起铺点。与铜条交接处的石材侧面需打磨见光处理，保证收口顺直。L形铜条定位预埋安装后，先做石材湿作业并铺贴，最后安装PVC地板，一次顺利完工。

深化管控要点

1. 排板策划：不同品种石材的矿山荒料都有特定的规格尺寸，深化排板下单时，应结合石材大板尺寸合理分割石材板幅，提高石材出材率，减少不必要的石材损耗。L形铜条拼接缝应与石材对缝，其中石材缝、金属条拼接缝，此“两缝”应贯通相连。

2. 下单审核：面层收口及排板需符合设计要求，下单图由驻场深化负责人员与施工负责人员共同审核，审核内容包括物料编号、排板效果、收口节点、石材放量尺寸、石材与PVC地板加工清单及现场下单尺寸等信息。

3. 现场交底：根据PVC地板实际厚度严格分区把控地面找平厚度，确保PVC地板安装完成后低于铜条完成面1 mm，防止后期PVC地板起翘，自流平厚度需小于4 mm并采用专用刮板批刮，铺设PVC地板时应注意花纹同向铺设。地面机电点位根据排板图现场进行强制定位。

施工管控要点

1. 安装工序：定位放线 → 基层处理 → 金属嵌条 → 地面石材 → PVC 地板

2. 施工管控：材料进场时应严格把控石材、PVC地板、L形铜条验收，按规范要求抽样复查。铺设PVC地板的基层必须平整，清洁干净、无凹坑、无裂缝；对石材铺装进行实时监测，若出现偏差，应及时调整，确保成品效果“平、直、顺、齐、精、准”。

3. 品控质检：确保厂家石材有充足供货量，对石材大板进行精挑细选，规格板切割后在车间进行预排板，调整对纹与色差。地面石材密拼缝隙不得大于1 mm，面层与基层需黏合牢固，确保无空鼓，L形铜条需安装牢固且无弯曲变形现象。根据地面石材颜色调整地面勾缝胶剂的颜色。PVC地板面层应表面洁净，图案清晰，色泽一致，接缝应严密、美观，地面铺装完成后，需要用地面专用保护膜满铺保护。

实景照片

地面石材与PVC地板平撞工艺（L形铜条）

U4.2 地面石材与环氧地坪平撞工艺（L 形铜条）

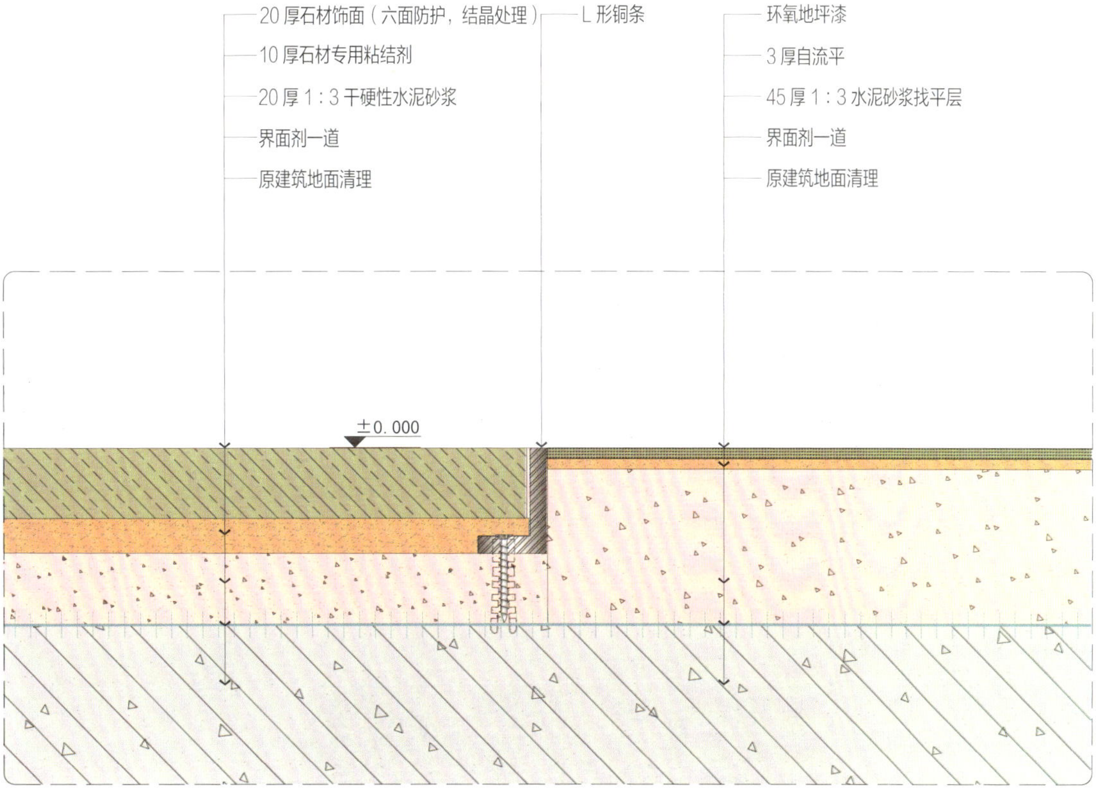

S 地面石材与环氧地坪平撞工艺（L形铜条）

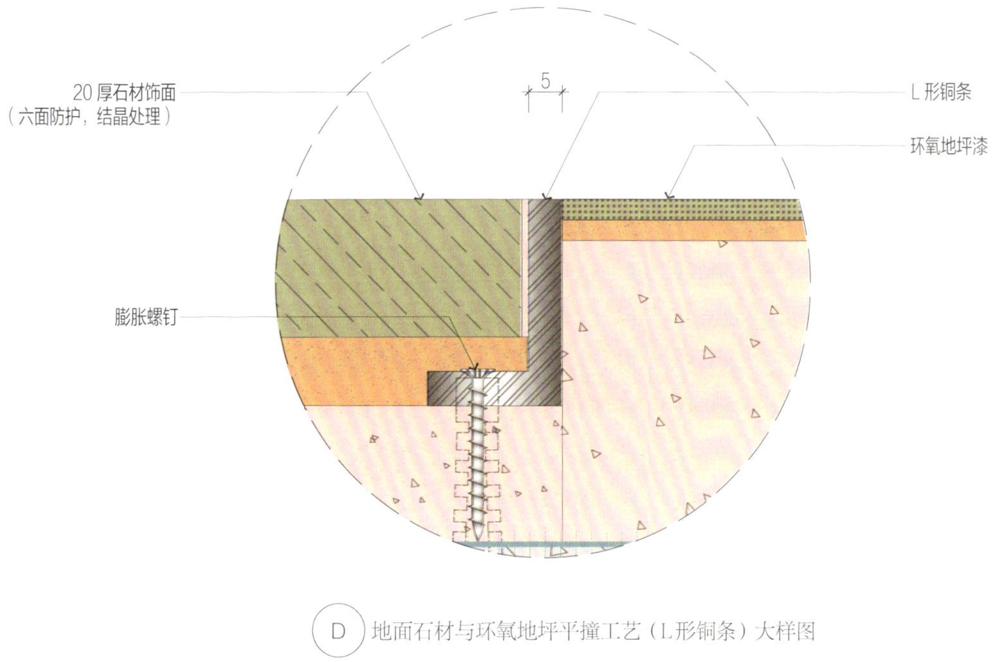

D 地面石材与环氧地坪平撞工艺（L形铜条）大样图

适用范围

地面石材与环氧地坪L形铜条平撞工艺，适用范围包括酒店、办公楼、展馆等场所的室内装饰空间。铜条具有一定的耐磨、防滑性能，使石材与环氧地坪漆的接缝更加美观，避免了传统收口方式可能带来的突兀感，整体效果更加和谐统一。具体的收口方式应根据项目的装饰需求和设计要求来确定。

材料类别

面层材料：20 mm厚石材饰面、环氧地坪漆、L形铜条。

基层材料：石材专用粘结剂、自流平、界面剂、膨胀螺钉。

材料图片

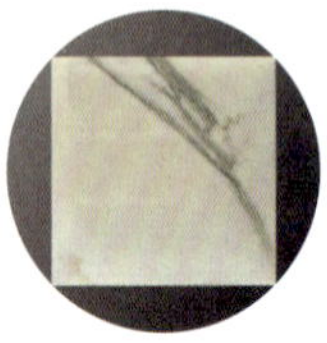
石材饰面

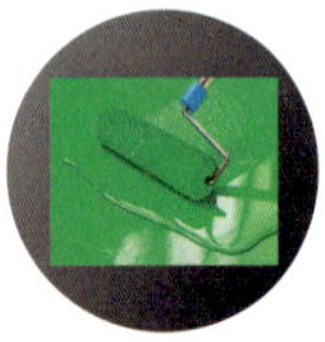
环氧地坪漆

L形铜条

石材专用粘结剂

界面剂

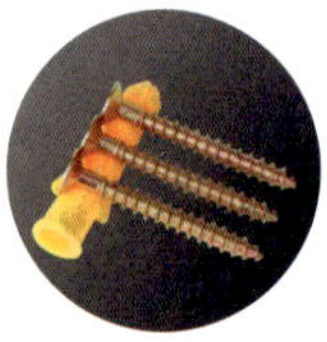
膨胀螺钉

模拟构造

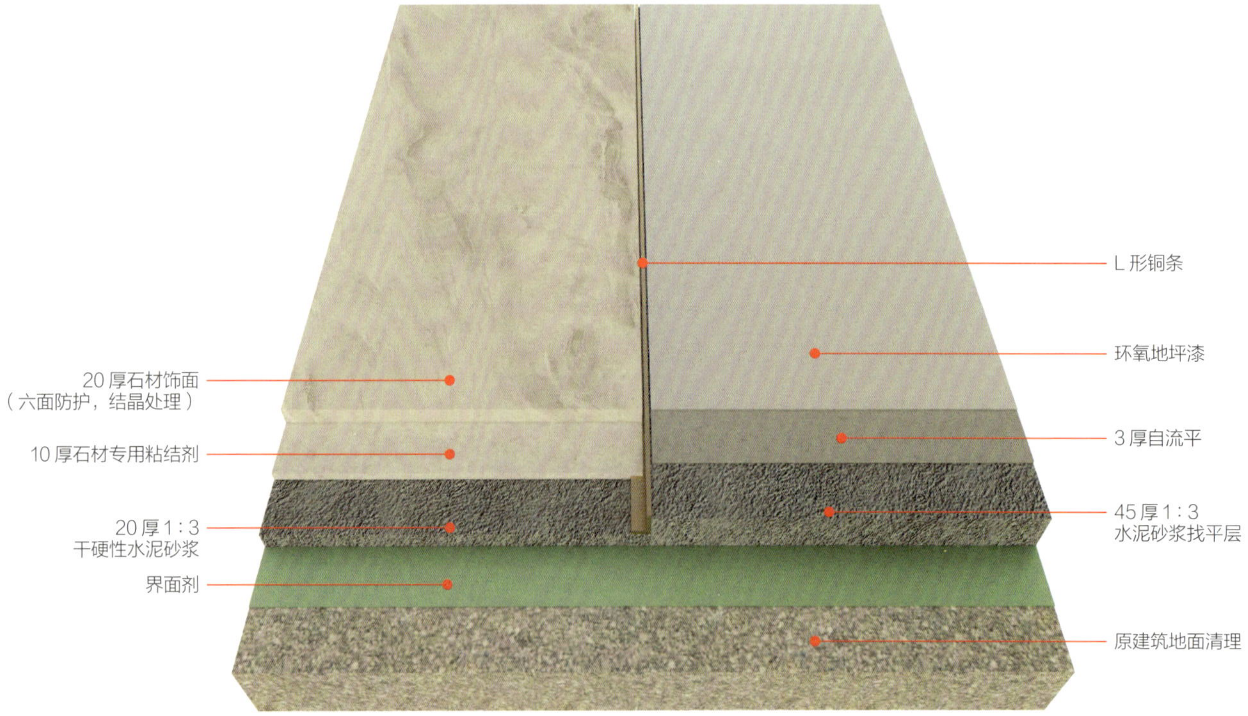

三维构造模型

深化与施工要点

深化收口六字诀

撞 › 压 › 嵌 › 收 › 断 › 插

收口“撞”字诀：撞接收口自常在，不同质地软撞硬；密缝无胶收阴角，不留维保后遗症。

1.图纸深化：深化地面标高、石材与环氧地坪收口节点，依据设计要求及材料规格尺寸对石材饰面进行深化排板，按照使用功能进行机电点位排板定位，定位要符合板幅居中原则。

2.技术交底：根据现场放线和实际测量尺寸绘制石材排板图。地面石材铺装前，L形铜条沿定位线应安装调平完毕，并在L形铜条沿线上的合理位置选取环氧地坪漆和石材的起铺点。与铜条交接处的石材侧面需打磨见光处理，保证收口顺直。施工时先做地面找平，L形铜条定位预埋安装后，铺装地面石材，最后涂刷环氧地坪漆，一次顺利完工。

深化管控要点

1.排板策划：不同品种石材的矿山荒料都有特定的规格尺寸，深化排板下单时，应结合石材大板尺寸合理分割石材板幅，提高石材出材率，减少不必要的石材损耗。L形铜条拼接缝应与石材对缝，其中石材缝、金属条拼接缝，此“两缝”应贯通相连。

2.下单审核：面层收口及排板需符合设计要求，下单图由驻场深化负责人员与施工负责人员共同审核，审核内容包括物料编号、排板效果、收口节点、石材放量尺寸、石材加工清单及现场下单尺寸等信息。

3.现场交底：根据石材完成面严格分区把控地面找平厚度，应满足环氧地坪漆的施工厚度在1～5 mm之间，如果采用自流平工艺，则可以选用较薄的2 mm厚环氧涂层。L形铜条应与石材完成面齐平，收口平直且无缝隙。地面机电点位根据排板图现场进行强制定位。

施工管控要点

1.安装工序：定位放线 → 基层处理 → 金属嵌条 → 地面石材 → 环氧地坪漆

2.施工管控：材料进场时应严格把控石材、L形铜条验收，按规范要求抽样复查。环氧地坪基层必须平整，清洁干净、无凹坑、无裂缝。对石材铺装进行实时监测，若出现偏差，应及时调整，确保成品效果“平、直、顺、齐、精、准”。

3.品控质检：确保厂家石材有充足供货量，对石材大板进行精挑细选，规格板切割后在车间进行预排板，调整对纹与色差。地面石材密拼缝隙不得大于1 mm，面层与基层需黏合牢固，确保无空鼓，L形铜条需安装牢固且无弯曲变形现象。根据地面石材的颜色，调整地面勾缝胶剂的颜色。环氧树脂地坪漆面层应光洁，色泽应均匀、一致，不应有起泡、起皮、泛砂等现象。地面铺装完成后，需要用地面专用保护膜满铺保护。

实景照片

地面石材与环氧地坪平撞工艺（L形铜条）

U4.3 地面石材与地灯压边工艺（地灯压石材）

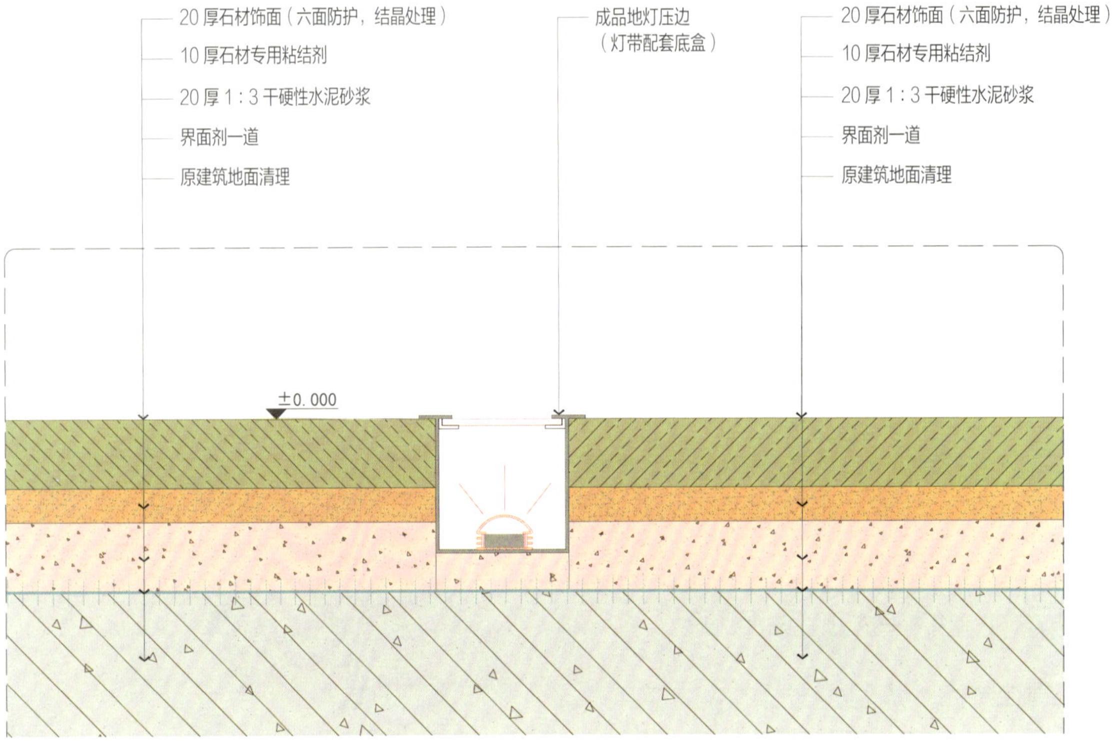

S 地面石材与地灯压边工艺（地灯压石材）

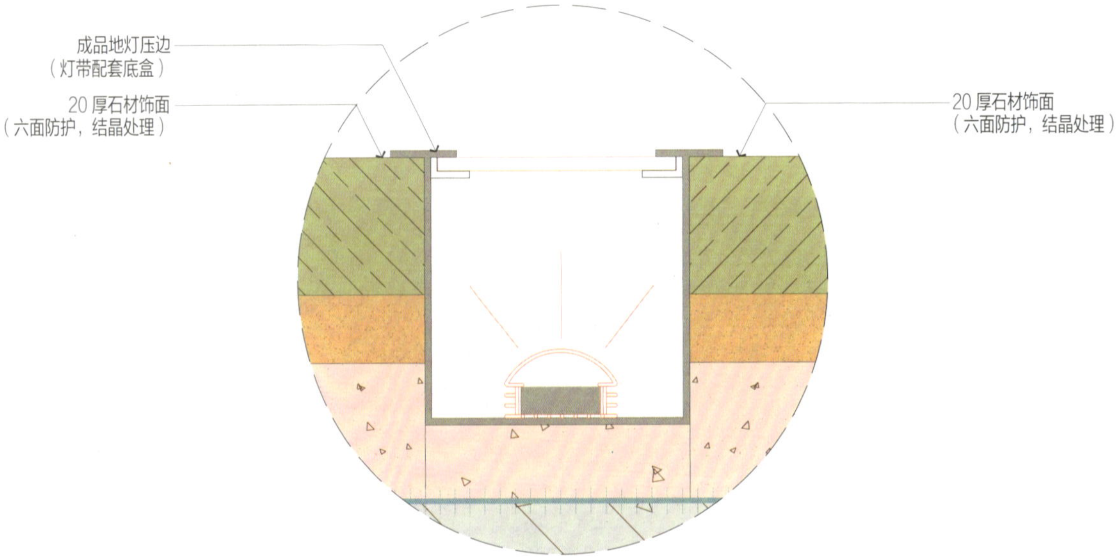

D 地面石材与地灯压边工艺（地灯压石材）大样图

适用范围

地面石材与地灯压边工艺的适用范围包括酒店、办公楼等场所的室内装饰空间。采用压边工艺安装的地灯可以确保灯具稳固，防止因踩踏导致的移位或损坏，地灯通过巧妙的压边设计可以与石材地面融为一体，增强了空间的艺术性和层次感。具体的收口方式应根据项目的装饰需求和设计要求来确定。

材料类别

面层材料：20 mm厚石材饰面、成品地灯。

基层材料：石材专用粘结剂、界面剂。

材料图片

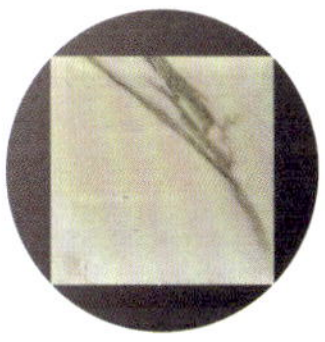
石材饰面

石材专用粘结剂

界面剂

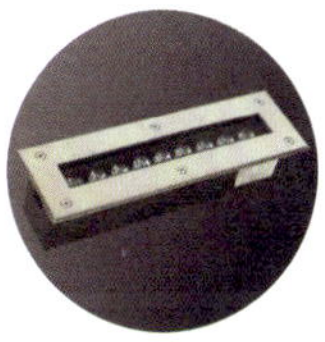
成品地灯

模拟构造

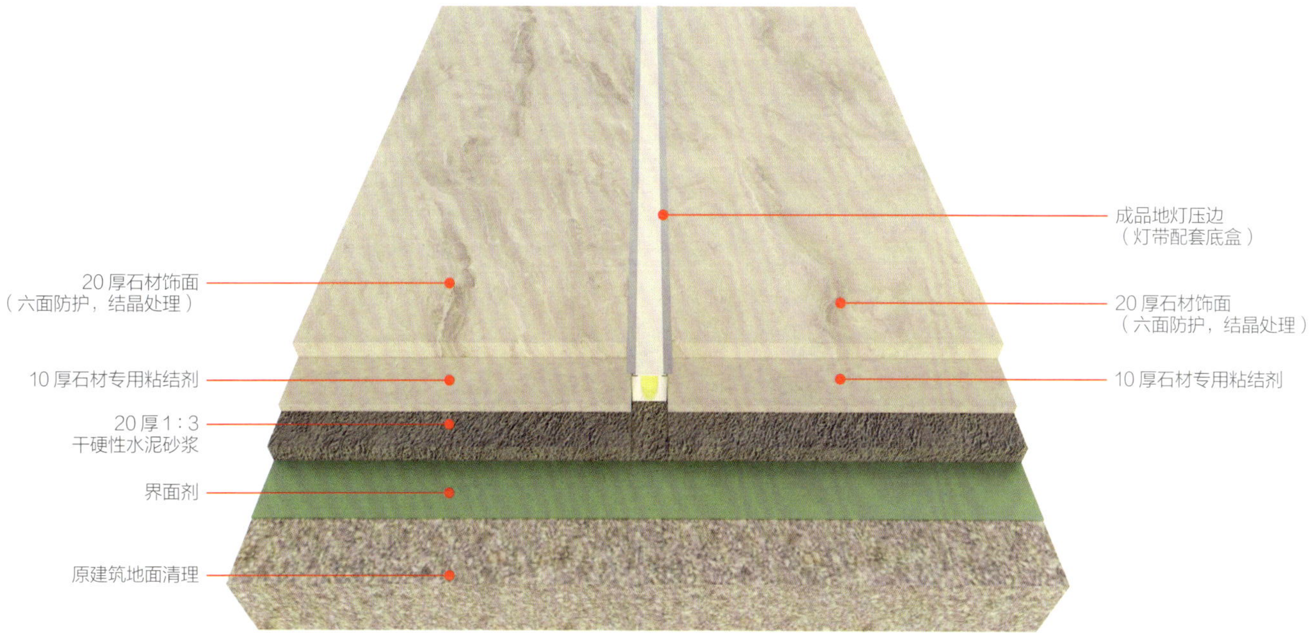

三维构造模型

深化与施工要点

深化收口六字诀

撞 ＞ 压 ＞ 嵌 ＞ 收 ＞ 断 ＞ 插

收口“压”字诀：压接工艺讲先后，湿先干后有节奏；平压顺压变化多，一压百了往上扣。

1. 图纸深化：深化地面标高、石材与其他材质收口节点，依据设计要求及材料规格尺寸对石材饰面进行深化排板，按照使用功能进行机电点位排板定位，定位要符合板幅居中原则。石材铺装预留地灯凹槽，地灯压石材，安装地灯需打胶密封牢固。

2. 技术交底：根据现场放线和实际测量尺寸绘制石材排板图。地面石材铺装前，地灯埋件可选用不锈钢预埋件或地灯配套预埋件。根据预埋件尺寸和数量，在地面开槽钻孔，开槽尺寸应比预埋件尺寸宽5 ~ 8 mm，深度要比预埋件高度深10 ~ 15 mm。

深化管控要点

1. 排板策划：不同品种石材的矿山荒料都有特定的规格尺寸，深化排板下单时，应结合石材大板尺寸合理分割石材板幅，提高石材出材率，减少不必要的石材损耗。

2. 下单审核：面层收口及排板需符合设计要求，下单图由驻场深化负责人员与施工负责人员共同审核，审核内容包括物料编号、排板效果、收口节点、石材放量尺寸、石材加工清单及现场下单尺寸等信息。

3. 现场交底：石材表面应平整、无翘曲变形、无色差，拼接缝应均匀一致。地面机电点位根据排板图现场进行强制定位，确定地灯安装位置，并在地面标出预埋件位置，然后在水泥地平上沿预埋件位置预留地灯埋件槽，将地灯嵌入后用细石混凝土或砂浆密封。

施工管控要点

1. 安装工序：定位放线 → 基层处理 → 地灯槽盒 → 灌浆密封 → 地面石材

2. 施工管控：材料进场时应严格把控石材、地灯验收，按规范要求抽样复查。施工前应将地面清理干净并均匀涂刷界面剂，避免基层空鼓。对石材铺装进行实时监测，若出现偏差，应及时调整，确保成品效果“平、直、顺、齐、精、准”。

3. 品控质检：确保厂家石材有充足供货量，对石材大板进行精挑细选，规格板切割后在车间进行预排板，调整对纹与色差。 地面石材密拼缝隙不得大于1 mm，地灯安装需牢固、拼缝严密、无翘边。根据地面石材颜色调整地面勾缝胶剂的颜色。地面铺装完成后，需要用地面专用保护膜满铺保护。

实景照片

地面石材与地灯压边工艺（地灯压石材）

U5 地面瓷砖与木地板收口工艺

U5.1 地面瓷砖与木地板平撞工艺（L 形铜条）

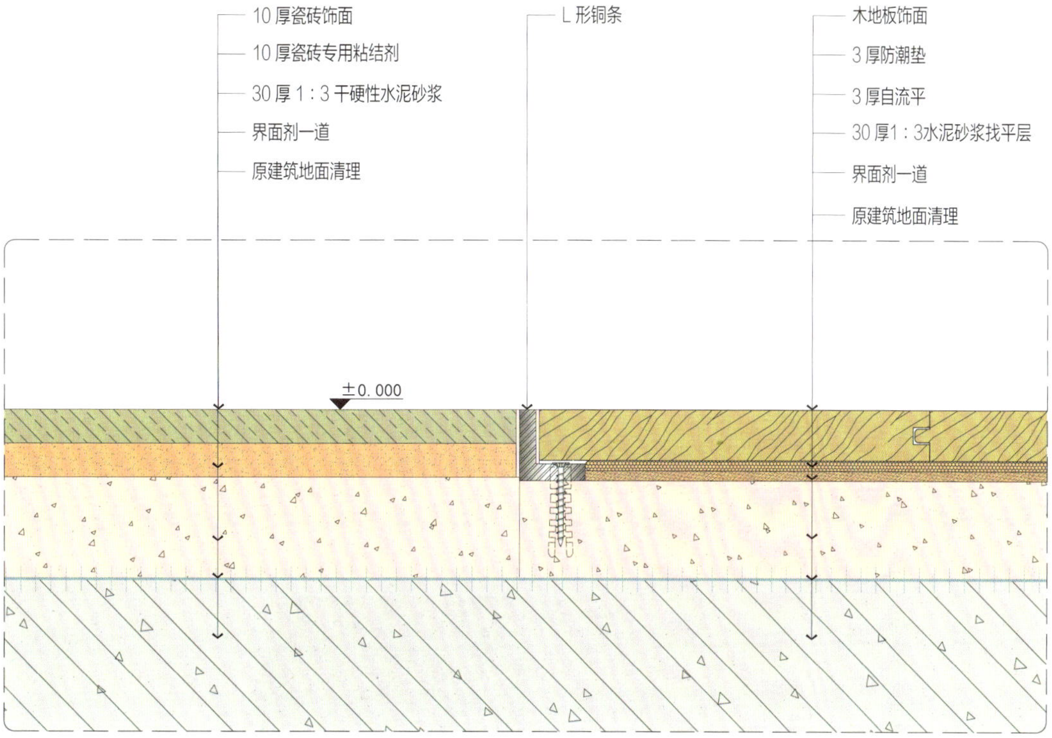

S 地面瓷砖与木地板平撞工艺（L形铜条）

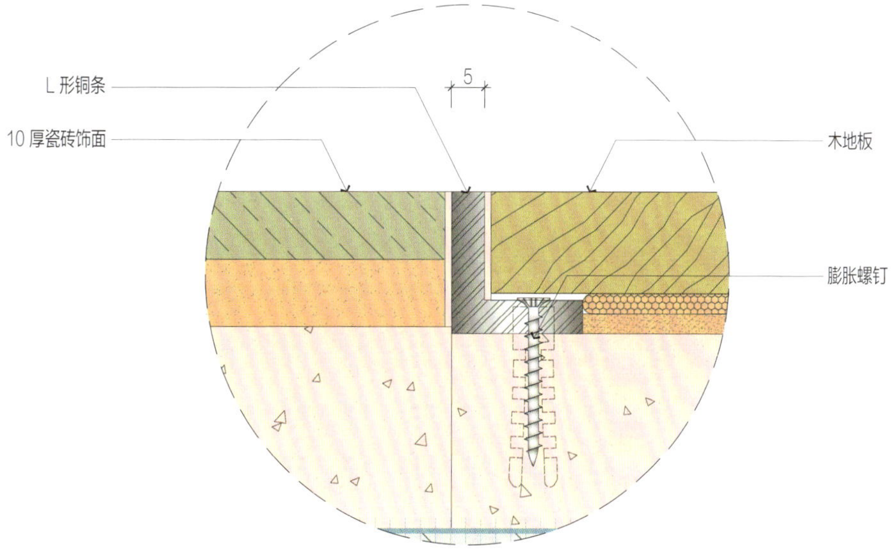

D 地面瓷砖与木地板平撞工艺（L形铜条）大样图

适用范围

地面瓷砖与木地板L形铜条平撞工艺的适用范围包括酒店、办公楼等场所的室内地面装饰。铜条具有一定的耐磨、防滑性能，使瓷砖与木地板的接缝更加美观，避免了传统收口方式可能带来的突兀感，整体效果更加和谐统一。具体的收口方式应根据项目的装饰需求和设计要求来确定。

材料类别

面层材料：10 mm厚瓷砖饰面、木地板饰面、L形铜条。

基层材料：瓷砖专用粘结剂、防潮垫、自流平、界面剂、膨胀螺钉。

材料图片

瓷砖饰面

木地板饰面

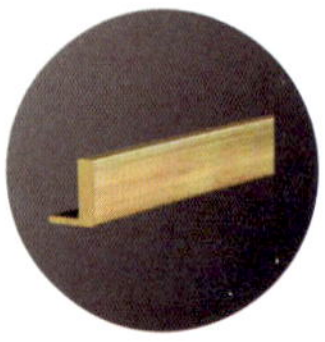
L形铜条

瓷砖专用粘结剂

界面剂

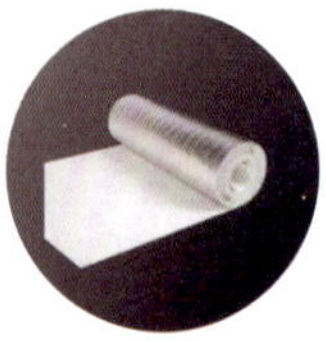
防潮垫

模拟构造

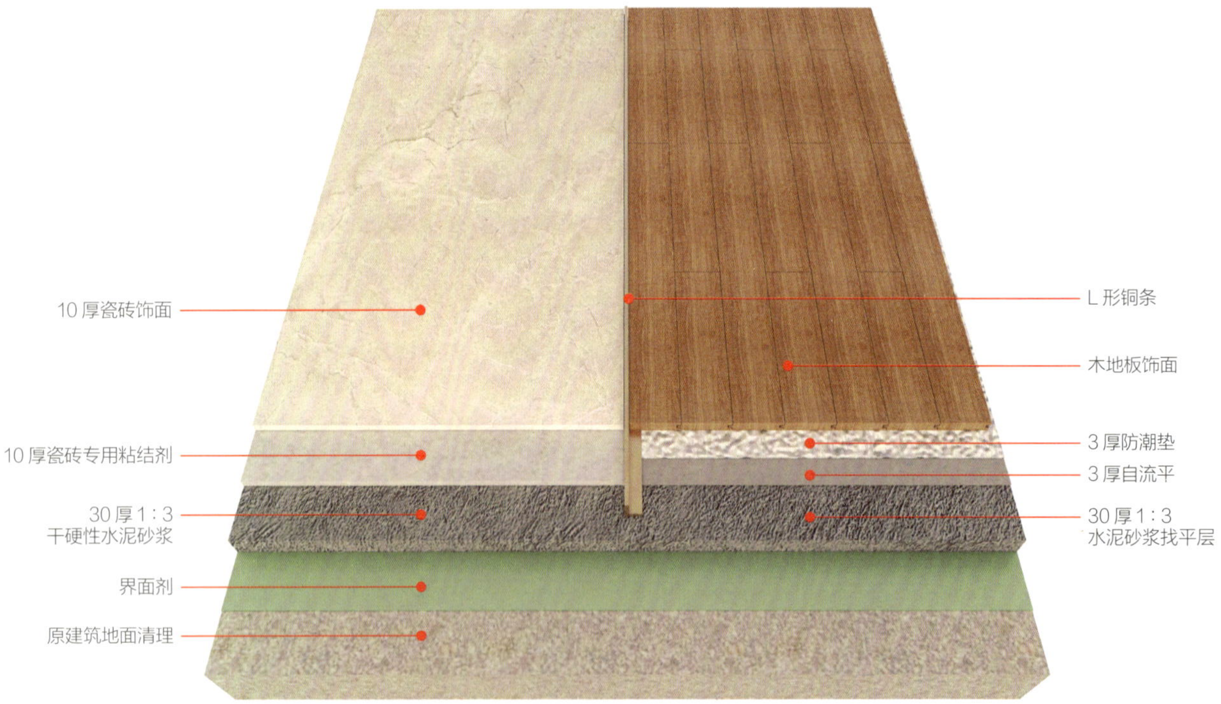

三维构造模型

深化与施工要点

深化收口六字诀

撞 》 压 》 嵌 》 收 》 断 》 插

收口“撞”字诀：撞接收口自常在，不同质地软撞硬；密缝无胶收阴角，不留维保后遗症。

1. 图纸深化：深化地面标高、瓷砖与木地板收口节点，依据设计要求及材料规格尺寸对瓷砖、木地板饰面进行深化排板，按照使用功能进行机电点位排板定位，定位要符合板幅居中原则。

2. 技术交底：根据现场放线和实际测量尺寸绘制瓷砖排板图。地面木地板铺装前，L形铜条沿定位线应安装调平完毕，L形铜条两侧木地板和瓷砖建议采用整块铺装，宜在L形铜条沿线上的合理位置选取木地板和瓷砖的起铺点。施工时，先进行瓷砖湿作业，待L形铜条定位预埋安装后，再进行木地板的铺装，一次顺利完工。

深化管控要点

1. 排板策划：按面砖的尺寸、颜色进行选砖，并分类存放备用，做好排砖设计，应注意复杂的排砖需与设计师进行确认排板。L形铜条拼接缝需与地面木地板及瓷砖对缝，木地板缝、瓷砖缝、L形铜条拼接缝，此“三缝”应贯通相连。

2. 下单审核：面层收口及排板需符合设计要求，下单图由驻场深化负责人员与施工负责人员共同审核，审核内容包括物料编号、瓷砖与木地板种类、排板方案、收口节点、下单图纸标高、瓷砖与木地板加工清单及现场下单尺寸等信息。

3. 现场交底：同种型号、同一批次的瓷砖颜色与花纹应一致、无色差，瓷砖表面应平整，拼缝应均匀一致，对纹瓷砖按排板图编号进行铺贴；L形铜条的安装高度应与瓷砖完成面齐平，铜条收口平直且无缝隙，木地板应使用长边与L形铜条撞接，且不得长向裁切木地板，铜条与木地板拼接处采用结构胶粘合牢固，防止后期地板起翘。地面机电点位根据排板图现场进行强制定位。

施工管控要点

1. 安装工序：定位放线 → 基层处理 → 地面瓷砖 → 金属嵌条 → 地面木地板

2. 施工管控：材料进场时应严格把控木地板、瓷砖、铜条验收，按规范要求抽样复查。施工前应将地面清理干净并均匀涂刷界面剂，避免基层空鼓。对瓷砖与木地板铺装进行实时监测，若出现偏差，应及时调整，确保成品效果“平、直、顺、齐、精、准”。

3. 品控质检：瓷砖表面应洁净、色泽一致，瓷砖面层与基层应粘结牢固，确保无空鼓，L形铜条需安装牢固且无弯曲变形现象。瓷砖铺贴前进行预排板，调整对纹与色差，根据地面瓷砖的颜色，调整地面勾缝胶剂的颜色。木地板面层应无明显刨痕和毛刺现象，颜色均匀一致、无色差。地面铺装完成后，需要用地面专用保护膜满铺保护。

实景照片

地面瓷砖与木地板平撞工艺（L形铜条）

U5.2 地面瓷砖与木地板收口工艺（L 形条压边）

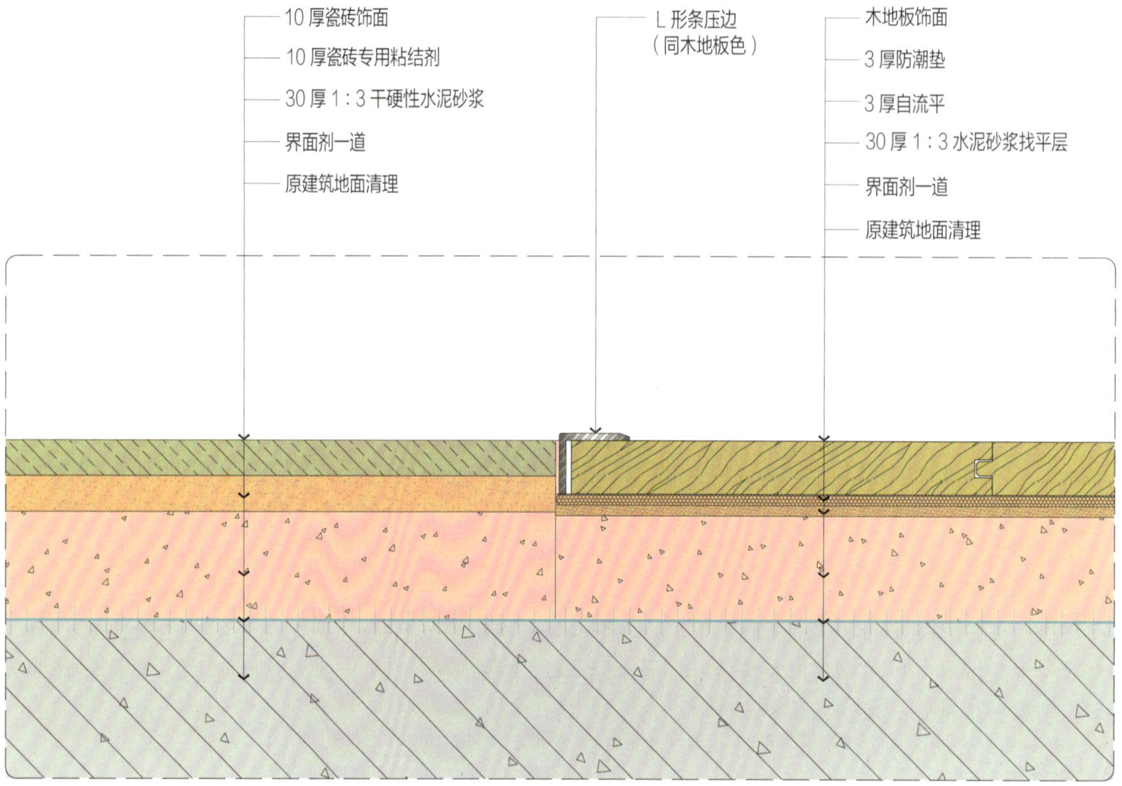

S 地面瓷砖与木地板收口工艺（L形条压边）

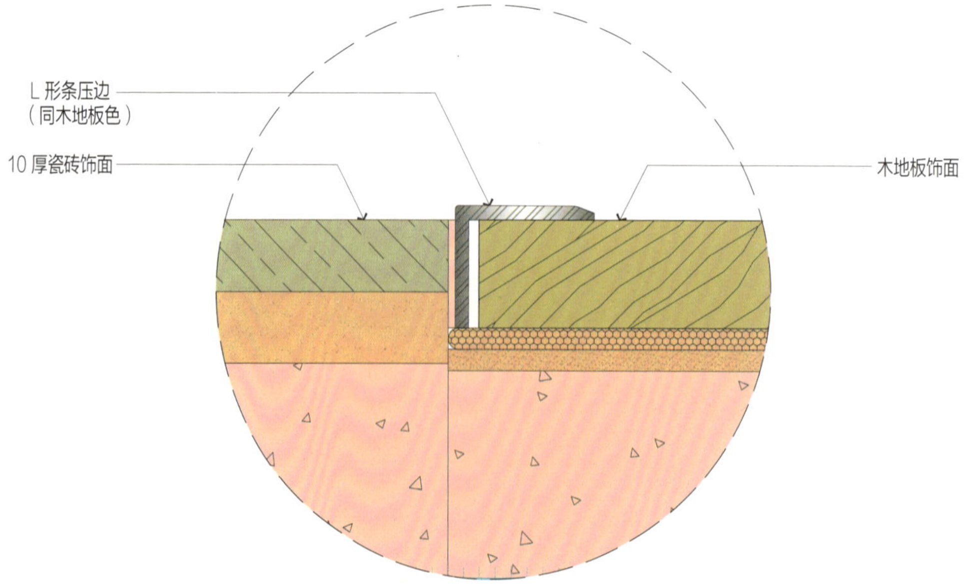

D 地面瓷砖与木地板收口工艺（L形条压边）大样图

适用范围

地面瓷砖与木地板L形条压边工艺的适用范围包括酒店、办公楼等场所的室内装饰空间。木地板L形条压边工艺安装方便，能够增加收口的稳定性，可减少使用过程中产生的变形、翘曲等问题，增强其耐用性，整体效果更加协调统一。具体的收口方式应根据项目的装饰需求和设计要求来确定。

材料类别

面层材料：10 mm厚瓷砖饰面、木地板饰面、配套L形条。

基层材料：瓷砖专用粘结剂、防潮垫、自流平、界面剂。

材料图片

瓷砖饰面

木地板饰面

配套L形条

瓷砖专用粘结剂

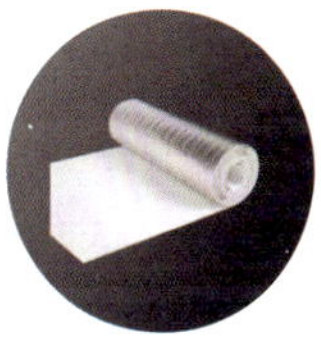
防潮垫

界面剂

模拟构造

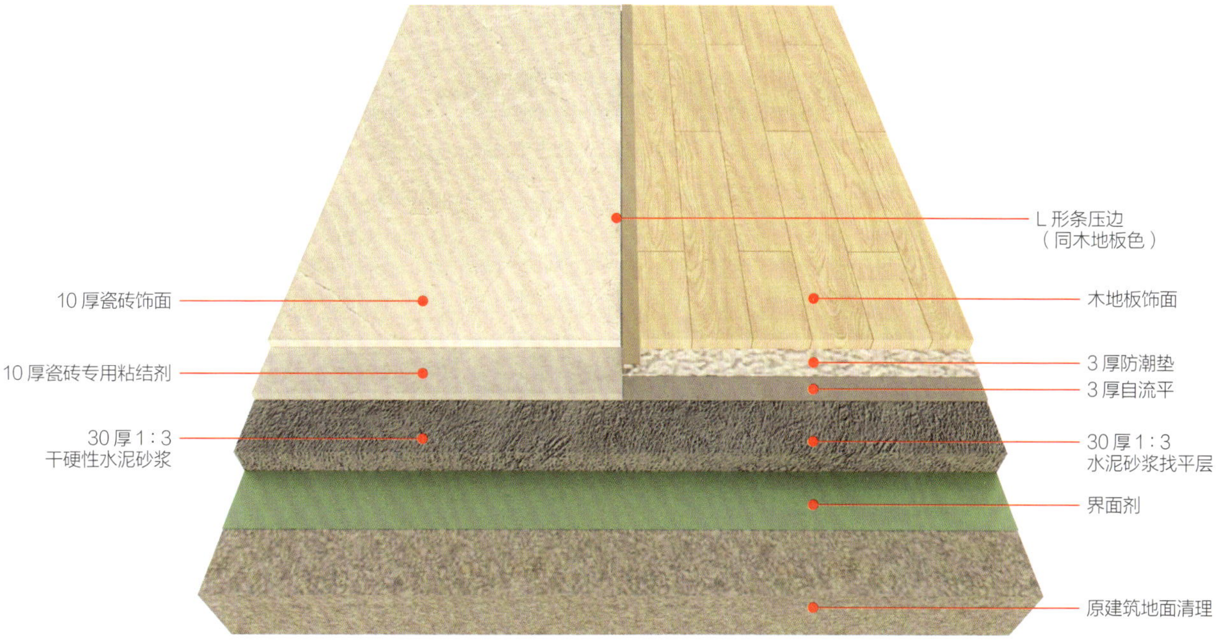

三维构造模型

深化与施工要点

深化收口六字诀

撞 》 压 》 嵌 》 收 》 断 》 插

收口“压”字诀：压接工艺讲先后，湿先干后有节奏；平压顺压变化多，一压百了往上扣。

1.图纸深化：深化地面标高、瓷砖与木地板收口节点，依据设计要求及材料规格尺寸对瓷砖与木饰面进行深化排板，按照使用功能进行机电点位排板定位，定位要符合板幅居中原则。

2.技术交底：根据现场放线和实际测量尺寸绘制瓷砖排板图。瓷砖面层铺装应按设计要求设置装修伸缩缝。与压条交接处瓷砖侧面应为非切割面，保证收口顺直。L形压条铝合金或不锈钢材质，压条颜色同木地板色。施工时，先进行瓷砖湿作业，木地板随后，最后安装L形压条压木地板，一次顺利完工。

深化管控要点

1.排板策划：按面砖的尺寸、颜色进行选砖，并分类存放备用，做好排砖设计，应注意复杂的排砖需与设计师进行确认排板。对缝时，瓷砖缝、地板缝、金属条拼接缝，此“三缝”应贯通相连。

2.下单审核：面层收口及排板需符合设计要求，下单图由驻场深化负责人员与施工负责人员共同审核，审核内容包括物料编号、瓷砖与木地板种类、排板方案、收口节点、下单图纸标高、瓷砖加工清单及现场下单尺寸等信息。

3.现场交底：同种型号、同一批次的瓷砖应满足颜色与花纹一致、无色差，瓷砖表面应平整，拼缝应均匀一致，对纹瓷砖按排板图编号进行铺贴；地面木地板应与瓷砖完成面齐平，L形压条紧靠瓷砖地面一侧扣压木地板地面，扣压应紧实、平整、顺直。地面机电点位根据排板图现场进行强制定位。

施工管控要点

1.安装工序：定位放线 → 基层处理 → 地面瓷砖 → 地面木地板 → 金属压条

2.施工管控：材料进场时应严格把控木地板、瓷砖、L形条验收，按规范要求抽样复查。施工前应将地面清理干净并均匀涂刷界面剂，避免基层空鼓。对瓷砖与木地板铺装进行实时监测，若出现偏差，应及时调整，确保成品效果“平、直、顺、齐、精、准”。

3.品控质检：瓷砖表面应洁净、色泽一致，瓷砖面层与基层应粘结牢固，确保无空鼓，瓷砖铺贴前进行预排板，调整对纹与色差，根据地面瓷砖的颜色，调整地面勾缝胶剂颜色。木地板面层应无明显刨痕和毛刺现象，颜色均匀一致、无色差，地板与L形条之间预留2 mm缝隙，防止地板伸缩变形。

实景照片

地面瓷砖与木地板收口工艺（L形条压边）

U5.3 地面瓷砖与木地板收口工艺（T 形条压边）

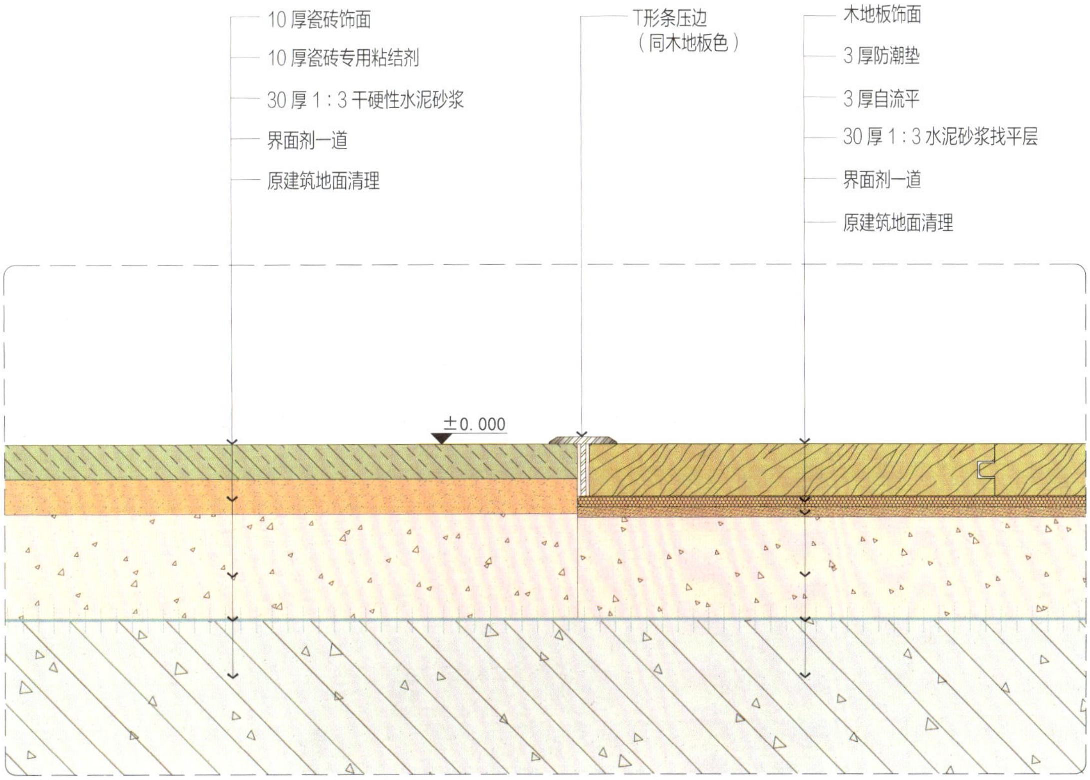

S 地面瓷砖与木地板收口工艺（T 形条压边）

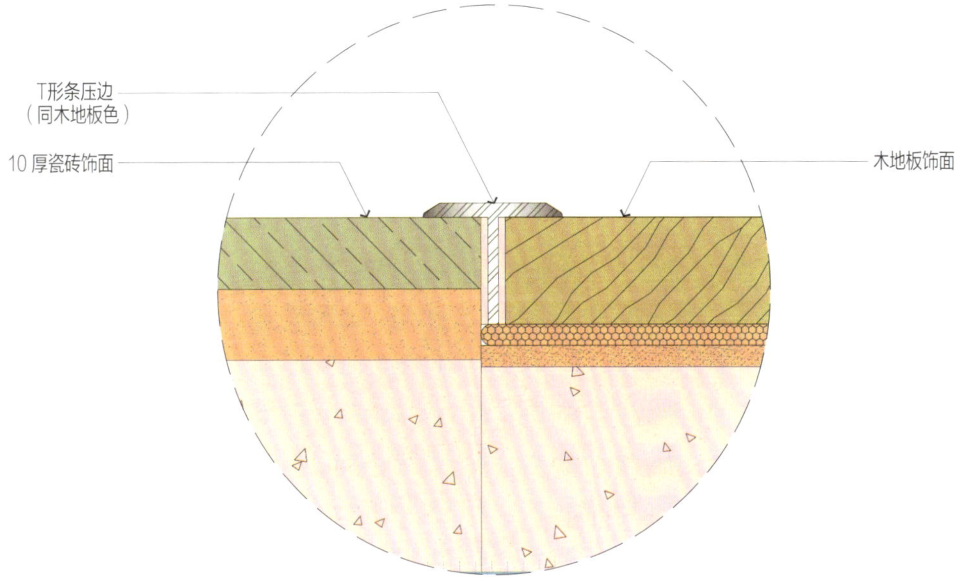

D 地面瓷砖与木地板收口工艺（T 形条压边）大样图

适用范围

地面瓷砖与木地板T形条压边工艺，适用范围包括酒店、办公楼等场所的室内装饰空间。木地板T形条压边安装方便，能够增加收口的稳定性，可减少使用过程中产生的变形、翘曲等问题，增强其耐用性，整体效果更加协调统一。具体的收口方式应根据项目的装饰需求和设计要求来确定。

材料类别

面层材料：10 mm厚瓷砖饰面、木地板饰面、配套T形条。

基层材料：瓷砖专用粘结剂、防潮垫、自流平、界面剂。

材料图片

瓷砖饰面

木地板饰面

配套T形条

瓷砖专用粘结剂

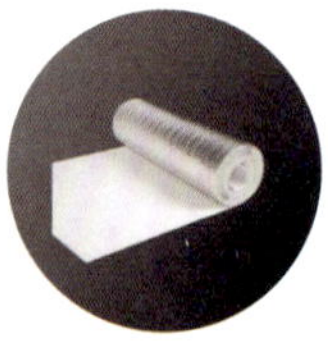
防潮垫

界面剂

模拟构造

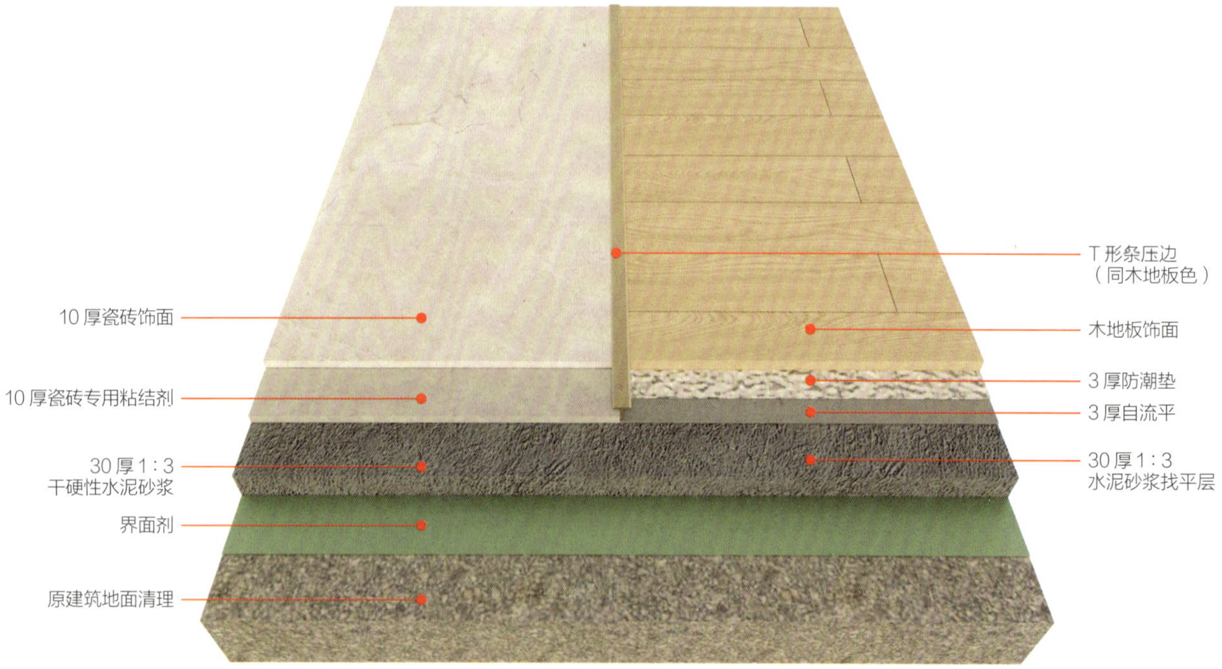

三维构造模型

深化与施工要点

深化收口六字诀

撞 › 压 › 嵌 › 收 › 断 › 插

收口“压”字诀：压接工艺讲先后，湿先干后有节奏；平压顺压变化多，一压百了往上扣。

1. 图纸深化：深化地面标高、瓷砖与木地板收口节点，依据设计要求及材料规格尺寸进行瓷砖、木地板饰面深化排板，按照使用功能进行机电点位排板定位，定位要符合板幅居中原则。

2. 技术交底：根据现场放线和实际测量尺寸绘制瓷砖排板图。地面瓷砖铺贴应按设计要求设置装修伸缩缝。实木复合地板铺装时，相邻板材接头位置错开距离不应小于300 mm。T形压条采用铝合金或不锈钢材质，压条颜色同木地板色一致。施工时，先进行瓷砖湿作业，木地板随后，最后安装T形压条压瓷砖与木地板，一次顺利完工。

深化管控要点

1. 排板策划：按面砖的尺寸、颜色进行选砖，并分类存放备用，做好排砖设计，应注意复杂的排砖需与设计师进行确认排板。对缝时，瓷砖缝、地板缝、金属条拼接缝，此“三缝”应贯通相连。

2. 下单审核：面层收口及排板需符合设计要求，下单图由驻场深化负责人员与施工负责人员共同审核，审核内容包括物料编号、瓷砖与木地板种类、排板方案、收口节点、下单图纸标高、瓷砖加工清单及现场下单尺寸等信息。

3. 现场交底：同种型号、同一批次的瓷砖应满足颜色与花纹一致、无色差，瓷砖表面应平整，拼缝应均匀一致；瓷砖地面与木地板安装高度应保持在同一水平面，瓷砖与木地板之间需留有3 ~ 5 mm宽的缝隙，T形压条压瓷砖地面与木地板地面，扣压应紧实、平整、顺直。

施工管控要点

1. 安装工序：定位放线 → 基层处理 → 地面瓷砖 → 地面木地板 → 金属压条

2. 施工管控：材料进场时应严格把控木地板、瓷砖、T形条验收，按规范要求抽样复查。施工前应将地面清理干净并均匀涂刷界面剂，避免基层空鼓。对瓷砖与木地板铺装进行实时监测，若出现偏差，应及时调整，确保成品效果“平、直、顺、齐、精、准”。

3. 品控质检：瓷砖表面应洁净、色泽一致，瓷砖面层与基层应粘结牢固，确保无空鼓，瓷砖铺贴前进行预排板，调整对纹与色差，根据地面瓷砖的颜色，调整地面勾缝胶剂颜色。木地板面层应无明显刨痕和毛刺现象、颜色均匀一致、无色差，地板与T形条之间预留2 mm缝隙，防止地板伸缩变形。

实景照片

地面瓷砖与木地板收口工艺（T形条压边）

U6 地面瓷砖与地毯收口工艺

U6.1 地面瓷砖与满铺地毯平撞工艺（L 形铜条）

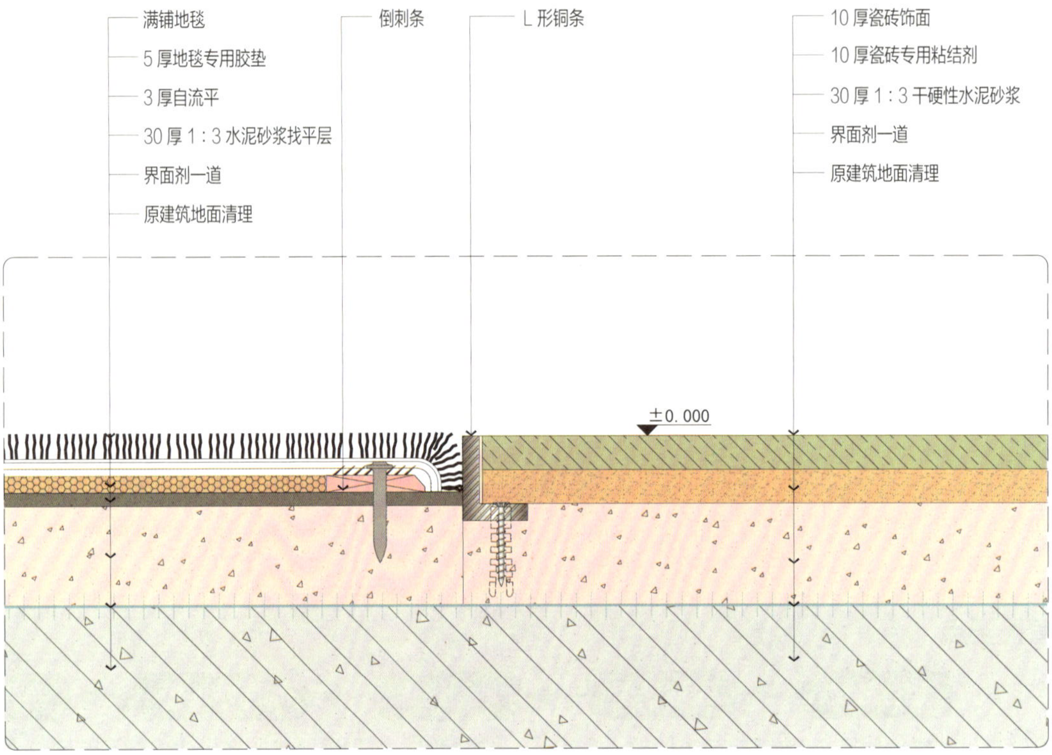

S 地面瓷砖与满铺地毯平撞工艺（L形铜条）

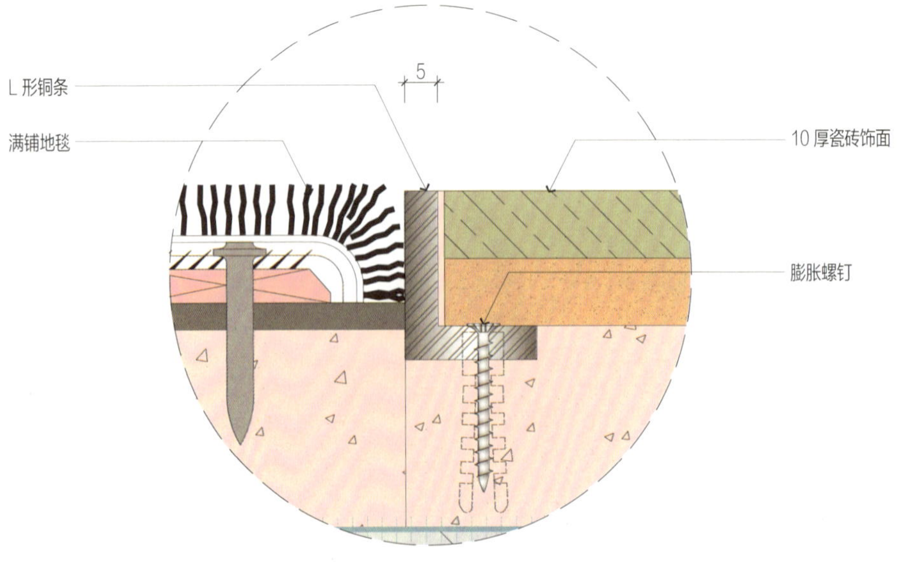

D 地面瓷砖与满铺地毯平撞工艺（L形铜条）大样图

适用范围

地面瓷砖与地毯L形铜条平撞工艺，适用范围包括酒店、办公楼等场所的室内装饰空间。铜条具有一定的耐磨、防滑性能，也使瓷砖与地毯的接缝更加美观，避免了传统收口方式可能带来的突兀感，整体效果更加和谐统一。具体的收口方式应根据项目的装饰需求和设计要求来确定。

材料类别

面层材料：10 mm厚瓷砖饰面、地毯饰面、L形铜条。

基层材料：瓷砖专用粘结剂、地毯专用胶垫、倒刺条、自流平、界面剂、膨胀螺钉。

材料图片

瓷砖饰面

地毯饰面

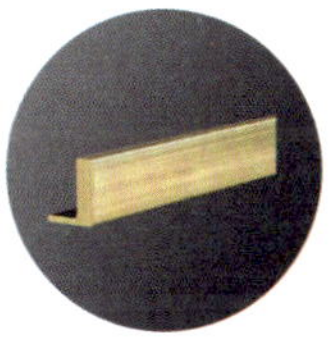

L形铜条

瓷砖专用粘结剂

地毯专用胶垫

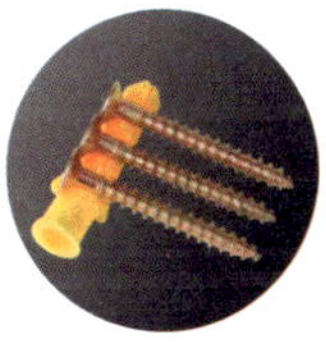

膨胀螺钉

模拟构造

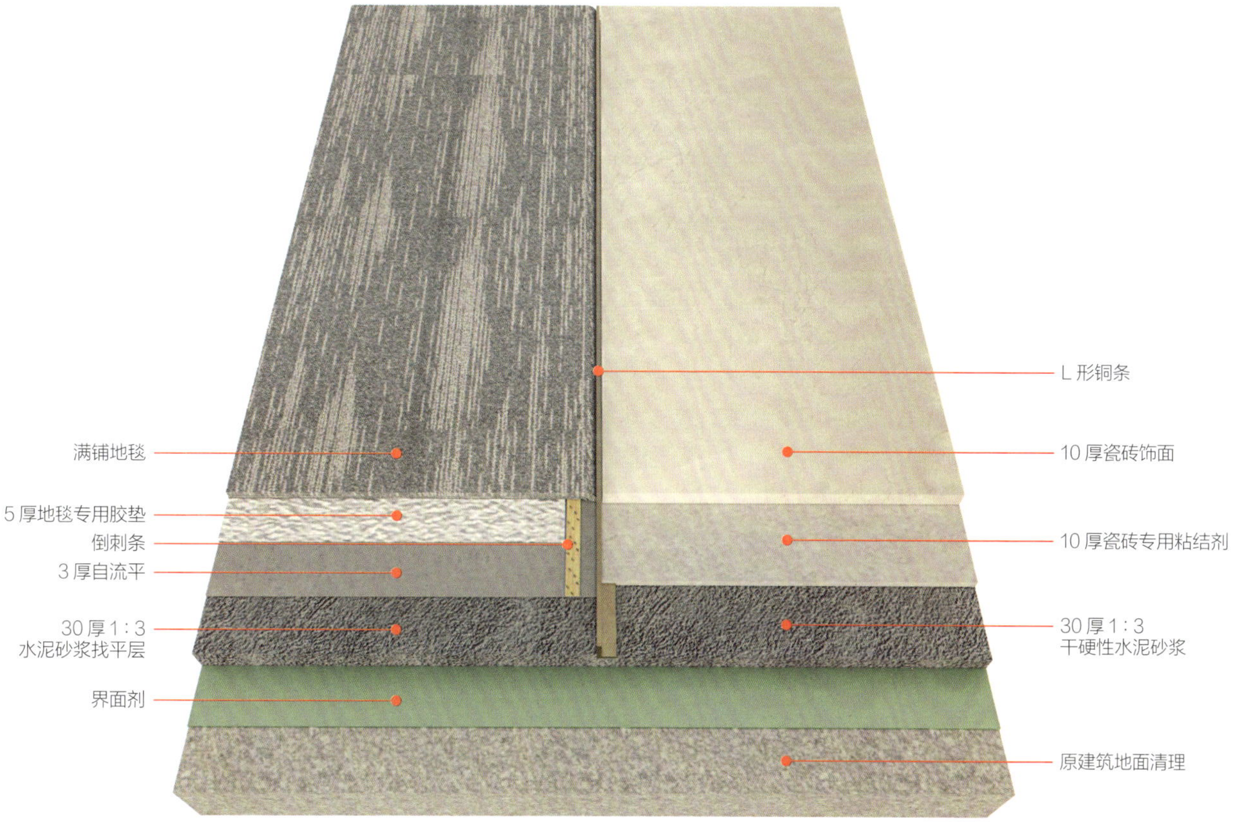

三维构造模型

深化与施工要点

深化收口六字诀

撞 》 压 》 嵌 》 收 》 断 》 插

收口"撞"字诀：撞接收口自常在，不同质地软撞硬；密缝无胶收阴角，不留维保后遗症。

1.图纸深化：深化地面标高、瓷砖与地毯收口节点，依据设计要求及材料规格尺寸对瓷砖饰面进行深化排板，按照使用功能进行机电点位排板定位，定位要符合板幅居中原则。

2.技术交底：根据现场放线和实际测量尺寸绘制瓷砖排板图。地面瓷砖铺贴前，L形铜条沿定位线应安装调平完毕，L形铜条一侧瓷砖建议采用整块铺装，宜在L形铜条沿线上的合理位置选取地毯和瓷砖的起铺点。与铜条交接处的瓷砖侧面应为非切割面，保证收口顺直。施工时，先进行嵌条定位预埋安装，再进行瓷砖湿作业，最后铺装地毯，一次顺利完工。

深化管控要点

1.排板策划：按面砖的尺寸、颜色进行选砖，并分类存放备用，做好排砖设计，应注意复杂的排砖需与设计师进行确认排板。L形铜条拼接缝与瓷砖对缝时，"两缝"应贯通相连。

2.下单审核：面层收口及排板需符合设计要求，下单图由驻场深化负责人员与施工负责人员共同审核，审核内容包括物料编号、瓷砖与地毯种类、排板方案、收口节点、下单图纸标高、瓷砖加工清单及现场下单尺寸等信息。

3.现场交底：同种型号、同一批次的瓷砖应满足颜色与花纹一致、无色差，瓷砖表面应平整，拼缝应均匀一致，地毯基层找平需按照地毯实际厚度预留，地毯铺装完成后应高于铜条完成面2～3mm，踩踏时与其他材料相平，L形铜条的安装高度应与瓷砖完成面齐平，瓷砖表面平整、洁净，与铜条收口保持平直且无缝隙。地面机电点位根据排板图现场进行强制定位。

施工管控要点

1.安装工序：定位放线 → 基层处理 → 金属嵌条 → 地面瓷砖 → 地面地毯

2.施工管控：材料进场时应严格把控瓷砖、地毯、L形铜条验收，按规范要求抽样复查。铺设地毯基层必须平整，清洁干净、无凹坑、无裂缝；对瓷砖铺贴进行实时监测，若出现偏差，应及时调整，确保成品效果"平、直、顺、齐、精、准"。

3.品控质检：瓷砖表面应洁净、色泽一致，瓷砖面层与基层应粘结牢固，确保无空鼓，L形铜条需安装牢固且无弯曲变形现象。瓷砖铺贴前进行预排板，调整对纹与色差，根据地面瓷砖的颜色，调整地面勾缝胶剂颜色。地毯表面不应起鼓、起皱、翘边、卷边、显拼缝、露线和毛边，绒面毛应顺光一致，毯面应洁净、无污染和损伤。地面铺装完成后，需要用地面专用保护膜满铺保护。

实景照片

地面瓷砖与满铺地毯平撞工艺（L形铜条）

U6.2 地面瓷砖与块毯平撞工艺（L 形铜条）

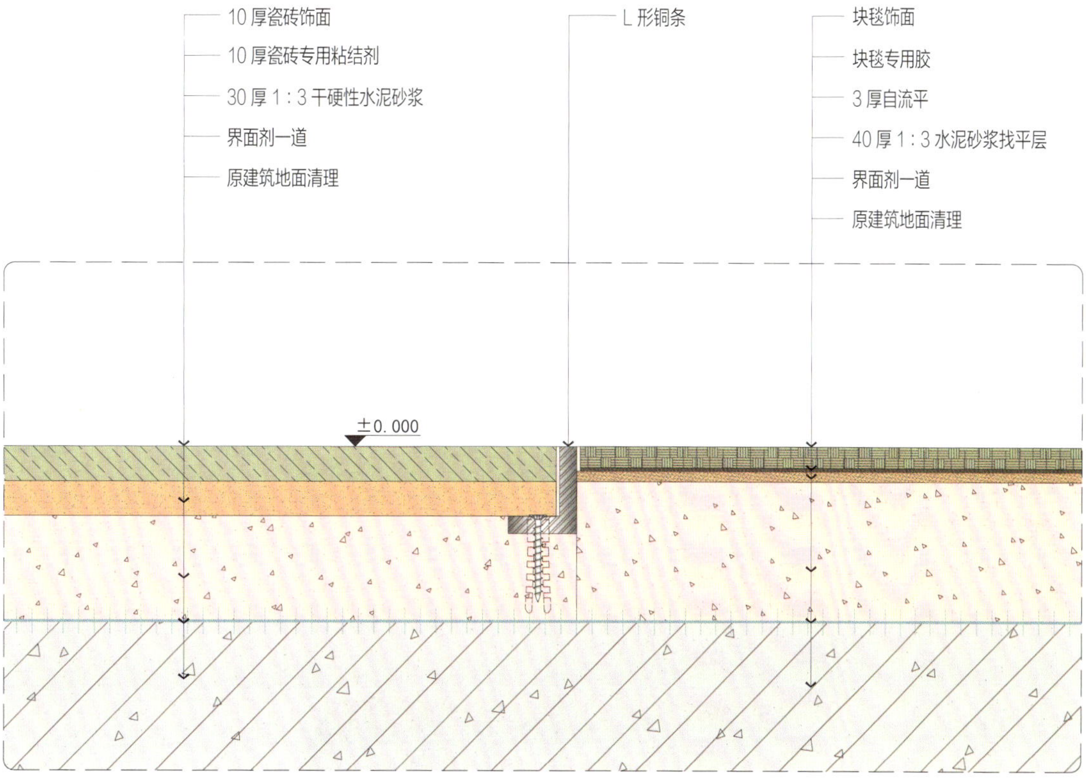

S 地面瓷砖与块毯平撞工艺（L形铜条）

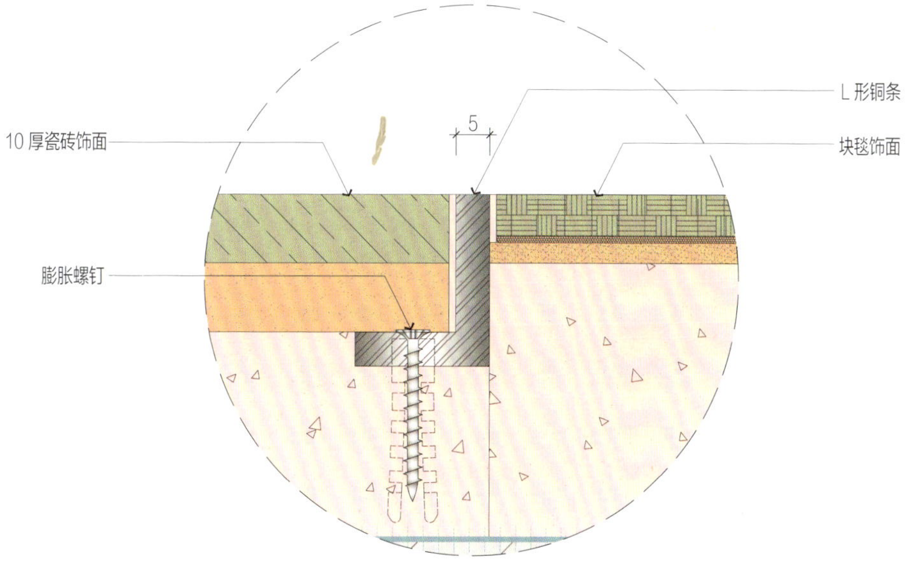

D 地面瓷砖与块毯平撞工艺（L形铜条）大样图

适用范围

地面瓷砖与块毯L形铜条平撞工艺，适用范围包括酒店、办公楼等场所的室内装饰。铜条具有一定的耐磨、防滑性能，使瓷砖与块毯的接缝更加美观，避免了传统收口方式可能带来的突兀感，整体效果更加和谐统一。具体的收口方式应根据项目的装饰需求和设计要求来确定。

材料类别

面层材料：10 mm厚瓷砖饰面、块毯饰面、L形铜条。

基层材料：瓷砖专用粘结剂、块毯专用胶、自流平、界面剂、膨胀螺钉。

材料图片

瓷砖饰面

地毯饰面

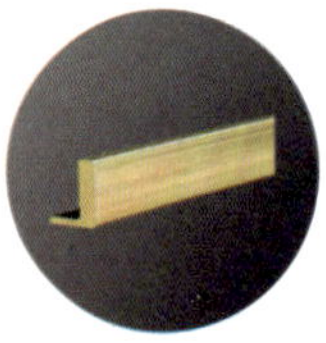
L形铜条

瓷砖专用粘结剂

界面剂

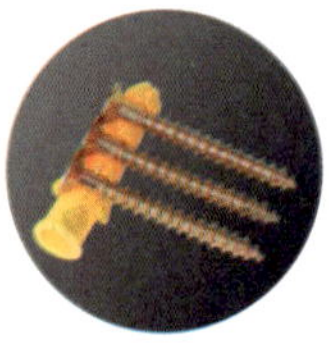
膨胀螺钉

模拟构造

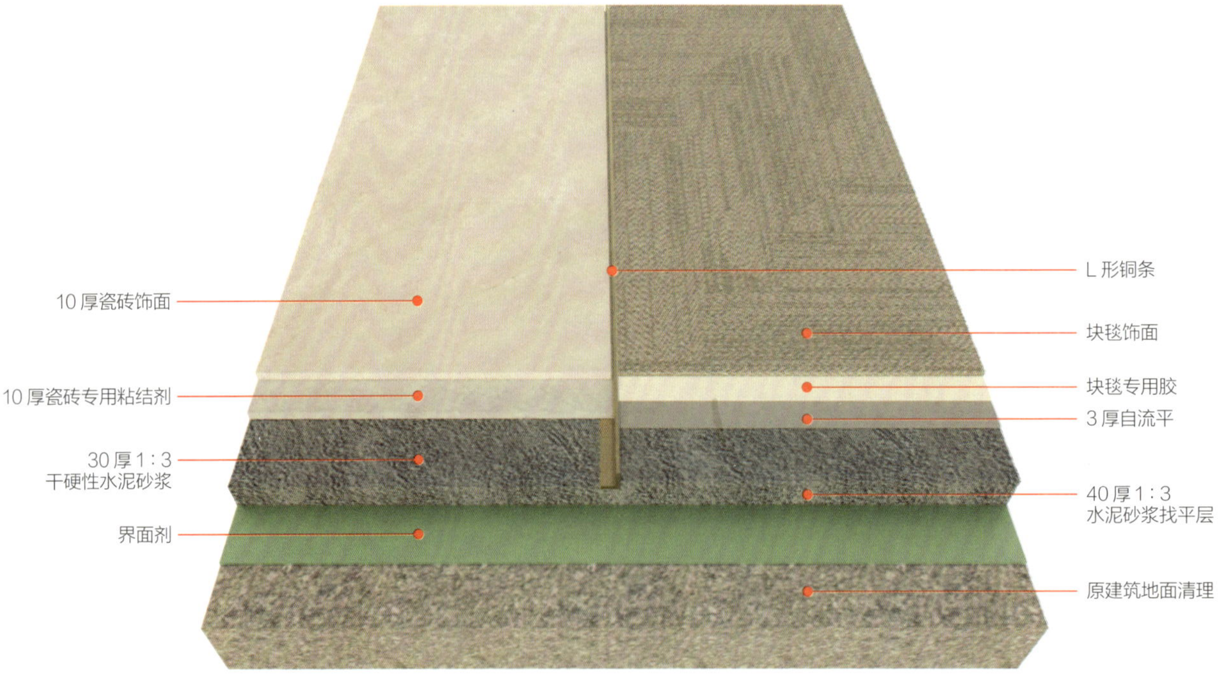

三维构造模型

深化与施工要点

深化收口六字诀

撞 〉 压 〉 嵌 〉 收 〉 断 〉 插

收口“撞”字诀：撞接收口自常在，不同质地软撞硬；密缝无胶收阴角，不留维保后遗症。

1. 图纸深化：深化地面标高、瓷砖与块毯收口节点，依据设计要求及材料规格尺寸对瓷砖饰面进行深化排板，按照使用功能进行机电点位排板定位，定位要符合板幅居中原则。

2. 技术交底：根据现场放线和实际测量尺寸绘制瓷砖排板图。地面瓷砖铺贴前，L形铜条沿定位线应安装调平完毕，L形铜条一侧瓷砖建议采用整块铺装，宜在L形铜条沿线上的合理位置选取地毯和瓷砖的起铺点。与铜条交接处的瓷砖侧面应为非切割面，保证收口顺直。施工时，先进行L形铜条定位预埋安装，再进行瓷砖湿作业，最后铺装块毯，一次顺利完工。

深化管控要点

1. 排板策划：按面砖的尺寸、颜色进行选砖，并分类存放备用，做好排砖设计，应注意复杂的排砖需与设计师进行确认排板。L形铜条拼接缝与瓷砖对缝时，瓷砖缝、金属条拼接缝应贯通相连。

2. 下单审核：面层收口及排板需符合设计要求，下单图由驻场深化负责人员与施工负责人员共同审核，审核内容包括物料编号、瓷砖与块毯种类、排板方案、收口节点、下单图纸标高、瓷砖加工清单及现场下单尺寸等信息。

3. 现场交底：同种型号、同一批次的瓷砖应满足颜色与花纹一致、无色差，瓷砖表面应平整，拼缝应均匀一致，根据块毯实际厚度严格分区把控地面找平厚度，块毯铺装完成后需低于铜条完成面1 mm，L形铜条的安装高度应与瓷砖完成面齐平，瓷砖与块毯表面平整、洁净，与铜条收口平直且无缝隙。地面机电点位根据排板图现场进行强制定位。

施工管控要点

1. 安装工序：定位放线 → 基层处理 → 金属嵌条 → 地面瓷砖 → 地面块毯

2. 施工管控：材料进场时应严格把控瓷砖、块毯、L形铜条验收，按规范要求抽样复查。铺设块毯的基层必须平整，清洁干净、无凹坑、无裂缝；对瓷砖及块毯铺装进行实时监测，若出现偏差，应及时调整，确保成品效果“平、直、顺、齐、精、准”。

3. 品控质检：瓷砖表面应洁净、色泽一致，瓷砖面层与基层应粘结牢固，确保无空鼓，L形铜条需安装牢固且无弯曲变形现象。瓷砖铺贴前进行预排板，调整对纹与色差，根据地面瓷砖的颜色，调整地面勾缝胶剂颜色。块毯表面不应出现起鼓、起皱、翘边、卷边、显拼缝和毛边等现象，地面铺装完成后，需要用地面专用保护膜满铺保护。

实景照片

地面瓷砖与块毯平撞工艺（L形铜条）

U6.3 地面瓷砖与防尘地毯平撞工艺（铝合金边框）

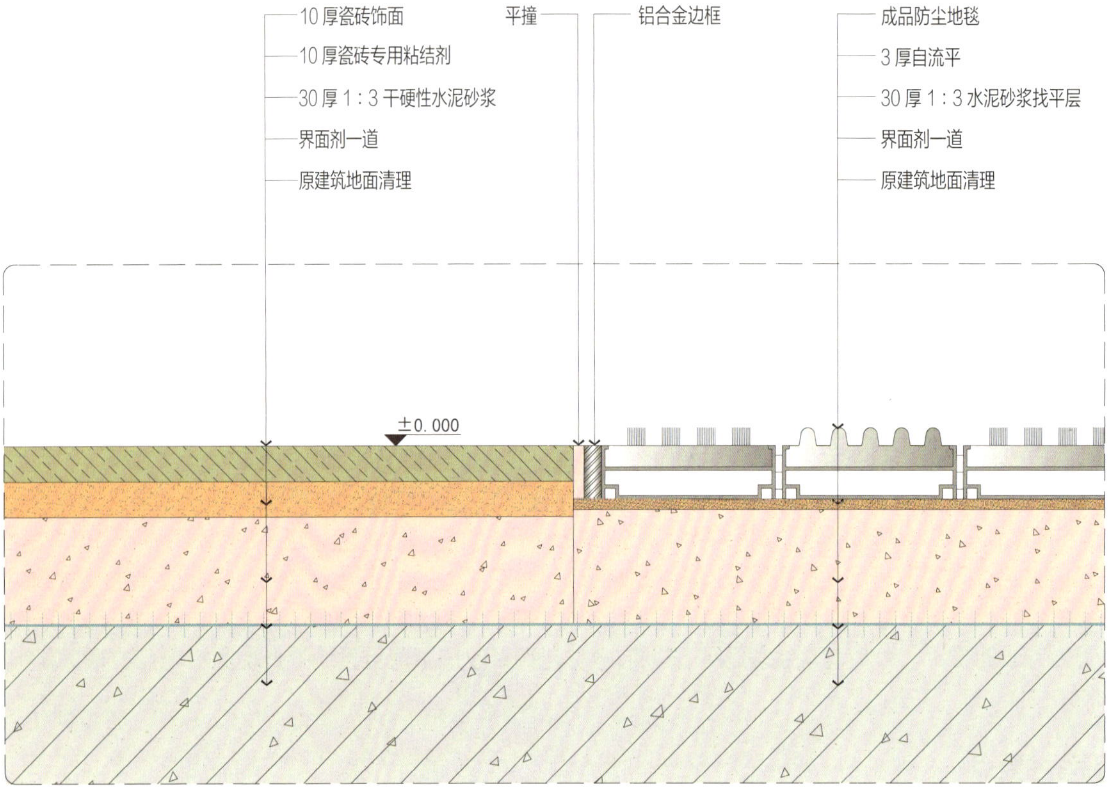

S 地面瓷砖与防尘地毯平撞工艺（铝合金边框）

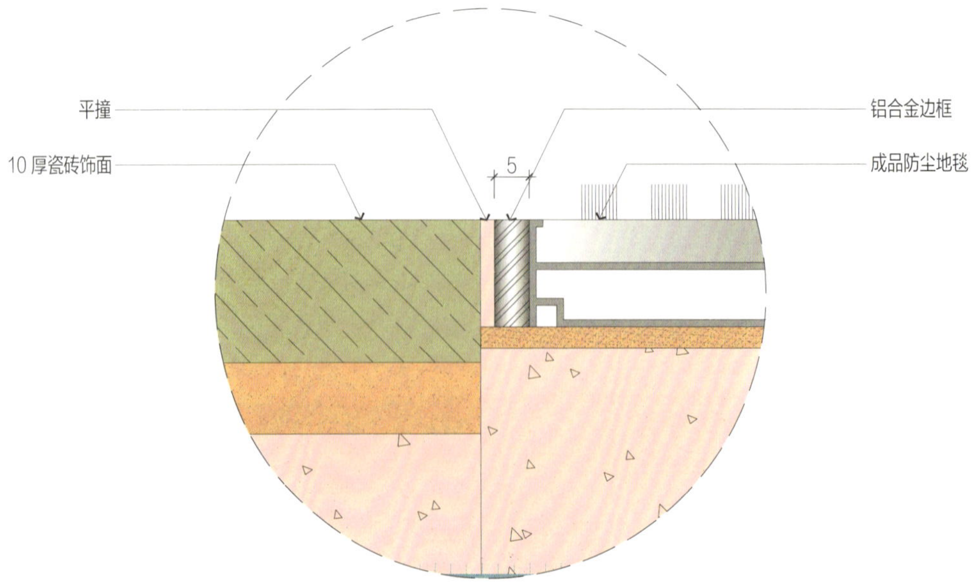

D 地面瓷砖与防尘地毯平撞工艺（铝合金边框）大样图

适用范围

地面瓷砖与防尘地毯平撞工艺适用范围包括商业、办公等场所的大堂入口空间。采用铝合金边框固定防尘地毯，方便更换和清洗，铝合金边框材质强度高、不易变形，能有效固定地毯位置，防止地毯边缘翘起，延长使用寿命。具体的收口方式应根据项目的装饰需求和设计要求来确定。

材料类别

面层材料：10 mm厚瓷砖饰面、防尘地毯、铝合金边框。

基层材料：瓷砖专用粘结剂、自流平、界面剂。

材料图片

瓷砖饰面

防尘地毯

铝合金边框

瓷砖专用粘结剂

界面剂

模拟构造

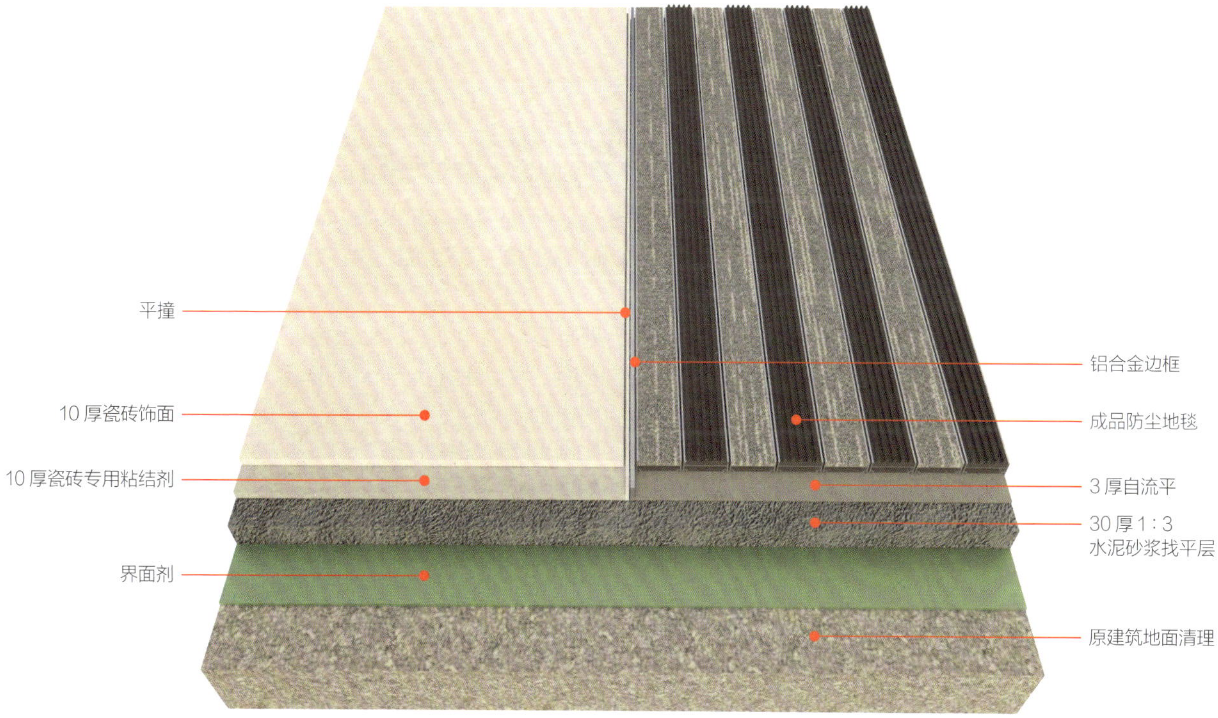

三维构造模型

深化与施工要点

深化收口六字诀

撞 〉 压 〉 嵌 〉 收 〉 断 〉 插

收口"撞"字诀：撞接收口自常在，不同质地软撞硬；密缝无胶收阴角，不留维保后遗症。

1. 图纸深化：深化地面标高、瓷砖与防尘地毯收口节点，依据设计要求及材料规格尺寸对防尘地毯、瓷砖饰面进行深化排板，按照使用功能进行机电点位排板定位，定位要符合板幅居中原则。

2. 技术交底：根据现场放线和实际测量尺寸绘制瓷砖排板图，瓷砖面层铺装应按设计要求设置装修伸缩缝。铝合金防尘地毯铺装空间需在地面基层找平后预留21 ~ 25 mm深度的安装空间，先安装铝合金边框，然后放置防尘地毯，石材、铝合金边框与防尘地毯在同一平面上。与铝合金边框交接处的瓷砖侧面为非切割面，保证收口顺直。施工时，先进行瓷砖湿作业，然后对防尘地毯基层找平，最后铺装防尘地毯，一次顺利完工。

深化管控要点

1. 排板策划：按面砖的尺寸、颜色进行选砖，并分类存放备用，做好排砖设计，应注意复杂的排砖需与设计师进行确认排板。结合防尘地毯规格尺寸合理深化地面瓷砖排板，保证地面瓷砖通缝。

2. 下单审核：面层收口及排板需符合设计要求，下单图由驻场深化负责人员与施工负责人员共同审核，审核内容包括物料编号、瓷砖与防尘地毯种类、排板方案、收口节点、下单图纸标高、瓷砖加工清单及现场下单尺寸等内容信息。

3. 现场交底：同种型号、同一批次的瓷砖应满足颜色与花纹一致、无色差，瓷砖表面应平整，拼缝应均匀一致，对纹瓷砖按排板图编号进行铺贴。防尘地毯四周需用铝合金边框加以固定，防止地毯移动，同时便于人员通行。地面机电点位根据排板图现场进行强制定位。

施工管控要点

1. 安装工序：定位放线 → 基层处理 → 地面瓷砖 → 金属边框 → 防尘地毯

2. 施工管控：材料进场时应严格把控瓷砖、防尘地毯验收，按规范要求抽样复查。施工前应将地面清理干净并均匀涂刷界面剂，避免基层空鼓。对瓷砖铺贴进行实时监测，若出现偏差，应及时调整，确保成品效果"平、直、顺、齐、精、准"。

3. 品控质检：瓷砖表面应洁净、色泽一致，瓷砖面层与基层应粘结牢固，确保无空鼓，瓷砖铺贴前进行预排板，调整对纹与色差，根据地面瓷砖的颜色，调整地面勾缝胶剂颜色。防尘地毯必须具有高耐磨、不褪色、耐腐蚀、抗重压、不变形等特点，地面铺装完成后，需要用地面专用保护膜满铺保护。

实景照片

地面瓷砖与防尘地毯平撞工艺（铝合金边框）

U7 地面瓷砖与其他材质收口工艺

U7.1 地面瓷砖与环氧地坪平撞工艺（L 形铜条）

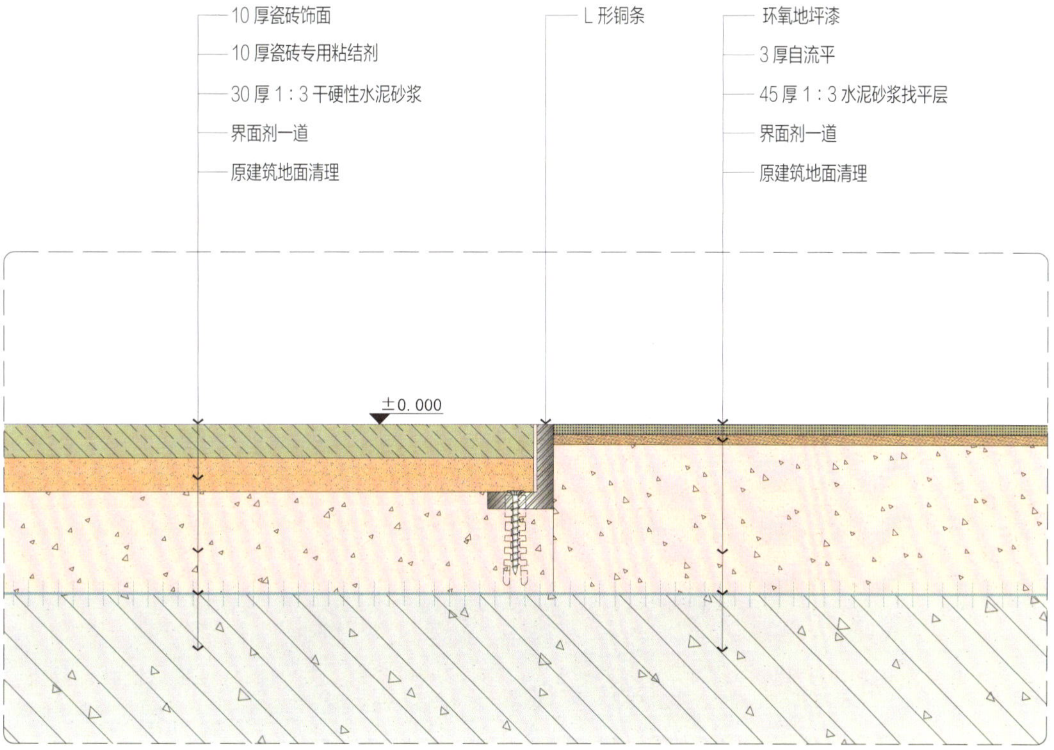

S 地面瓷砖与环氧地坪平撞工艺（L形铜条）

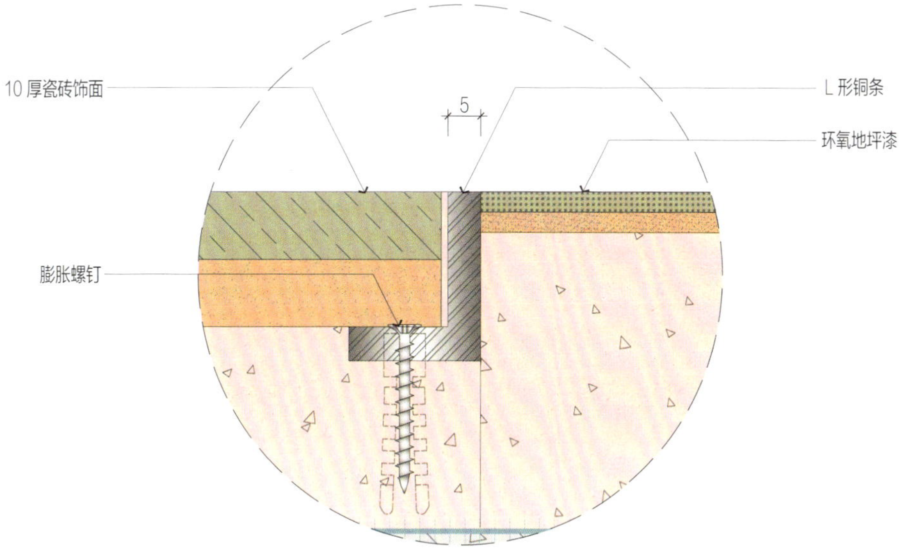

D 地面瓷砖与环氧地坪平撞工艺（L形铜条）大样图

适用范围

地面瓷砖与环氧地坪L形铜条平撞工艺，适用范围包括地下车库等场所空间。铜条具有一定的耐磨、防滑性能，使瓷砖与环氧地坪漆饰面的接缝更加美观，避免了传统收口方式可能带来的突兀感，整体效果更加和谐统一。具体的收口方式应根据项目的装饰需求和设计要求来确定。

材料类别

面层材料：10 mm厚瓷砖饰面、环氧地坪漆、L形铜条。

基层材料：瓷砖专用粘结剂、自流平、界面剂、膨胀螺钉。

材料图片

瓷砖饰面

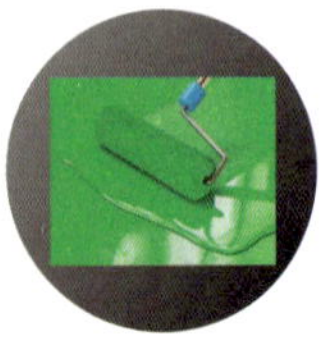
环氧地坪漆

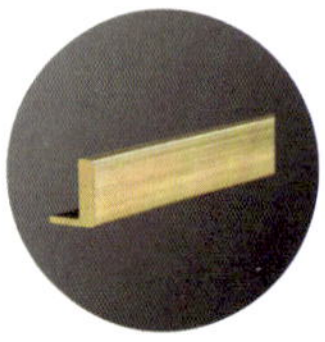
L形铜条

瓷砖专用粘结剂

界面剂

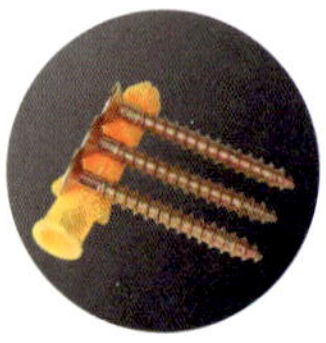
膨胀螺钉

模拟构造

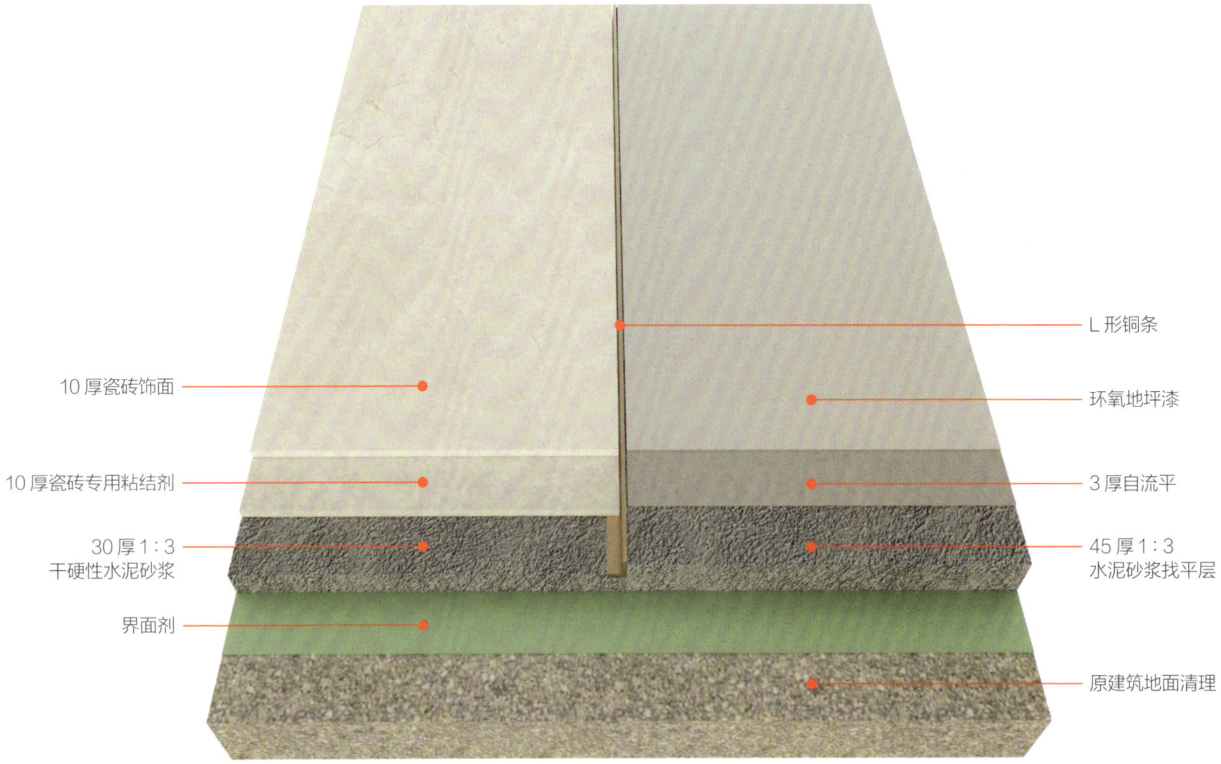

三维构造模型

深化与施工要点

深化收口六字诀

撞 › 压 › 嵌 › 收 › 断 › 插

收口“撞”字诀：撞接收口自常在，不同质地软撞硬；密缝无胶收阴角，不留维保后遗症。

1. 图纸深化：深化地面标高、瓷砖与环氧地坪收口节点，依据设计要求及材料规格尺寸对瓷砖饰面进行深化排板，按照使用功能进行机电点位排板定位，定位要符合板幅居中原则。

2. 技术交底：根据现场放线和实际测量尺寸绘制瓷砖排板图。地面瓷砖铺贴前，L形铜条沿定位线应安装调平完毕，L形铜条一侧瓷砖建议采用整块铺装，宜在L形铜条沿线上的合理位置选取环氧地坪漆和瓷砖的起铺点。与铜条交接处的瓷砖侧面应为非切割面，保证收口顺直。施工时，施工时先做地面找平，然后对L形铜条定位并进行预埋安装，铺贴地面瓷砖，最后施工环氧地坪漆，一次顺利完工。

深化管控要点

1. 排板策划：按面砖的尺寸、颜色进行选砖，并分类存放备用，做好排砖设计，应注意复杂的排砖需与设计师进行确认排板。L形铜条拼接缝与瓷砖对缝时，“两缝”应贯通相连。

2. 下单审核：面层收口及排板需符合设计要求，下单图由驻场深化负责人员与施工负责人员共同审核，审核内容包括物料编号、瓷砖种类、排板方案、收口节点、下单图纸标高、瓷砖加工清单及现场下单尺寸等信息。

3. 现场交底：同种型号、同一批次的瓷砖应满足颜色与花纹一致、无色差，瓷砖表面应平整，拼缝应均匀一致。环氧地坪的施工厚度在1 ~ 5 mm之间，如果采用自流平工艺，则可以选用较薄的2 mm环氧涂层。L形铜条与瓷砖完成面齐平，收口平直且无缝隙。地面机电点位根据排板图现场进行强制定位。

施工管控要点

1. 安装工序：定位放线 → 基层处理 → L形铜条 → 地面瓷砖 → 环氧地坪漆

2. 施工管控：材料进场时应严格把控瓷砖、环氧地坪漆验收，按规范要求抽样复查。环氧地坪基层必须平整，清洁干净、无凹坑、无裂缝。对瓷砖铺贴进行实时监测，若出现偏差，应及时调整，确保成品效果“平、直、顺、齐、精、准”。

3. 品控质检：瓷砖表面应洁净、色泽一致，瓷砖面层与基层应粘结牢固，确保无空鼓，瓷砖铺贴前进行预排板，调整对纹与色差，根据地面瓷砖的颜色，调整地面勾缝胶剂颜色。环氧树脂地坪漆面层应光洁，色泽应均匀、一致，不应有起泡、起皮、泛砂等现象。地面铺装完成后，需要用地面专用保护膜满铺保护。

实景照片

地面瓷砖与环氧地坪平撞工艺（L形铜条）

U7.2 地面瓷砖与 PVC 地板平撞工艺（L 形铜条）

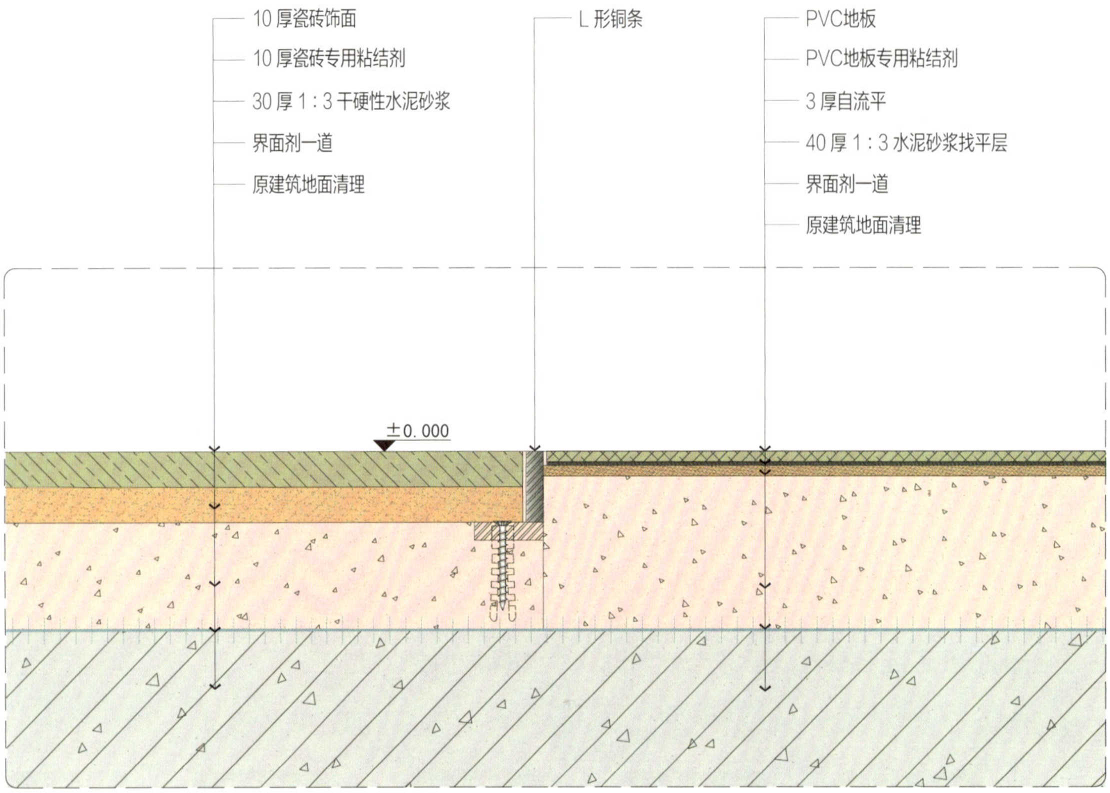

Ⓢ 地面瓷砖与PVC地板平撞工艺（L形铜条）

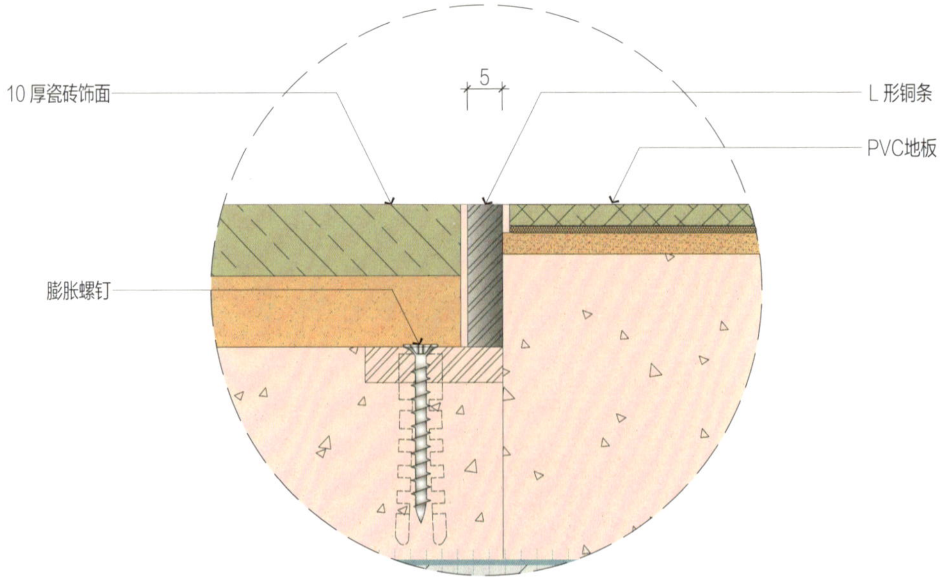

Ⓓ 地面瓷砖与PVC地板平撞工艺（L形铜条）大样图

适用范围

地面瓷砖与PVC地板L形铜条平撞工艺，适用范围包括地下车库等场所；铜条具有一定的耐磨、防滑性能，使瓷砖与PVC地板的接缝更加美观，避免了传统收口方式可能带来的突兀感，整体效果更加和谐统一。具体的收口方式应根据项目的装饰需求和设计要求来确定。

材料类别

面层材料：10 mm厚瓷砖饰面、PVC地板、L形铜条。

基层材料：瓷砖专用粘结剂、PVC地板专用粘结剂、自流平、界面剂、膨胀螺钉。

材料图片

瓷砖饰面

PVC 地板

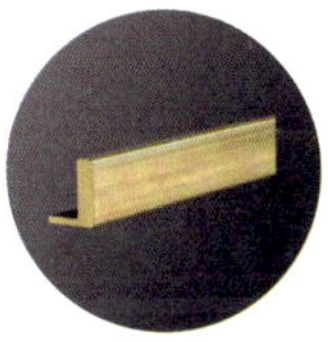
L 形铜条

瓷砖专用粘结剂

界面剂

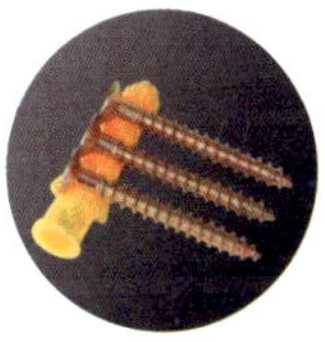
膨胀螺钉

模拟构造

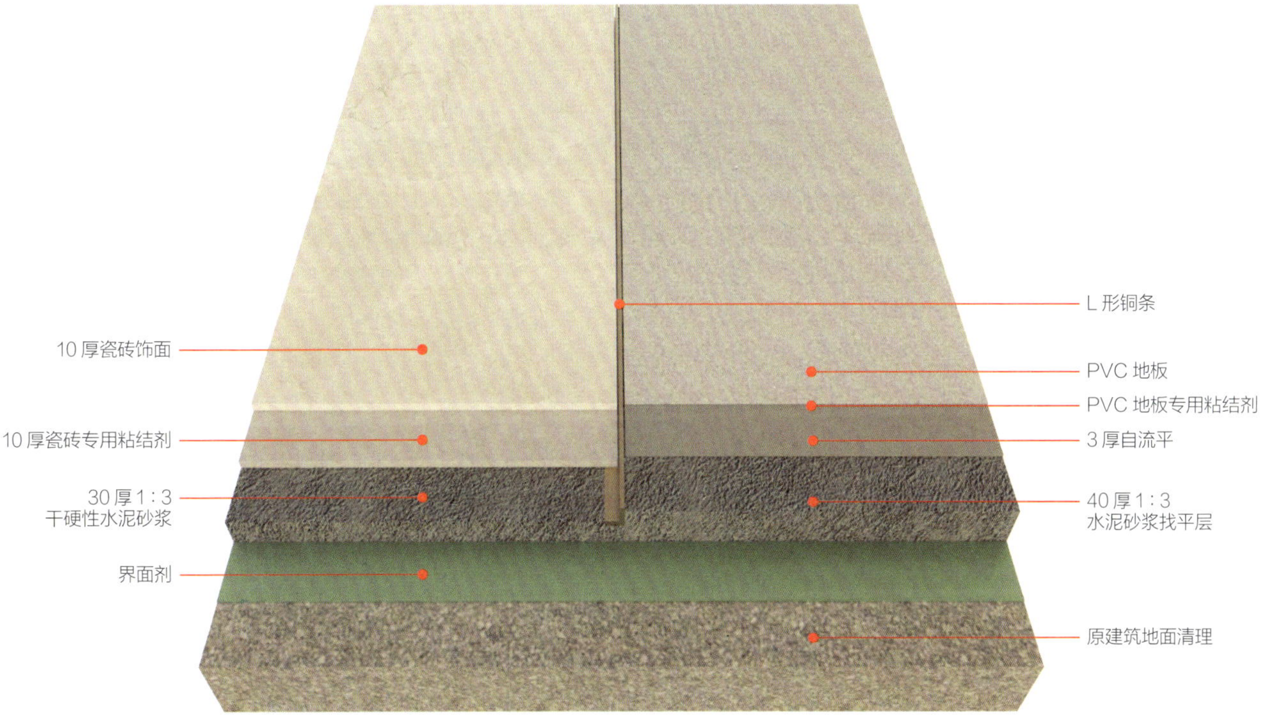

三维构造模型

深化与施工要点

深化收口六字诀

撞 》 压 》 嵌 》 收 》 断 》 插

收口"撞"字诀：撞接收口自常在，不同质地软撞硬；密缝无胶收阴角，不留维保后遗症。

1. 图纸深化：深化地面标高、瓷砖与PVC地板收口节点，依据设计要求及材料规格尺寸对瓷砖饰面进行深化排板，按照使用功能进行机电点位排板定位，定位要符合板幅居中原则。

2. 技术交底：根据现场放线和实际测量尺寸绘制瓷砖排板图。地面瓷砖铺贴前，L形铜条沿定位线应安装调平完毕，L形铜条一侧瓷砖建议采用整块铺装，宜在L形铜条沿线上的合理位置选取PVC地板和瓷砖的起铺点。与铜条交接处的瓷砖侧面应为非切割面，保证收口顺直。施工时，施工时先做地面找平，然后对L形铜条定位并进行预埋安装，铺贴地面瓷砖，最后铺装PVC地板，一次顺利完工。

深化管控要点

1. 排板策划：按面砖的尺寸、颜色进行选砖，并分类存放备用，做好排砖设计，应注意复杂的排砖需与设计师进行确认排板。L形铜条拼接缝与瓷砖对缝时，"两缝"应贯通相连。

2. 下单审核：面层收口及排板需符合设计要求，下单图由驻场深化负责人员与施工负责人员共同审核，审核内容包括物料编号、瓷砖与PVC地板种类、排板方案、收口节点、下单图纸标高、瓷砖加工清单及现场下单尺寸等信息。

3. 现场交底：同种型号、同一批次的瓷砖应满足颜色与花纹一致、无色差，瓷砖表面应平整，拼缝应均匀一致。根据PVC地板实际厚度严格分区和把控地面找平厚度，PVC地板铺装完成后需低于铜条完成面1 mm，防止后期块毯起翘，铺装PVC地板时应注意花纹同向铺设。地面机电点位根据排板图现场进行强制定位。

施工管控要点

1. 安装工序：定位放线 → 基层处理 → 金属条 → 地面瓷砖 → PVC 地板

2. 施工管控：材料进场时应严格把控PVC地板、瓷砖、L形铜条验收，按规范要求抽样复查。铺设PVC地板的基层必须平整，清洁干净、无凹坑、无裂缝。对PVC地板及瓷砖铺贴进行实时监测，若出现偏差，应及时调整，确保成品效果"平、直、顺、齐、精、准"。

3. 品控质检：瓷砖表面应洁净、色泽一致，瓷砖面层与基层应粘结牢固，确保无空鼓，瓷砖铺贴前进行预排板，调整对纹与色差，根据地面瓷砖的颜色，调整地面勾缝胶剂颜色。PVC地板面层应表面洁净，图案清晰，色泽一致，接缝应严密、美观。地面铺装完成后，需要用地面专用保护膜满铺保护。

实景照片

地面瓷砖与PVC地板平撞工艺（L形铜条）

U8 地面木地板与地毯平撞工艺（L 形铜条）

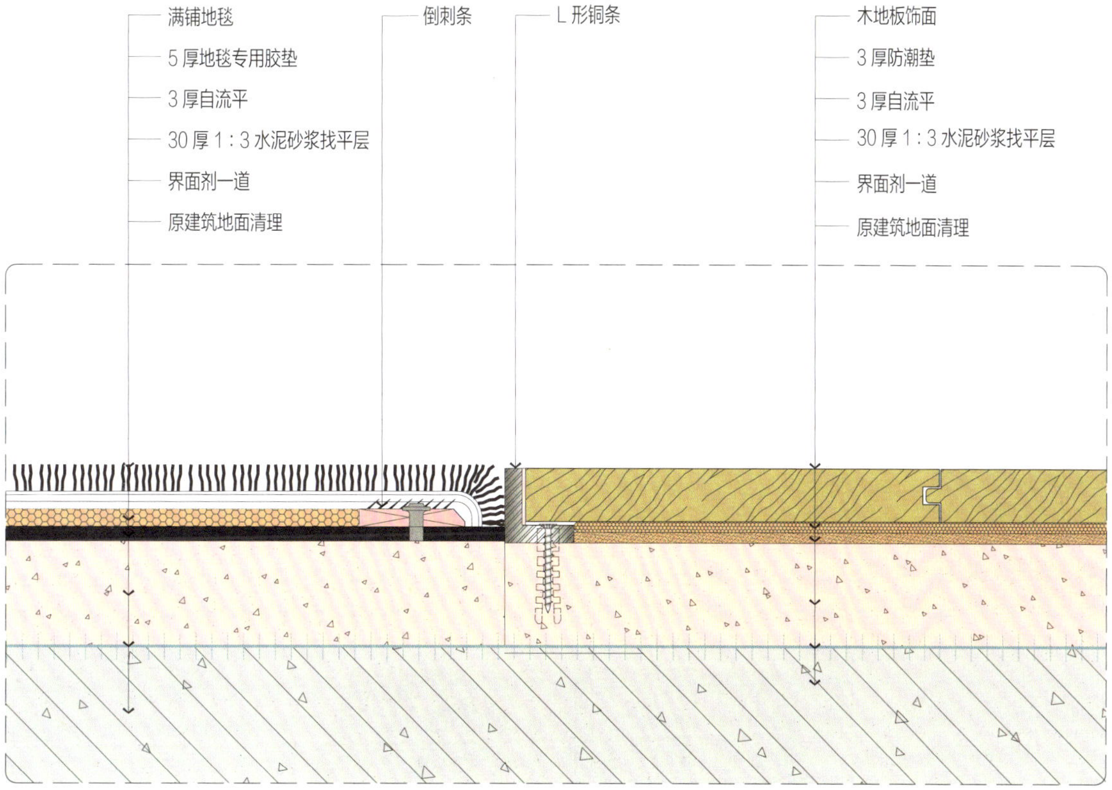

S 地面木地板与地毯平撞工艺（L形铜条）

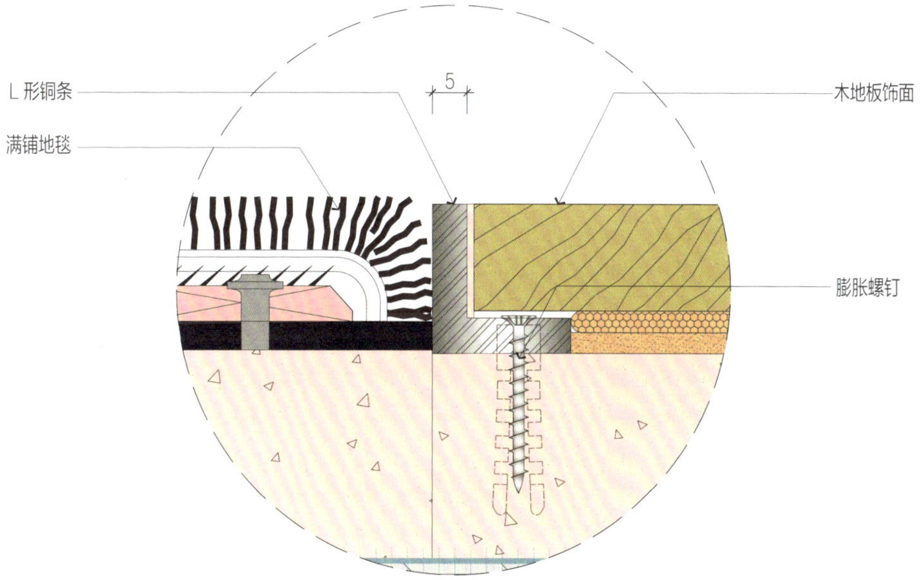

D 地面木地板与地毯平撞工艺（L形铜条）大样图

适用范围

地面木地板与地毯L形铜条平撞工艺，适用范围包括酒店、办公楼等场所的室内装饰空间。铜条具有一定的耐磨、防滑性能，使木地板与地毯的接缝更加美观，避免了传统收口方式可能带来的突兀感，整体效果更加和谐统一。具体的收口方式应根据项目的装饰需求和设计要求来确定。

材料类别

面层材料：木地板饰面、满铺地毯、L形铜条。

基层材料：地毯专用胶垫、倒刺条、防潮垫、自流平、界面剂、膨胀螺钉。

材料图片

木地板饰面

地毯饰面

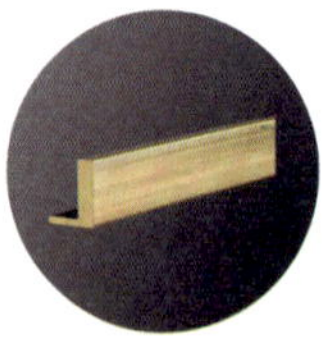
L形铜条

地毯专用胶垫

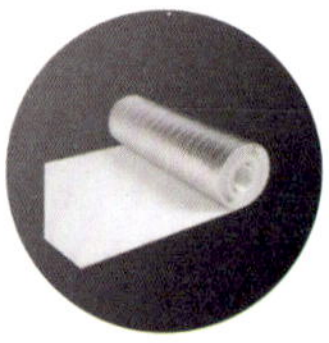
防潮垫

界面剂

模拟构造

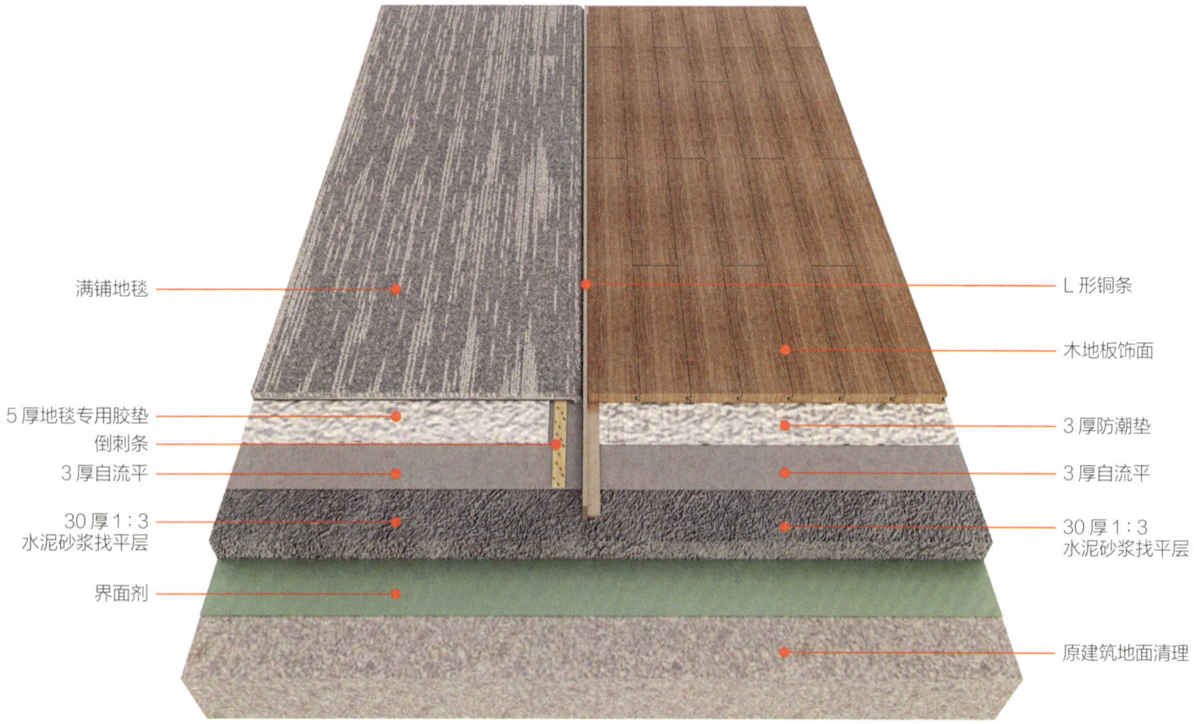

三维构造模型

深化与施工要点

深化收口六字诀

撞 》 压 》 嵌 》 收 》 断 》 插

收口“撞”字诀：撞接收口自常在，不同质地软撞硬；密缝无胶收阴角，不留维保后遗症。

1.图纸深化：深化地面标高、木地板与地毯收口节点，依据设计要求及材料规格尺寸对木地板饰面进行深化排板，按照使用功能进行机电点位排板定位，定位要符合板幅居中原则。

2.技术交底：每段地毯的尺度要比房间长度长约50 mm，宽度要以裁出地毯边缘后的尺寸计算，弹线裁剪边缘部分。倒刺板固定地毯时，应沿房间四周并距墙角10 ~ 20 mm进行铺设，将卡条固定于基层上。铺装实木复合地板时，相邻板材接头位置应错开距离不小于300 mm。施工时先做地面找平，然后对L形铜条定位并进行预埋安装，铺装地面木地板，最后铺装地毯，一次顺利完工。

深化管控要点

1.排板策划：木地板的拼花组合造型，分为等长及长短地板条错缝组合式、单人及双人字形组合式、席纹及方格组合式、阶梯组合式等。根据现尺寸与地板规格进行地板排板，地毯定尺下单。

2.下单审核：面层收口及排板需符合设计要求，下单图由驻场深化负责人员与施工负责人员共同审核，审核内容包括物料编号、地毯与木地板种类、排板方案、收口节点、下单图纸标高、地板与地毯加工清单等信息。

3.现场交底：地毯基层找平需按照地毯实际厚度预留，地毯铺装完成后应高于铜条完成面2 ~ 3 mm，踩踏时与其他材料相平，L形铜条的安装高度与木地板完成面齐平，木地板与地毯表面平整、洁净，与铜条收口平直且无缝隙。地面机电点位根据排板图现场进行强制定位。

施工管控要点

1.安装工序：定位放线 → 基层处理 → 金属嵌条 → 地面木地板 → 地面地毯

2.施工管控：材料进场时应严格把控木地板、地毯、L形铜条验收，按规范要求抽样复查。铺设木地板与地毯的基层必须平整，清洁干净、无凹坑、无裂缝。对木地板及地毯铺装进行实时监测，若出现偏差，应及时调整，确保成品效果“平、直、顺、齐、精、准”。

3.品控质检：L形铜条安装牢固且无弯曲变形，木地板面层应无明显刨痕和毛刺现象、颜色均匀一致、无色差。地毯表面不应出现起鼓、起皱、翘边、卷边、显拼缝、露线和毛边等现象，绒面毛应顺光一致，毯面应洁净、无污染和损伤。地面铺装完成后，需要用地面专用保护膜满铺保护。

实景照片

地面木地板与地毯平撞工艺（L形铜条）

主要参考资料

1.《建筑装饰装修工程质量验收标准》GB 50210—2018

2.《建筑设计防火规范》GB 50016—2014（2018 年版）

3.《建筑内部装修设计防火规范》GB 50222—2017

4.《建筑材料及制品燃烧性能分级》GB 8624—2012

5.《民用建筑设计统一标准》GB 50352—2019

6.《建筑室内安全玻璃工程技术规程》T/CBDA 28—2019

7.《建筑与市政工程无障碍通用规范》GB 55019—2021

8.《防火门》GB 12955—2008

9.《消防给水及消火栓系统技术规范》GB 50794—2014

10.《内装修—墙面装修》13J502-1

11.《内装修—室内吊顶》12J502-2

12.《内装修—楼（地）面装修》13J502-3

13.《内装修—细部构造》16J502-4

本书编写过程中，虽经反复推敲核证，仍难免有不妥甚至疏漏之处，衷心希望广大读者为本书提出宝贵意见，以便在今后的编写工作中加以改进。再次感谢您对本书的支持。